博碩文化

博碩文化

讓你一次學會
物聯網通訊、濾波器設計
影像追蹤與馬達控制四大技術

IOT

物聯網高手的
自我修練

帶你玩轉樹莓派、Arduino與ESP32

葉志鈞　著

本書如有破損或裝訂錯誤，請寄回本公司更換

作　　者：葉志鈞
責任編輯：林楷倫

董 事 長：陳來勝
總 編 輯：陳錦輝
出　　版：博碩文化股份有限公司
地　　址：221 新北市汐止區新台五路一段 112 號 10 樓 A 棟
　　　　　電話 (02) 2696-2869　傳真 (02) 2696-2867

發　　行：博碩文化股份有限公司
郵撥帳號：17484299　戶名：博碩文化股份有限公司
博碩網站：http://www.drmaster.com.tw
讀者服務信箱：dr26962869@gmail.com
訂購服務專線：(02) 2696-2869 分機 238、519
（週一至週五 09:30 ～ 12:00；13:30 ～ 17:00）

版　　次：2023 年 4 月初版一刷

建議零售價：新台幣 750 元
Ｉ Ｓ Ｂ Ｎ：978-626-333-436-6（平裝）
律師顧問：鳴權法律事務所 陳曉鳴 律師

國家圖書館出版品預行編目資料

物聯網高手的自我修練：帶你玩轉樹莓派、Arduino
與ESP32 / 葉志鈞著. -- 初版. -- 新北市：博碩文化股
份有限公司, 2023.04

　面；　公分. --

ISBN 978-626-333-436-6（平裝）

1.CST: 物聯網 2.CST: 微電腦 3.CST: 電腦程式設計
4.CST: 電腦程式語言

312.2　　　　　　　　　　　　　112003333

Printed in Taiwan

歡迎團體訂購，另有優惠，請洽服務專線
博 碩 粉 絲 團　(02) 2696-2869 分機 238、519

序言

「學習」應該是一種美好並且想要被一再重覆的勝任經驗（說明：美好的經驗並非不需要付出努力），但對於許多人來說，可能並非如此，可能源於過去在學校的學習經驗，或是來自以成績至上的考試主義的摧殘，讓許多人不再喜歡學習，學校用考試成績來評價學生的學習績效，造就了一批批滿腹經綸的畢業生，但當面對真實的世界，學用之間的巨大落差卻又一次次無情的打擊他們有限的自信心，讓許多人對學校教育的信心開始動搖，並開始反思學習的本質與意義到底為何。

筆者認為，學習的目的是為了獲得改善生活並解決現實問題的能力，但目前的現況是，考試早已異化成學習的目的，學習反而變成考試晉級的手段，面對這種扭曲的現實，筆者嘗試對目前的科技教育進行反思，向傳統的教育模式進行獨白，筆者認為，除了應該將學習的目的擺正之外，傳統上以課堂講授知識的教育模式也早已不合時宜，除了學習效率低下，究其根本原因在於，理論與實踐並未結合，學生離開課堂後，理論仍然只是理論，缺少實踐經驗，知識就無法與經驗融合成個人認知的一部分，唯有利用實務經驗與知識層次的理解達成一致的呼應與交融，才能夠創造出獨一無二的學習體驗，隨著勝任經驗的不斷積累，還可以讓「學習」成為一種想要被一再重覆的行為，若「學習」成為一種「習慣」，每個人都有可能成為各自領域的頂尖高手。

本書即是以此理念創作而成，筆者以多年的學術經歷與實務經驗為基礎，嘗試從自身專長出發，以物聯網技術為方向創作一本結合理論與實務的書籍，本書除了涵蓋物聯網韌體工程師所需的大部分重要觀念與技術外，同時加入了四大關鍵技術，分別是物聯網通訊 MQTT、數位濾波器設計、網路攝影機影像追蹤與步進馬達控制，不僅能讓各位學到物聯網系統開發的重要觀念，還可以讓各位知道如何應用物聯網技術來解決真實世界所面對的問題，配合詳細的實作步驟與程式範例，筆者相信，不管各位是在學的學生還是即將進入職場的新人，本書應該可以為各位在短時間內建立起物聯網韌體開發的重要技能與認知體系。

以下分別介紹本書各章節內容：

第一章：首章先介紹本書所使用的開發平台（樹莓派 4B、Arduino Uno R3、ESP32）的硬體規格與腳位定義，各位可以在本章快速的查詢到以上三個開發平台的硬體規格與腳位資訊，並且建議各位照著 1.2 與 1.3 節的步驟，在樹莓派上安裝所需的作業系統與軟體開發工具，方便進行後續的實作。

第二章與第四章：完整涵蓋物聯網韌體技術的幾個重要層面，包括 GPIO、感測器、I2C 與 UART 通訊、A/D 與 D/A 轉換器實作、NoSQL 資料庫與雲端資料庫服務、網路攝影機控制與影像追蹤等、MQTT 協定實作與雙向控制架構，整體來說，本書從硬體週邊到雲端服務，垂直涵蓋了大部分物聯網技術所需要存取的重要部件與通訊協定。

第三章與第五章：筆者嘗試引入大部分的 IT 書籍沒有提及的內容：數位濾波器設計與訊號頻譜的觀念，而在第五章的前二節，各位可以學到串列通訊運作的底層邏輯與精算串列通訊鮑率的方法，筆者認為，這兩章的內容是區別一般開發者與高手開發者的主要分水嶺，若各位能充分理解，將能進入高手開發者之列。

第六章：筆者重點式的介紹 git 的基本觀念與用法，學完第六章，各位將學會如何使用 git 來儲存文件與管理文件版本，並且知道如何建立私有的 GitHub 伺服器作為團隊協作平台。

附錄 A：引入樹莓派 4B 硬體腳位速查表，各位可以在此快速查詢樹莓派的 GPIO、I2C、UART 與 PWM 等功能的對應腳位與相關資訊。

附錄 B：介紹示波器的規格知識，各位將學習到示波器的頻寬、取樣率與記憶深度等規格代表的意義，充分理解量測儀器的規格知識，使用儀器將更加得心應手。

附錄 C：加入 ASCII 表，可以幫助各位在實作串列通訊時，快速查閱字元的 ASCII 碼。

感謝博碩出版社的 Abby 、編輯小 P 與專業團隊的努力，讓本書得以付梓出版。

最後感謝我的父母，由於你們面對苦難時的義無反顧，讓我看到世上無私的存在，本書若有任何貢獻的話，功勞應該歸於你們。

範例程式檔

筆者已將本書的範例程式上傳至 GitHub，各位可以使用 git 在終端機下鍵入以下指令下載本書所有範例程式。

指令碼：

```
$ git clone https://github.com/RealJackYeh/drmaster_iot_master
```

或是到筆者的 GitHub 空間：

https://github.com/RealJackYeh/drmaster_iot_master

下載範例程式 ZIP 檔。

本書獻予我生命中最重要的二個女人：

我的母親　徐瑞甜女士

與

我的妻子　游芝穎小姐

目錄

Chapter 03 Arduino 編程技術與數位濾波器實作

Chapter 04　使用 MQTT 實現物聯網雙向監控功能

Chapter 05 邁向高手之路

Chapter 06 使用 git

Appendix **A**　樹莓派 4B 腳位速查表
〔 GPIO ｜ I2C ｜ UART ｜ PWM 〕

Appendix **B**　帶你瞭解示波器的規格知識：
頻寬、取樣率與記憶深度

Appendix **C**　ASCII 表

01

開發平台介紹與軟體工具安裝

要有勇氣去追隨你的心和直覺,它們總是知道你真正想要成為什麼。

——賈伯斯

1.1 本書使用的開發平台介紹：樹莓派 4B、Arduino Uno R3 與 ESP32

本書主要是以樹莓派與 Node-RED 為中心而展開的，其中某些章節中，會使用 Arduino 當作獨立的系統與樹莓派進行資料傳輸（2.6 節），或是為了建立一個完整的物聯網監控系統，會使用 ESP32 來當作 MQTT 的資料收集節點（4.2 與 4.3 節）。而在第 3 章，我們也會教各位如何使用 Arduino 來實作一個數位濾波器。因此本節會介紹本書所使用的這三個開發平台的規格、功能與腳位定義，本節的內容可以當作各位在學習本書內容的參考手冊，當各位在後續章節的學習中，對硬體的基本規格或是腳位設置有疑問時，可以再回頭翻閱本節的內容。

● 學習目標 ●

1. 了解樹莓派 4B 的硬體規格、功能與腳位定義
2. 了解 Arduino Uno R3 的硬體規格、功能與腳位定義
3. 了解 ESP32 的硬體規格、功能與腳位定義

1.1.1 樹莓派 4B 的硬體規格、功能與腳位定義

樹莓派 4B 是一款非常強大的軟硬體開源的 POC（Proof of Concept）開發平台，它是一台擁有雙核心 ARM 處理器，並運行著 Raspbian OS（基於 Debian Linux 的作業系統）的高性能單板電腦，雖然樹莓派的功能與性能可以被看成是一台單板電腦，但它與一般電腦最大的差別在於，它擁有 40 支

可供開發者自由規劃使用的 I/O 腳位，因此，自由的使用 I/O 連接外部硬體
裝置，就成為樹莓派的最大優勢之一。圖 1-1-1 為樹莓派 4B 的外觀圖。

▲ 圖 1-1-1（資料來源：https://www.raspberrypi.com）

以下重點列出樹莓派 4B 的硬體基本性能規格：

- 中央處理器為 1.5GHz 4 核心 Cortex-A72 64-bit SoC（Broadcom
  BCM2711）
- 可選擇搭配 1GB、2GB 或 4GB LPDDR4 的不同記憶體版本
- 標配一個 micro SD 卡插槽
- 4 個 USB 插槽（2 個 USB 3.0，2 個 USB 2.0）
- 電源接頭為 USB Type-C（確保能為下游 USB 設備提供完整 1.2A 的
  電流支援）
- 2 個 micro-HDMI 接頭，提供雙螢幕輸出，與最高 4k 解析度支援。
- 同時支援 2.4GHz 與 5GHz 的 WIFI 網路（IEEE 802.11ac）
- Gigabit Ethernet
- 藍芽 5.0

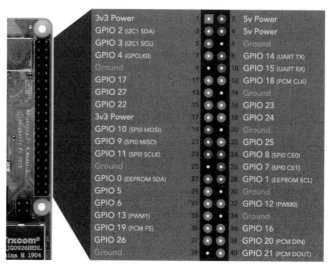

▲ 圖 1-1-2（資料來源：https://pinout.xyz/）

 Tips

樹莓派官網列出的樹莓派 4B 的不同記憶體版本的零售價分別是：

1GB 版本是：$35 美金、2GB 版本：$45 美金、4GB 版本：$55 美金，若單純從性價比來作考量，樹莓派 4B 是相當具備競爭力的。

以下重點列出樹莓派 4B 的 GPIO 腳位的功能與規格，及使用上需要注意的事項，圖 1-1-2 顯示樹莓派 4B 的腳位定義圖。

- 40 支可規劃的 GPIO 引腳，腳位定義與樹莓派 3 一致
- 樹莓派 4 有二支 5V 的供電腳位、二支 3.3V 的供電腳位
- 所有的 GPIO 腳位都工作在 3.3V（若要與 5V 感測器連接，請轉換電壓準位，確保不會把你的樹莓派燒壞）
- GPIO 支援的通訊介面有：I2C、SPI、串列埠

- GPIO 支援 6 組 I2C 匯流排、6 組串列埠與 2 組 SPI 匯流排（SPI 需要 4 條線，一般不常用）

 Tips

你可以在樹莓派終端機下，鍵入 pinout，就可以得到樹莓派 I/O 腳位的位置跟定義。

1.1.2 Arduino Uno R3 的硬體規格、功能與腳位定義

Arduino Uno R3 是一款普及率非常高的單晶片微控制器開發板，板上整合了許多硬體週邊與一顆時脈為 16MHz 的單晶片 ATmega328P，因為非常容易使用，價格也非常親民（一張開發板價格約 $10 美元），使它推出不到幾年就風靡全世界，初學者不需要擁有高深的軟硬體知識，就可以開發出許多有趣的作品，如 LED 閃爍特效、溫濕度感測、蜂鳴器驅動、甚至馬達控制應用，網路上有大量的擁護者與相關開發社群，互相分享成果，形成一個巨大的知識共享生態系。

▲ 圖 1-1-3

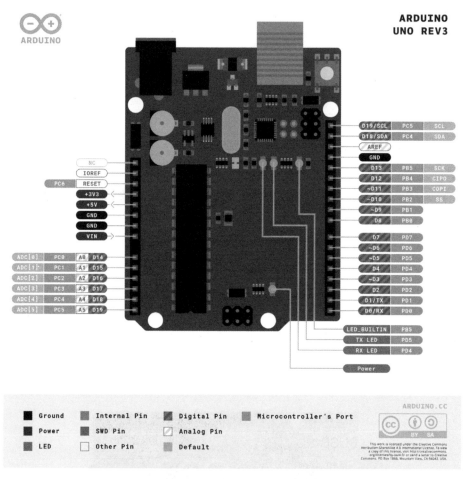

▲ 圖 1-1-4（資料來源：https://docs.arduino.cc）

Arduino 系列的開發板一般是使用 C 語言來編程，開發工具則是使用 Arduino
基金會的推出的開發軟體 Arduino IDE，開發工具是完全免費的，可以到
https://www.arduino.cc/en/software 下載。圖 1-1-3 為 Arduino Uno R3 的
外觀圖，圖 1-1-4 為控制板的腳位定義。以下重點列出 Arduino Uno R3 的
硬體規格與腳位定義。

- Arduino Uno R3 可以由 USB 直接供電或由外部 AC-DC 轉換器供電（若由外部供電，建議輸入電壓為 7-12V），板上提供 5V 與 3.3V 二種電壓輸出。（其中 3.3V 電壓輸出最大供應電流為 50mA）

- ATmega328 為板上主要的微控制器（MCU），時脈為 16MHz，具有 32kB 程式容量（其中 0.5kB 為 bootloader），記憶體為 2kB 的 SRAM 與 1kB 的 EEPROM

- 如圖 1-1-4，板子左下方 A0-A5 可以做為類比輸入腳位，預設接受 0-5V 的電壓輸入，解析度為 10bit

- 如圖 1-1-4，右邊 D2-D13 與 D18、D19 可以作為數位輸入 / 輸出腳位（共 14 支腳數位引腳，其中 6 支可以作為 PWM 輸出腳位），可以參考 pinMode()、digitalWrite()、digitalRead() 函式

- 所有數位腳都工作在 5V，內部有提供 20-50kΩ 上拉電阻（預設是斷開的），並可以提供 20mA 的電流（最大不可超過 40mA，以防止 MCU永久性損壞）

- 串列通訊腳位為 D0（RX）跟 D1（TX），為 TTL 電壓準位（0-5V），板上有一個 USB-to-TTL 的串列通訊晶片，讓 RX 跟 TX 可以直接跟電腦進行串列通訊，執行程式下載與監看變數等任務

- 可以使用 SoftwareSerial library 來配置任何一支數位腳位來提供軟體串列埠功能

- 腳位 D2 跟 D3 可以提供外部中斷功能，可以經由程式配置成低準位觸發、中升或下降緣觸發等，可以參考 attachInterrupt() 這個函式

- 腳位 D3、D5、D6、D9、D10、D11 可以提供 8 位元的 PWM 輸出，可以參考 analogWrite() 這個函式

- 腳位 D10（SS）、D11（MOSI）、D12（MISO）、D13（SCK）可以提供 SPI 通訊功能

- 腳位 D18（SDA）、D19（SCL）提供 I2C 通訊功能

- 有一個內建 LED，它直接連到 D13 腳位，當腳位設為 HIGH，則 LED 亮；反之，則 LED 熄滅

1.1.3 ESP32 的硬體規格、功能與腳位定義

ESP32 是中國上海樂鑫公司（ESPRESSIF）所研發出品的一款 32 位元物聯網晶片，若要在 2022 年評比一款性價比最高的物聯網晶片，ESP32 一定榜上有名，它甚至被物聯網企業家 Vedat Ozan Oner 評價為最優秀的物聯網產品之一（2021-2022），以下重點列出 ESP32 被眾多開發者稱道的亮點：

- 價格親民及容易取得（2022/12，DigiKey 網站上的 ESP32 單價為 $4.2USD，型號：ESP32-WROOM-32-N4）

- 同時具備 Wi-Fi 與藍芽

- 具備低功耗模式：低功耗處理器 ULP 啟動下，在深度睡眠模式，電流僅 100-150uA

- 強大的硬體週邊功能、不同電源模式與具備硬體加密加速器

- 針對不同需求提供不同的晶片與模組

- 先進的開發平台（可使用 VS Code 或 Arduino IDE）與框架（原生支援 FreeRTOS 即時作業系統）

- 官方提供 C/C++ 原生程式碼，涵蓋各種常見的物聯網功能（Wi-Fi、TCP、UDP、WebSocket、MQTT、RTC、OTA 等），大幅加快產品開發速度，因此使用者眾多，網路形成相當豐富的開發生態系

- 可與許多尖端的雲端基礎架構進行程式碼原生整合

- 詳細的規格可以參考 ESPRESSIF 官方資料 https://www.espressif.com/sites/default/files/documentation/esp32_datasheet_en.pdf

第一款 ESP32 晶片於 2016 年問世，而最新的一款是由 2020 年推出的 ESP32-S2 系列，ESP32 系列系統單晶片（SOC）是採用 Xtensa 架構，本書中，筆者使用的是 ESP32（非 ESP32-S2）的開發模組 ESP32-DevKitC，主要規格如下：

- CPU 與記憶體：雙核心 32 位元的 Xtensa LX6 微處理器，240MHz 的時脈，運算能力高達 600MIPS（Mega Instructions per Second），記憶體為 520kB SRAM、448kB ROM 與 16kB RTC

- 網路：支援 Wi-Fi 802.11n（2.4GHz），速度為 150Mbps，支援藍芽 4.2

- 硬體週邊：支援 GPIO、AD、DA、I2C、SPI、I2S、UART、CAN、IR、PWM、eMMC/SD、觸碰感測器與霍爾感測器

- 安全性支援：硬體加密（支援亂數、雜湊、AES、RSA 與 ECC 等演算法）、1024 位元 OTP、安全啟動與快閃加密等

ESP32 與 ESP32-S2 的主要差異有以下幾點：

- ESP32 為雙核心，而 ESP32-S2 為單核心
- ESP32-S2 不支援藍芽

- ESP32-S2 不支援 eMMC/SD，但增加了 USB OTG
- ESP32-S2 增強了更多安全性功能

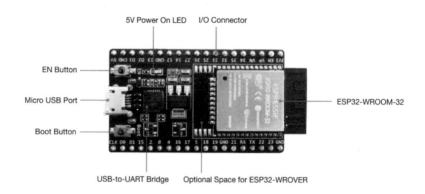

▲ 圖 1-1-5（資料來源 https://docs.espressif.com/）

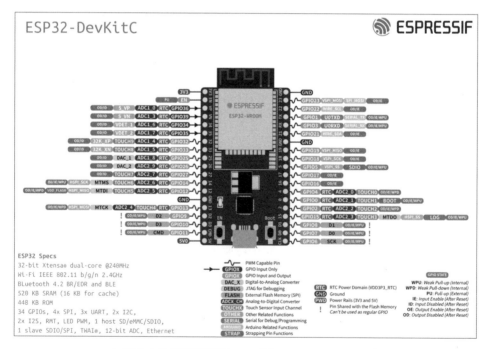

▲ 圖 1-1-6（資料來源 https://docs.espressif.com/）

圖 1-1-5 為本書所使用的 ESP32 晶片外觀，圖 1-1-6 為 ESP32 DevKitC 開發模組的腳位定義圖。以下重點列出 ESP32 DevKitC 開發模組的硬體週邊功能：

- 34 支 GPIO、2 組 I2C、3 組 UART、4 組 SPI、2 組 I2S

- ESP32 模組的工作電壓為 3.0-3.6V，模組可直接由電腦 USB 供電，開發板上有 5V 轉 3.3V 的電壓轉換器

- 模組上也提供 3.3V 與 5V 雙電壓供應

- 18 個 12 位元 ADC，輸入電壓上限為 3.6V（一般為 3.3V）

- 2 個 8 位元 DAC（GPIO25 與 GPIO26）

- 所有模組皆配有 USB-UART 橋接晶片和 micro USB 連接埠，接上電腦即可燒錄並測試韌體。

1.1.4 綜合比較

以上我們已經將樹莓派 4B、Arduino Uno R3 與 ESP32 三大開發平台的功能、腳位定義與特色為各位作了重點式的介紹，下面筆者綜合比較三個平台的特點與各自擅長的能力：

- 樹莓派由於具備開放式且強大的 ARM 運算核心（64 位元），並且運行著 Linux 作業系統，它最適合作為 Arduino 與 ESP32 這種微控制器的上位機，並且樹莓派也支援著各種開發環境（如 Node-RED、Node.js、Python 等）與資料庫伺服器（MongoDB 與 MySQL 等），因此可以將樹莓派作為小型的物聯網伺服器。

- 雖然樹莓派擁有開放架構與眾多支援性，但它並不適合執行即時性需求高的任務（其內建的 Linux OS 為 round-robin 架構，並非即時作業系統）。相反的，Arduino 與 ESP32 這種微控制器就很適合執行單一但即時性要求高的任務，尤其是 ESP32，它的開發框架天生就內建即時作業系統 FreeRTOS，配合它強大的運算能力（240MHz、600MIPS），應該是執行即時性任務的不二人選。

- 雖然 Arduino Uno 的運算能力是三款平台中最低的，但筆者認為，使用 Arduino 的目的在於效率（能夠快速搭建功能與網上資料眾多），並且 Arduino Uno 擁有完整的硬體週邊（DI、DO、AI、AO、I2C、SPI、UART），不需要依賴外部模組就能快速將系統功能搭建起來，並迅速完成驗證，相較之下，樹莓派反而要依賴外部模組才能具備 AI（類比輸入）功能。

- 樹莓派與 ESP32 都支援 MQTT，也非常方便的整合眾多 MQTT 的雲端服務（如 ThingSpeak），因此非常適合搭建智能家庭的物聯網控制系統。

- 在職責分工上，樹莓派更適合作為 ESP32 的上位機，ESP32 適合作為智能資料收集器，收集分散各地的感測器訊號，並自動上傳到雲端伺服器，而樹莓派可以輕鬆使用 Node-RED 建構即時的伺服器圖控系統，即時顯示雲端資料，使用者可以透過網頁或 APP 即時監看或控制居家智能設備。

1.2 安裝樹莓派 OS 與 Node-RED 開發工具

本節將帶領各位從安裝樹莓派作業系統開始,一步步將樹莓派 4B 的開發系統建置完成,本書主要使用樹莓派作業系統(Raspbian OS)Buster 32 位元的版本來作開發與演示,筆者可以確保,若各位使用本節所教的步驟將樹莓派系統建構起來的話,本書的所有範例程式是完全可以運作執行的。

● 學習目標 ●

1. 了解使用安裝樹莓派(Raspbian OS)作業系統
2. 了解如何在樹莓派安裝 Node-RED 開發環境

1.2.1 安裝樹莓派作業系統(Raspbian OS)

本書使用的是樹莓派作業系統 Buster 32 位元的版本,在安裝系統前,請各位準備好一張 SD 記憶卡,容量至少 32GB,由於筆者考量到系統日後擴充與資料儲存的需求,因此筆者偏好使用 128GB 的記憶卡。

STEP 1:準備好記憶卡後,請先下載樹莓派官方的燒錄工具,請至 https://www.raspberrypi.com/software/ 下載。筆者所使用的電腦是 Mac,請各位選擇下載適合自己作業系統的軟體版本。

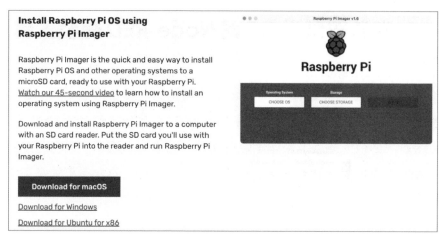

▲ 圖 1-2-1

STEP 2：下載完成後，請將燒錄軟體安裝完成。

STEP 3：開啟燒錄工具 Raspberry Pi Imager。

▲ 圖 1-2-2

STEP 4：先選擇操作系統，按下雖然目前最新版本為 Bullseye，但經筆者測試，最新版本可能會與其它軟體有相容性問題，因此選擇安裝前一代 Buster 32 位元版本，先按下 Raspberry Pi OS (other)。

▲ 圖 1-2-3

STEP 5：選擇 Raspberry Pi OS (Legacy)。

▲ 圖 1-2-4

STEP 6：接下來選擇 SD 卡，若已將 SD 卡插上電腦，則會偵測到記憶卡，選擇完成後，如圖 1-2-5。

▲ 圖 1-2-5

STEP 7：按下「燒錄」，它會詢問是否清除記憶卡內所有檔案，按 OK，開始將樹莓派作業系統燒入記憶卡。

▲ 圖 1-2-6

STEP 8：完成燒錄後，就可以卸除 SD 卡了。

STEP 9：將 SD 卡插入樹莓派的 SD 插槽，並將 USB 鍵盤與滑鼠接到樹莓派，接下來依序設定鍵盤、時區、登入密碼與 WI-FI 密碼後，系統會跳出是否更新軟體，請按下 Next，我們需要一次性將軟體更新完成，更新軟體可能會花較長時間，請耐心等待軟體更新完成。

▲ 圖 1-2-7

 Tips

這一步很重要，筆者測試過，若沒有完成軟體更新，日後需要手動更新很多相關軟體，會耗費相當多無謂的時間。

STEP 10：更新完成後，請重啟樹莓派。如此，樹莓派作業系統就安裝完成了。

STEP 11：重啟後進入樹莓派桌面，筆者習慣會將 VNC、SSH 跟日後進行程式開發需要的 I2C 與 Serial Port 打開。按下「確定」，再次重啟樹莓派讓設定值生效。

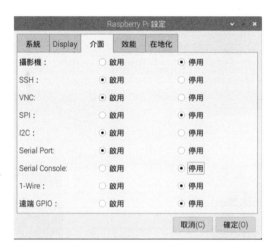

▲ 圖 1-2-8

打開 VNC 跟 SSH 後，你就可以在遠端電腦利用 VNC 客戶端與終端機 SSH 指令來遠端操控樹莓派，幾乎不再需要連接樹莓派的鍵盤跟滑鼠了。

1.2.2 在樹莓派上安裝 Node-RED

在安裝 Node-RED 之前，我們先檢查一下，系統是否已安裝 Python 直譯器。

STEP 1：打開樹莓派終端機，鍵入 python，發現系統已自帶 python2 直譯器。

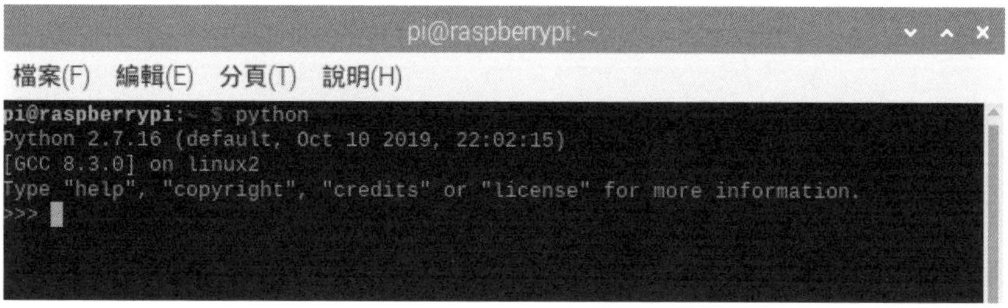

▲ 圖 1-2-9

STEP 2：鍵入 quit() 離開 Python2 直譯器，再鍵入 python3，發現系統也已安裝 python3 直譯器。

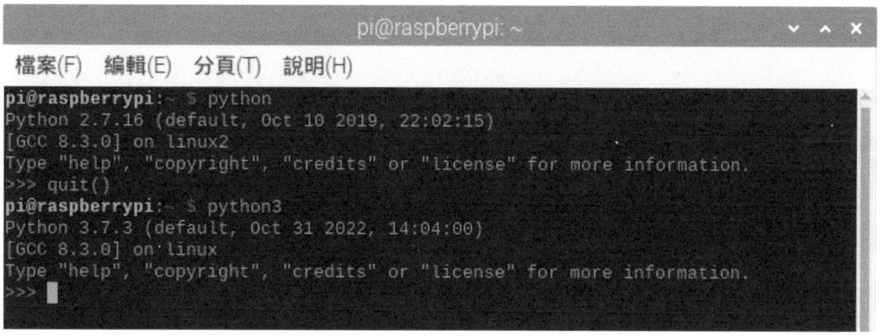

▲ 圖 1-2-10

STEP 3：接下來，我們要安裝 Node-RED 開發環境，但在安裝 Node-RED 之前，需要先安裝 Node.js，原因是 Node-RED 是架構在 Node.js 的圖形開發環境。請先在終端機鍵入以下指令，先確認樹莓派使用的 CPU 版本。

指令碼：

```
$ uname -m
Armv7l
```

STEP 4：系統告知我們目前使用的 CPU 是 ARM7，因此，請打開樹莓派的 Chromium 瀏覽器，到 Node.js 官網 https://nodejs.org/en/download/，選擇 ARMv7 的 Lunux Binaries 版本，並下載到樹莓派。

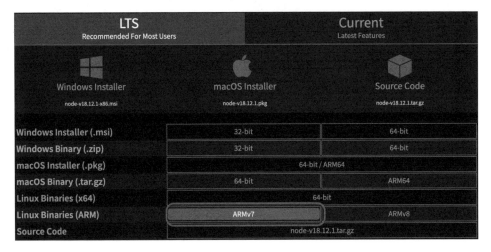

▲ 圖 1-2-11

 Tips

若各位的樹莓派的 CPU 是 ARM8，則請下載 ARMv8 的軟體版本。

STEP 5：下載完成後，檔案預設會被下載到 pi 使用者目錄下的 Downloads 目錄下，請雙擊檔案。（說明：筆者下載的檔名為：node-v18.12.1-linux-armv7l.tar.xz），此時，選擇「解壓縮」。

▲ 圖 1-2-12

STEP 6：將檔案解壓縮至 Downloads 目錄即可。

▲ 圖 1-2-13

STEP 7：打開樹莓派終端機，進入解壓縮後的檔案目錄。(本例的目錄為 node-v18.12.1-linux-armv7l)。

指令碼：

```
$ cd /home/pi/Downloads/node-v18.12.1-linux-arm7l
```

STEP 8：鍵入以下指令即可完成安裝。

指令碼：

```
$ sudo cp -R * /usr/local/
```

STEP 9：指令執行完畢後，請在終端機下執行以下指令是否安裝成功。

指令碼：

```
$ node -v
18.12.1
$ npm -v
8.19.2
```

 Tips

若是使用 64 位的 Raspbian OS 的讀者，安裝 Node.js 請參考以下步驟：

STEP 1：請先執行 sudo apt update 與 sudo apt upgrade

STEP 2：終端機執行以下指令，將 Node.js 路徑加入 apt

```
curl -fsSL https://deb.nodesource.com/setup_lts.x | sudo
-E bash -
```

STEP 3：終端機執行以下指令，即可安裝 Node.js 與 node-red

```
sudo apt install nodejs
sudo npm install -g node-red
```

STEP 10：以筆者此次安裝為例，系統告知目前安裝的 Node.js 版本為
18.12.1，而 node 的套件安裝工具 npm 的版本為 8.19.2。

到此步驟代表已經將 Node.js 成功安裝到樹莓派了。

STEP 11：接下使用以下指令來安裝 Node-RED。

指令碼：

```
$ sudo npm install -g node-red
```

▶注意

若遇到 node-red 無法安裝，可以試著使用以下指令先將 npm 更新到較新版本（如 9.2.0），再重新安裝 Node-RED。

```
$ sudo npm install -g npm@9.2.0
```

STEP 12：若順利完成 Node-RED 安裝，請在終端機下鍵入以下指令啟動 Node-RED。

指令碼：

```
$ node-red
```

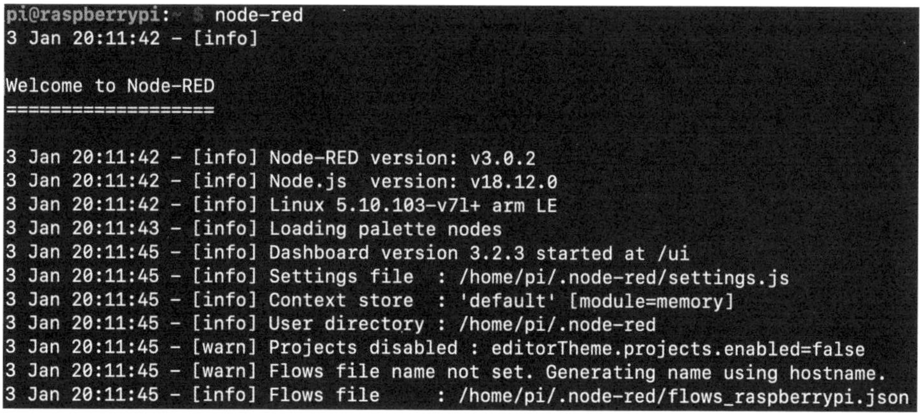

```
pi@raspberrypi:~ $ node-red
3 Jan 20:11:42 - [info]

Welcome to Node-RED
===================

3 Jan 20:11:42 - [info] Node-RED version: v3.0.2
3 Jan 20:11:42 - [info] Node.js  version: v18.12.0
3 Jan 20:11:42 - [info] Linux 5.10.103-v7l+ arm LE
3 Jan 20:11:43 - [info] Loading palette nodes
3 Jan 20:11:45 - [info] Dashboard version 3.2.3 started at /ui
3 Jan 20:11:45 - [info] Settings file  : /home/pi/.node-red/settings.js
3 Jan 20:11:45 - [info] Context store   : 'default' [module=memory]
3 Jan 20:11:45 - [info] User directory : /home/pi/.node-red
3 Jan 20:11:45 - [warn] Projects disabled : editorTheme.projects.enabled=false
3 Jan 20:11:45 - [warn] Flows file name not set. Generating name using hostname.
3 Jan 20:11:45 - [info] Flows file     : /home/pi/.node-red/flows_raspberrypi.json
```

▲ 圖 1-2-14

STEP 13：打開樹莓派的 Chromium 瀏覽器，前往 http://127.0.0.1:1880，可
以進入樹莓派開發環境。

▲ 圖 1-2-15

STEP 15：若要終止 Node-RED，可以在執行 Node-RED 的終端機畫面上按
下 CTRL ＋ C，來終止 Node-RED 程式。

 Tips

若各位想要在樹莓派開機時，系統就自動啟動 Node-RED，可以在終
端機鍵入以下指令：

```
$ sudo systemctl enable nodered.service
```

若不要讓樹莓派開機時自動啟動 Node-RED，可以使用以下指令：

```
$ sudo systemctl disable nodered.service
```

> ▶注意
>
> Node-RED 的相關檔案與模組是存放在 pi 的個人目錄下的 .node-red 目錄中（/home/pi/.node-red），它是一個隱藏目錄，你所編輯的 Node-RED 程式是存放在目錄下的 flows_raspberrypi.json 與 .flows_raspberrypi.json.backup 這兩個檔案中，若日後遇到無法順利開啟 Node-RED 的情況，或想要重設 Node-RED 開發環境，可以將 .node-red 目錄下的這兩個檔案刪除，應該就可以順利啟動並重設 Node-RED 開發環境。

1.2.3 本章相關影片連結

本章相關影片可以掃描以下的 QR 碼或是鍵入下方的網址，線上收看。

▲ 影片名稱：[老葉說技術 - 第 37 期] 一次搞懂：
如何在樹莓派 4b 上安裝 Node.js 跟 Node-Red ？
用最快的方式 5 分鐘內搞定
網址：https://youtu.be/LFmXWo9cM_M

1.3 在樹莓派安裝 OpenCV 與 Visual Studio Code

本節會教各位如何在樹莓派 4 上安裝 OpenCV 函式庫與微軟推出的免費程式開發工具 Visual Studio Code，有了這二套工具，我們將在 2.12 與 2.13 節，使用 Python 來存取 OpenCV 這套強大的影像處理函式庫對網路攝影機進行即時的影像擷取、處理與追蹤。

● 學習目標 ●

1. 了解如何在樹莓派上安裝 OpenCV
2. 了解如何在樹莓派安裝 Visual Studio Code

1.3.1 安裝 OpenCV

以下為使用樹莓派 Buster 32 位元版本作業系統的安裝示範，本書 2.12 與 2.13 節也是基於樹莓派 32 位元版本作業系統的 OpenCV 示範。

STEP 1：安裝 OpenCV 前，需要先更新樹莓派，進入樹莓派終端機，請分別鍵入以下指令。

指令碼：

```
$ sudo rpi-eeprom-update
$ sudo rpi-eeprom-update -a
$ reboot
```

STEP 2：開啟並編輯 dphys-swapfile 檔案。

指令碼：

```
$ sudo nano /etc/dphys-swapfile
```

STEP 3：開啟 dphys-swapfile 檔案後，找到 CONF_MAXSWAP，將值加大到 4096，並將 CONF_SWAPSIZE 也設成 4096，然後按下 CTR ＋ X 存檔後離開。

STEP 4：鍵入以下指令重啟 dphys-swapfile 服務（使更新值生效）。

指令碼：

```
$ sudo systemctl restart dphys-swapfile
```

STEP 5：鍵入以下指令確認記憶體是否足夠，以筆者為例（見圖 1-3-1），總記憶體（Mem ＋ Swap）為 3787 ＋ 4095 ＝ 7882MB（＝ 7.8GB），這個值至少需要 6.5GB 才建議安裝 OpenCV 4.5.5。

指令碼：

```
$ free -m
```

▲ 圖 1-3-1

STEP 6：鍵入以下指令取得 OpenCV-4-5-5.sh 執行檔

指令碼：

```
$ wget https://github.com/Qengineering/Install-OpenCV-
```

```
Raspberry-Pi-32-bits/raw/main/OpenCV-4-5-5.sh
```

STEP 7：分別執行以下指令後，OpenCV 4.5.5 將自動開始下載並安裝，時間大概需要 1.5 小時左右。

指令碼：

```
$ sudo chmod 755 ./OpenCV-4-5-5.sh
$ ./OpenCV-4-5-5.sh
```

STEP 8：安裝完成後會顯示以下訊息。

```
Congratulations!
You've successfully installed OpenCV 4.5.5 on your Raspberry Pi
32-bit OS
```

STEP 9：安裝完成後，請進入 Python3 環境，並鍵入 import cv2，若沒有錯誤訊息，則確認安裝成功。

指令碼：

```
$ python3
>>>import cv2
```

若各位想要使用 64 位元的樹莓派 OS 來安裝 OpenCV 的話，可以參考以下網址的安裝流程：

https://qengineering.eu/install-opencv-4.5-on-raspberry-64-os.html

1.3.2 安裝 Visual Studio Code

STEP 1：進入樹莓派終端機，請執行以下指令碼，更新 apt。

指令碼：

```
$ sudo apt update
```

STEP 2：鍵入以下指令碼安裝 Visual Studio Code。

指令碼：

```
$ sudo apt install code
```

STEP 3：安裝完成後，請執行以下指令更新 Visual Studio Code。

指令碼：

```
$ sudo apt upgrade code
```

STEP 4：進入樹莓派桌面，按下左上角樹莓派圖示 →「軟體開發」，你會發現 Visual Studio Code 的圖示，請按下開啟 Python extension for Visual Studio Code 開發環境。

▲ 圖 1-3-2

STEP 5：進 入 Visual Studio Code 開 發 環 境 後， 先 按 下 左 方 的
「Extensions」按鈕後，搜尋 python 字串，找到並安裝 Python extension
for Visual Studio Code 這個套件。（安裝此套件可以讓我們在 Visual Studio
Code 環境下直接執行 Python 程式，方便我們後續使用 Python 與 OpenCV
作示範。）

▲ 圖 1-3-3

樹莓派編程技術

倘只看書，便變成了書櫥。

——魯迅

2.1 使用 Node-RED 與 Python 編程樹莓派 GPIO

樹莓派是一款非常強大的軟硬體開源的 POC（Proof of Concept）開發平台，它是一個基於 ARM 處理器並運行 Linux 的高性能單板電腦，因此，我們使用它的方式就會跟 Arduino 與 ESP32 這種 MCU 型的開發平台有所不同。既然樹莓派搭載了高性能 ARM 處理器與 Linux 作業系統，可選擇的編程工具就相當豐富，但對於開發物聯網程式來說，考量開發效率與社群支持度，Node-RED 與 Python 是二個目前相當熱門的選擇，本節將會介紹如何使用這二種編程語言來控制與存取樹莓派的最基本的硬體週邊：GPIO

● 學習目標 ●

1. 了解使用 Node-RED 來開發物聯網系統的優勢
2. 了解如何使用 Node-RED 來存取樹莓派 4B 的 GPIO
3. 了解如何使用 Python3 來存取樹莓派 4B 的 GPIO
4. 了解樹莓派 GPIO 腳位的二種編號方式（BCM 與 BOARD）

2.1.1 介紹

樹莓派是一款非常強大的軟硬體開源的 POC（Proof of Concept）開發平台，它是一個基於 ARM 處理器並運行 Linux 的高性能單板電腦，因此，我們使用它的方式就會跟 Arduino 與 ESP32 這種單純 MCU 型的開發平台有所不同。既然樹莓派搭載了高性能 ARM 處理器與 Linux 作業系統，可選擇的編程工具就相當豐富,但對於開發物聯網程式來說,若考量開發效率與社群支持度,Node-RED 與 Python 是二款相當熱門且強大的程式語言,本章將會介紹如何使用 Node-RED 與 Python 來存取與控制樹莓派的 GPIO,但為何要我們先從 GPIO 切入呢?第一個原因是,本書所關注的是物聯網系統開發,只要談到物聯網系統開發,就絕對離不開使用 I/O 腳去讀取感測器與控制輸出致動器;第二個原因是,雖然樹莓派的功能與性能可以被看成是一台單板電腦,但它與一般電腦最大的差別在於,它有 40 支 I/O 腳位可供開發者自由規劃使用,因此,自由使用 I/O 腳位連接外部硬體裝置就成為樹莓派的最大優勢之一。基於以上二個理由,我們選擇先從樹莓派的 GPIO 功能切入,作為物聯網程式開發的第一步。

本書將以 Node-RED 來當作樹莓派的主要開發語言,而 Python 則作為輔助,使用 Node-RED 的最大優勢如下:

- 使用圖形化編程介面,程式開發效率極高且軟體元件可重覆使用。

- Node-RED 是基於 Node.js 的圖形開發環境,Node.js 本質為事件驅動機制,不會浪費時間等待耗時事件,雖然為單執行緒,卻相當高效率,先天上就是為物聯網而生的程式語言,主要是用於開發高性能的伺服端應用程式,而 Node-RED 為 Node.js 的圖形化版本,繼承了 Node.js 的所有優點。

- 網路社群資源豐富,幾乎絕大多數樹莓派所需的硬體裝置如感測器、A/D 或 D/A 等,都有相對應的 Node-RED 軟體元件可供下載使用。

- 豐富的人機介面元件可供使用,不需再額外花費資源開發使用者介面。

- Node-RED 的軟體元件可以藉由 Node.js 或 C++ 來建立,擴充性極強。(也可藉由 C++ 擴充 Node-RED 與 Node.js 的硬體存取能力)

- Node-RED 支援混合編程,可以呼叫其它語言(如 Python)所寫的程式,靈活度相當高。

在本章的後續小節中，我們將使用 Node-RED 來控制與存取各種硬體裝置：如常見的溫濕度感測器 DHT11/DHT22/AHT20（2.2 與 2.3 節）、I2C 介面（2.3 節）、A/D 轉換模組（2.4 節）、軟硬體 PWM 功能與 D/A 轉換（2.5 節）、串列埠 UART（2.6 節）、MPU-9250 九軸模組（2.7 節）、步進馬達控制（2.8 節）、AMG8833 紅外線熱感測器（2.11 節）等，而取得了各種感測器的資料後，自然就會有資料儲存的需求，因此在 2.9 與 2.10 節，各位也將會學到如何使用 Node-RED 存取 NoSQL MongoDB 資料庫與雲端 MongoDB 資料庫（又稱為 MongoDB ATLAS），各位可以將所收集的物聯網資料，儲存在本地端資料庫或是雲端資料庫中。

最後，在 2.12 節，筆者會教各位如何在樹莓派上使用 OpenCV 函式庫開啟網路攝影機，執行基本的影像處理演算法，在 2.13 節，筆者將引領各位完成二個影像處理的經典範例：影像模板比對與物體輪廓檢測。

本章的內容涵蓋層面甚廣，從硬體週邊控制、感測器、A/D 模組、串列與 I2C 通訊、PWM 實現 D/A 轉換、影像比對追蹤到雲端資料庫存取等，每一節皆有提供完整的教學指引與程式範例，若各位能完整學習本章內容，筆者相信各位必定能夠體驗一次研發能力的飛躍，為日後高手之路累積足夠能量。

2.1.2 使用 Node-RED 來存取樹莓派 4B 的 GPIO

一般來說，一個嵌入式系統的 IO 通常分成四大類，分別是：數位輸入、數位輸出、類比輸入與類比輸出，此分類是以腳位功能來劃分的，所謂的 GPIO（General Purpose Input/Output）就是數位輸出入腳位（digital pins）的別稱，每一個 GPIO 腳位既可以作為輸入，也可以作為輸出，本節我們將會教各位使用 Node-RED 來規劃並使用樹莓派的 GPIO 腳位。

以下列出使用樹莓派的 GPIO 腳位需要注意的事項：

- 樹莓派 4 共有 40 支 PIN 腳可供使用
- 樹莓派 3 與樹莓派 4 二者的 pin 腳定義是相同的，見圖 2.1.1
- 樹莓派 4 有二支 5V 的供電腳位、二支 3.3V 的供電腳位
- 不可將供電腳位與 GND 腳直接連接，可能會燒壞板子
- 所有的 GPIO 腳位都工作在 3.3V（若連接的感測器為不同電壓準位，請轉換電壓準位，以確保不會把你的樹莓派燒壞）

3V3	(1)	(2)	5V
GPIO2	(3)	(4)	5V
GPIO3	(5)	(6)	GND
GPIO4	(7)	(8)	GPIO14
GND	(9)	(10)	GPIO15
GPIO17	(11)	(12)	GPIO18
GPIO27	(13)	(14)	GND
GPIO22	(15)	(16)	GPIO23
3V3	(17)	(18)	GPIO24
GPIO10	(19)	(20)	GND
GPIO9	(21)	(22)	GPIO25
GPIO11	(23)	(24)	GPIO8
GND	(25)	(26)	GPIO7
GPIO0	(27)	(28)	GPIO1
GPIO5	(29)	(30)	GND
GPIO6	(31)	(32)	GPIO12
GPIO13	(33)	(34)	GND
GPIO19	(35)	(36)	GPIO16
GPIO26	(37)	(38)	GPIO20
GND	(39)	(40)	GPIO21

▲ 圖 2-1-1

 Tips

5V TTL 的邏輯準位定義：

▶ 輸入 HIGH 電壓不可低於 2V，輸入 LOW 電壓不可高於 0.8V。

▶ 輸出 HIGH 不可低於 2.7V，輸出 LOW 不可高於 0.4V

3.3V TTL 的邏輯準位定義：

▶ 輸入 HIGH 電壓不可低於 2V，輸入 LOW 電壓不可高於 0.8V。

▶ 輸出 HIGH 不可低於 2.4V，輸出 LOW 不可高於 0.5V。

Tips

你可以在樹莓派終端機下，鍵入 pinout，就可以得到如圖 2-1-1 的結果，知道你的樹莓派各個 I/O 腳位的定義跟位置。

在本書的 1.2.2 節有引導各位在樹莓派上安裝 Node.js 與 Node-RED，基本上 Node-RED 可以看成是 Node.js 的圖形化版本，它將各種軟體功能模組化成一個一個軟體元件，編程時，你只需要對這些軟體元件進行拖拉、連接與設定，就可以輕鬆完成程式設計，相當的方便。

若各位已經照 1.2.2 的步驟將 Node-RED 安裝好的話，接下來，進入樹莓派桌面環境，或使用 VNC 遠端連接樹莓派進入桌面環境，並打開終端機，啟動 Node-RED。

STEP 1：在終端機下鍵入：node-red

STEP 2：啟動 Node-RED 後，打開樹莓派的 Chromium 瀏覽器，在網址列貼上：http://127.0.0.1:1880/，並按下 Enter，則會進入 Node-RED 開發環境，如圖 2-1-2 所示。

▲ 圖 2-1-2

> ▶注意
>
> 由於筆者習慣使用英文介面的 Node-RED，因此在接下來的內容中，為了照顧到使用中文介面的讀者，某些名詞會使用中英對照的方式進行講解。各位也可以按下右上角的 ■ 符號，選擇「settings（設置）」去更改介面顯示語言。

STEP 3：為了讓各位能親自感受到 Node-RED 圖形介面的強力威力，我們將使用 dashboard 元件，它能夠幫我們建立漂亮的數位儀表板介面來即時顯示 GPIO 資訊。請按先右上角的 ■ 符號，並選擇「節點管理」，則會進入節點管理視窗，此時，我們需要安裝本次實驗所需套件：node-red-dashboard，因此，麻煩在安裝的頁面上，鍵入 dashboard，則會自動出現 node-red-dashboard 這個套件名稱，按下「安裝」，即可。安裝完成之後，你會在左邊的元件區找到 dashboard 群組，群組內有相當多的元件可以使用。

STEP 4：接下來，再次選擇「節點管理」，安裝本次實驗所需套件：node-red-node-pi-gpio，因此，麻煩在安裝的頁面上，鍵入 gpio，則會自動出現 node-red-node-pi-gpio 這個套件名稱，按下「install（安裝）」即可。

▲ 圖 2-1-3

STEP 5：若順利安裝完成，將會在左邊元件庫找到一個 Raspberry Pi 群組下增加了 rpi – gpio in 與 rpi – gpio out 二個元件，rpi – gpio in 元件可以讓你讀取數位輸入訊號（High 或 Low）；rpi – gpio out 元件可以讓你輸出數位訊號（High 或 Low）。

為了測試 GPIO out，我們準備一個 LED 與上拉電阻 10kOhm，並選定 GPIO8 為輸出測試腳位，將硬體接線如圖 2-1-4。

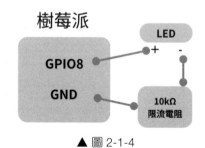

▲ 圖 2-1-4

再來，我們選定 GPIO12 為輸入測試腳位，在此筆者使用外接的電源供應器來供應輸入電壓，硬體接線如下。

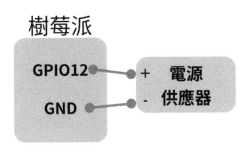

▲ 圖 2-1-5

 Tips

若各位手邊沒有電源供應器的話，也可以使用杜邦線將 GPIO12 接出，待會可以將其觸碰 3.3V 腳位，作為 HIGH 準位輸入，將其觸碰 GND 腳位，作為 LOW 準位輸入。

STEP 6：完成接線後，請將 Raspberry Pi 群組下的 rpi – gpio in 與 rpi – gpio out 二個元件把它們拉到工作區，並且到 dashboard（儀表板）群組中，找到 switch 元件與 gauge 元件，也一併拉進工作區，並將元件連接如圖 2-1-6 所示。

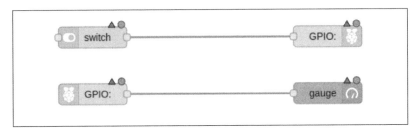

▲ 圖 2-1-6

> ▶注意
>
> 將 switch 的輸出連接到 rpi – gpio out，目的是使用開關元件來控制
> LED 的亮滅；將 rpi – gpio in 的輸出連接到 gauge，目的是觀察 GPIO
> in 的輸入電壓狀態（High 或 Low）。

STEP 7：雙擊 rpi – gpio out，將屬性設定如下。

將 Pin 設成 GPIO8，Type 設成 Digital output，將 Initialise pin state 打勾，
並選擇初始化為 low 狀態，按下 Done，完成設置。

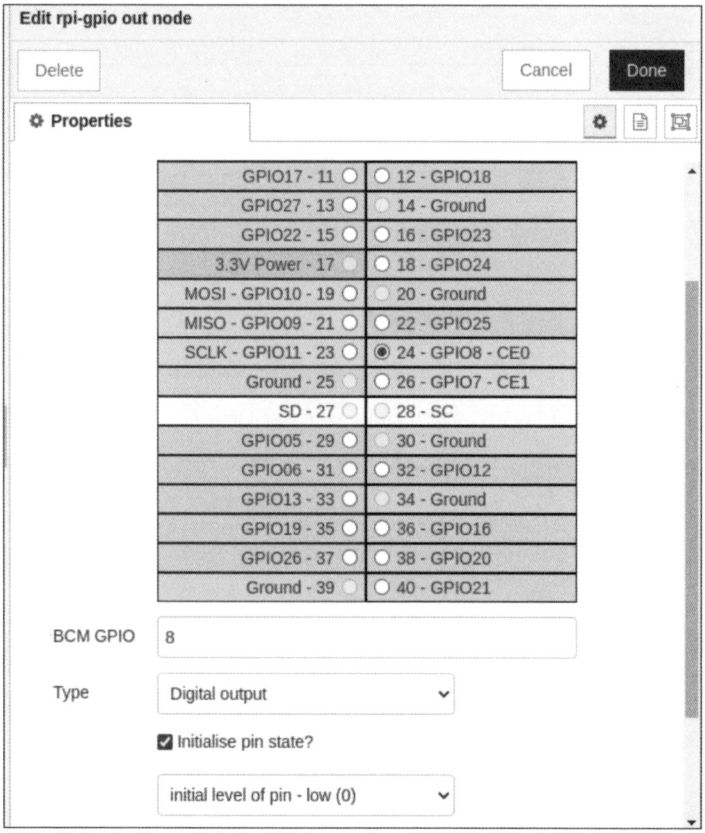

▲ 圖 2-1-7

STEP 8：雙擊 rpi – gpio in，將屬性設定如下。

將 Pin 設成 GPIO12，將 Read initial state of pin on deploy/restart 打勾，按下 Done，完成設置。

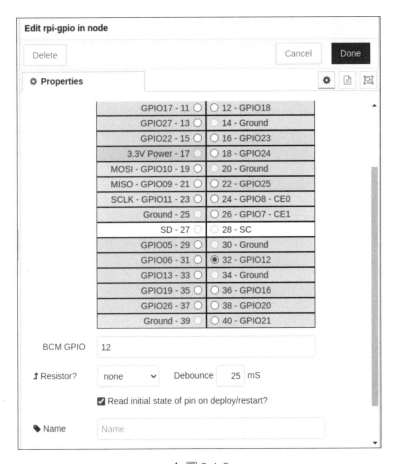

▲ 圖 2-1-8

STEP 9：雙擊 switch 元件，將其 Label 屬性設成 GPIO8 GPIO out，再將其 Group 屬性設成 [Home] Default（說明：[Home] Default 意思為 Group 名稱為 Default，Tab 名稱為 Home）。再雙擊 gauge 元件，將其 Label 屬性設成

GPIO12 GPIO in，也將將其 Group 屬性設成 [Home] Default，並將其 Range
屬性設定成 min 為 0，max 為 1。

👤 **如何正確設定 dashboard 元件**

若是初次使用 dashboard 群組的元件，尚未指定元件的 Group 與 Tab
之前，元件上方都會出現一個橘色三角形，若沒有指定，則元件是無
法正確顯示的。dashboard 定義所屬元件會有 Tab 與 Group 屬性，
階層關係如圖 2-1-9 所示，dashboard 是使用這樣的階層關係來配
置元件在網頁上的位置跟大小。為了方便解釋，圖 2-1-10 顯示一個
含有 dashboard 元件的網頁，網頁所顯示元件的 Group 屬性名稱是
Default，Tab 屬性名稱為 Home。

因此，請雙擊 dashboard 元件，將先將元件的 Group 屬性設成 [Home]
Default（說明：[Home] Default 意思為 Group 名稱為 Default，Tab 名稱
為 Home），元件上方的橘色三角形就會消失。

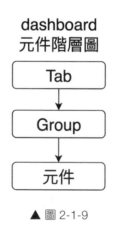

▲ 圖 2-1-9

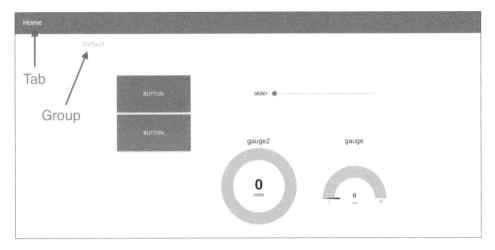

▲ 圖 2-1-10

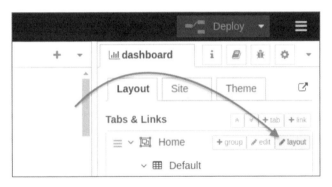

▲ 圖 2-1-11

 Tips

各位可以調整 dashboard 每個 Tab 的 Layout（按下如圖 2-1-11 所標註的 layout 按鈕），設定每個 dashboard 元件的位置，並配合使用 dashboard 元件的 Size 屬性，設定每個 dashboard 元件的大小，自由設計網頁介面。

STEP 10：完成以上步驟後，按下 Deploy（部署），就完成程式設計。

STEP 11：部署完成後，在樹莓派的 Chromium 瀏覽器再開一個新頁，在網址列打入：http://127.0.0.1:1880/ui 並進入網站，即可顯示如下的動態網頁。

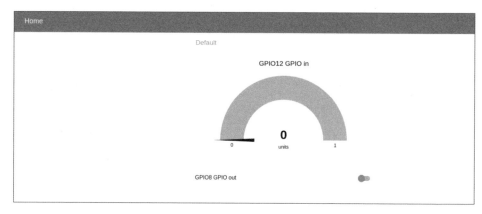

▲ 圖 2-1-12

STEP 12：此時，我們就可以測試 GPIO in/out 的功能了，首先，我們先測試 GPIO in，筆者將電源供應器的電壓值調成 2V，這時可以觀察到，GPIO12 GPIO in 的錶頭瞬間指向 1，如圖 2-1-13，再將電壓值調成 0.8V 以下，則錶頭會指向 0，以上就完成了 GPIO in 的測試。

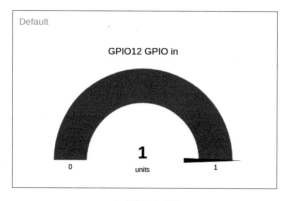

▲ 圖 2-1-13

Tips

若各位使用杜邦線將 GPIO12 接出，將其觸碰 3.3V 腳位與 GND 腳位時，也會有同樣的效果。

STEP 13：接下來我們進行 GPIO out 的測試，按下 GPIO8 GPIO out 的 switch，如圖 2-1-14，各位應該可以發現接到 GPIO8 腳位的 LED 已經亮起來了，此時，再按一次 switch，LED 應該就被關閉了，因此，我們也完成了 GPIO out 功能的驗證。

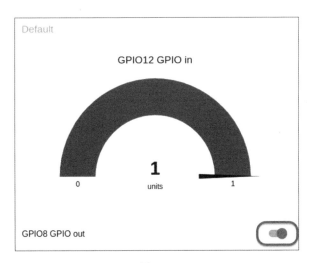

▲ 圖 2-1-14

2.1.3 使用 Python3 來存取樹莓派 4B 的 GPIO

接下來，筆者將繼續帶領大家使用 Python 來操控樹莓派的 GPIO，請繼續使用 2.1.1 節的硬體接線，各位如果已經完成了 1.2.1 節樹莓派 OS 的安裝步驟的話，樹莓派 OS 本身就已經自帶了 Python2 與 Python3 的直譯器了，但由於 Python 2 在版本 2.7.16 後就已經不再更新，在此建議使用 Python2 的朋友們應該盡快轉換成 Python3 來作編程，理由如下：

- Python3 的語法較 Python2 更簡單且容易理解
- Python3 字串預設使用 Unicode 儲存，而 Python2 則需使用 "u" 來定義 Unicode 字串值
- Python3 已更新許多舊 Python 語法的使用方式
- 絕大部分的 Python 開發者已經轉換成使用 Python3，網上取得支援與協助更加容易

以上主要跟各位科普一下 Python2 與 Python3 的差異點，本書所使用的 Python 程式碼都由 Python3 所開發。接下來我們開始使用 Python3 來存取樹莓派的 GPIO。

STEP 1：首先，進入樹莓派桌面環境，請先關閉 Node-RED 執行環境，可以在終端機鍵入 node-red-stop 先終止 Node-RED 執行環境。(說明：硬體裝置如同資源，若被一個程式語言存取，未被釋放，則另一個程式語言無法存取該裝置。)

STEP 2：打開樹莓派終端機，在你的使用者目錄下新建一個目錄，名為 python3_gpio，並進入該目錄。

指令碼：

```
$ mkdir python3_gpio
$ cd python3_gpio
```

STEP 3：在 python3_gpio 目錄下創建並編輯檔案 gpio_test1.py

指令碼：

```
$ nano gpio_test1.py
```

STEP 4：此時，會進入檔案編輯模式，各位可以輸入以下程式碼。

```
import RPi.GPIO as GPIO   #引入樹莓派GPIO函式庫
import time #引入標準time函式庫，作延時用
ledpin = 8   #GPIO8 as GPIO out pin
gpio_in = 12   #GPIO12 as GPIO in pin
GPIO.setmode(GPIO.BCM)    #使用BCM GPIO pin編號系統
GPIO.setup(ledpin, GPIO.OUT)    #設定GPIO8為GPIO輸出腳位
GPIO.setup(gpio_in, GPIO.IN)    #設定GPIO12為GPIO輸入腳位
try:
        while True: # 無限迴圈，直到按下ctrl+c
                GPIO.output(ledpin, GPIO.HIGH)
                # GPIO8輸出高電壓準位
                print("GPIO12 status: %u" %
                (GPIO.input(gpio_in)))
                time.sleep(0.5) # 延時0.5秒
                # GPIO8輸出低電壓準位
                GPIO.output(ledpin, GPIO.LOW)
                time.sleep(0.5) # 延時0.5秒
except KeyboardInterrupt: #直到按下Ctrl+C
        GPIO.cleanup()    #清除腳位設定
```

各位也可以在樹莓派上安裝並使用自己熟悉的程式編輯器，來編輯以
上的 Python 程式碼。

STEP 5：輸入完成後，按下 CTRL-X，可以存檔並離開。

STEP 6：在終端機鍵入 python3 gpio_test1.py 可以執行本程式碼。若程式順利執行，各位可以發現連接到 GPIO8 的 LED 會隔 0.5 秒閃爍一次；此時也可以改變 GPIO12 的輸入電壓狀態，終端機螢幕也會每隔 0.5 秒輸出 GPIO12 的輸入電壓狀態，如圖 2-1-15。

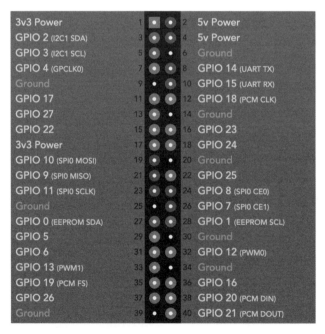

▲ 圖 2-1-15

▲ 圖 2-1-16（資料來源：https://pinout.xyz/）

使用 Python 來存取樹莓派的 GPIO，引入 RPi.GPIO 函式庫是一個標準作法，以下分別對程式中使用到的 GPIO 函式作各別的介紹。

▸ GPIO.setmode(GPIO.BCM)：設定樹莓派 GPIO 的編號方式，BCM 編號又稱作 Broadcom 編號模式，見圖 2-1-16，大寫 GPIO 開頭的腳位編號就是 BCM 編號。還有另一種編號方式為 GPIO.BOARD，若設定成 GPIO.BOARD，則 GPIO8 的腳位號碼就不是 8，而是 24（見圖 2-1-14）。

▸ GPIO.getmode()：若你忘記設置是哪一種 GPIO 編號模式，可以使用此函式來取得。

▸ GPIO.setup(11, GPIO.OUT) 或 GPIO.setup(12, GPIO.IN)：將某引腳設置成輸入或輸出

▸ 對於輸入引腳，你也可以設置上拉電阻或下拉電阻來防止電壓浮動

```
GPIO.setup(12, GPIO.IN,pull_up_down=GPIO.PUD_UP)
GPIO.setup(12, GPIO.IN,pull_up_down=GPIO.PUD_DOWN)
```

▸ 若要讀取某輸入引腳狀態，例如讀取 GPIO12 的狀態，可以使用 GPIO.input(12)

▸ 將某輸出引腳設定為高電平或低電平，例如設定 GPIO11 的狀態，可以使用

```
GPIO.output(11, GPIO.HIGH)
GPIO.output(11, GPIO.LOW)
```

▸ 以下設置可將某腳位設成 PWM 輸出：

```
GPIO.setup(11, GPIO.OUT)
pwm_out = GPIO.PWM(11, 1000)    #設定1kHz載波
pwm_out.start(0)                #設定輸出0%為初始值(off狀態)
```

```
pwm_out.ChangeDutyCycle(50)    #改變輸出duty為50%
```

▶ GPIO.cleanup()：當腳本運行結束，使用此函式清除腳位設置，若不
清除腳位設置，容易造成意外短路而燒壞電路板。

2.1.4 本章相關影片連結

本章相關影片可以掃描以下的 QR 碼或是鍵入下方的網址，線上收看。

▲ 影片名稱：[老葉說技術 - 第 41 期] 5 分鐘搞定
物聯網：在樹莓派上使用 Node-Red 控制 GPIO，
並且使用串列通訊即時繪圖。
網址：https://youtu.be/S8WGp6O8Tyo

▲ 影片名稱：[老葉說技術 - 第 17 期] 5 分鐘搞
懂：使用 Python 3 ＋樹莓派 Raspberry Pi 來開發
物聯網程式 - 控制 GPIO 點亮 LED (Use Python 3
on Raspberry Pi 4)
網址：https://youtu.be/JadD3hwxe_c

2.2 使用 Node-RED 建立網頁伺服器即時回傳 DHT22 溫濕度感測值

DHT22 是一款非常普及的溫濕度感測器，它不僅在商業產品中被廣泛使用，同時也在創客社群中廣為流傳。你不僅能使用 Arduino 來讀取它，當它結合樹莓派與 Node-RED 後，威力更是強大，只要幾個步驟，你就可以建構一個線上的居家溫濕度感測系統。

● 學習目標 ●

1. 了解 DHT 系列溫濕度感測器功能、規格與通訊原理
2. 了解 DHT 系列溫濕度感測器如何與樹莓派作連接
3. 了解如何在樹莓派上使用 Node-RED 來操作 DHT 系列感測器
4. 了解如何使用 Node-RED 來建立動態網頁即時顯示溫濕度資訊
5. 了解如何用 Node-RED 來建立數位儀表板即時顯示溫濕度資訊

2.2.1 DHT22 感測器介紹

今天我們帶大家使用一款電容式的高精度溫濕度感測器，名為 DHT22（又名為 AM 2302），它是一款小型化且低功耗的溫濕度感測器，它的傳輸距離最長可以到 20 公尺，因此很適合用在一些嚴苛的環境，圖 2-2-1 為常見的 DHT22 感測器的外觀照片，而還有另一款大家耳熟能詳的 DHT 系列的溫濕度感測器叫 DHT11，以下為 DHT22 與 DHT11 的規格比較：

▲ 圖 2-2-1

備註：各位從市面上購買的 DHT22 外觀可能會與圖 2-2-1 有些許差異，不過用法是相同的。

DHT22 與 DHT11 規格比較：

規格參數	DHT11	DHT22
溫度感測範圍	0 to 50 ℃	-40 to 80 ℃
溫度精度	±1 to 2 ℃	± 0.5 ℃
相度濕度量測範圍	30% to 90%	0% to 100%
相度濕度量測精度	±4% to 5%	±2 to 5%
輸入電壓	3.3V to 5V	3.3V to 5V
解析度	8 bits	16 bits
採樣週期	>=1 sec	>=2 sec

這二款溫濕度感測器在市場上都非常普及,同時也都支援 Arduino 與樹莓派,從規格參數中,各位可以看到,DHT22 明顯在溫濕度的量測範圍與精度都高於 DHT11,而這二款溫濕度感測器在外觀上,可以簡單用顏色來區分,白色為 DHT22,藍色是 DHT11,但它們的腳位定義是相同的,感測器會引出 3 支腳:VCC、GND 跟 DATA,VCC 可以接受 3.3V 到 5V 的電壓,GND則需接地,而溫濕度資料則會轉換成數位訊號,透過 DATA 腳位傳回控制端。

備註:有些市面上的 DHT 系列感測器,會引出 4 支腳,其中一支腳位為NC,它是無用腳位,真正需要連接的腳位只有 VCC、GND 跟 DATA 三支。

2.2.2 將 DHT22 感測器連接到樹莓派

▣ 準備材料

要進行本單元實作,需要以下材料:

1. 樹莓派 4B x 1
2. DHT22 感測器 x 1
3. 杜邦線若干 (備 註:用來連接 DHT22 與樹莓派 IO 腳位,你也可以用其它連接線代替,但杜邦線較為方便,省時又省力)

將 DHT22 溫濕度感測器連接到樹莓派 4B,硬體接線如圖 2-2-2 所示,樹莓派 4B 硬體腳位定義可以參考圖 2-2-3。

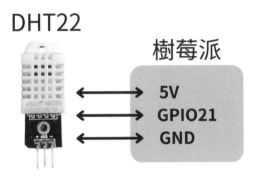

DHT22

樹莓派

5V
GPIO21
GND

▲ 圖 2-2-2

3V3	(1) (2)	5V
GPIO2	(3) (4)	5V
GPIO3	(5) (6)	GND
GPIO4	(7) (8)	GPIO14
GND	(9) (10)	GPIO15
GPIO17	(11) (12)	GPIO18
GPIO27	(13) (14)	GND
GPIO22	(15) (16)	GPIO23
3V3	(17) (18)	GPIO24
GPIO10	(19) (20)	GND
GPIO9	(21) (22)	GPIO25
GPIO11	(23) (24)	GPIO8
GND	(25) (26)	GPIO7
GPIO0	(27) (28)	GPIO1
GPIO5	(29) (30)	GND
GPIO6	(31) (32)	GPIO12
GPIO13	(33) (34)	GND
GPIO19	(35) (36)	GPIO16
GPIO26	(37) (38)	GPIO20
GND	(39) (40)	GPIO21

▲ 圖 2-2-3

 Tips

你可以在樹莓派終端機下，鍵入 pinout，就可以得到如圖 2-2-3 的結
果，知道你的樹莓派各個 I/O 腳位的定義跟位置。

2.2.3 使用 Node-RED 連接 DHT22

接下來，進入樹莓派桌面環境，或使用 VNC 遠端連接樹莓派進入桌面環境，並打開終端機，啟動 Node-RED。

STEP 1：在終端機下鍵入：node-red

STEP 2：啟動 Node-RED 後，打開樹莓派的 Chromium 瀏覽器，在網址列貼上：http://127.0.0.1:1880/，並按下 Enter，則會進入 Node-RED 開發環境。

▲ 圖 2-2-4

STEP 3：請按下右上角的 ■ 符號，並選擇「Manage palette（節點管理）」，則會進入節點管理視窗，此時，我們需要安裝本次實驗所需套件：node-red-contrib-dht-sensor，因此，麻煩在安裝的頁面上，鍵入 dht，則會自動出現 node-red-contrib-dht-sensor 這個套件名稱，按下「install（安裝）」即可。

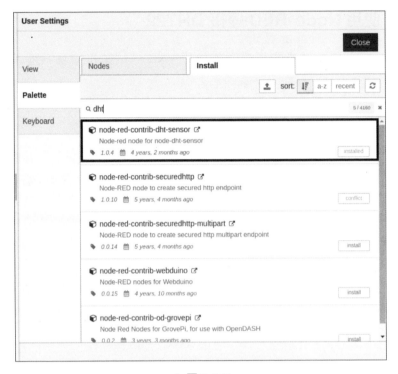

▲ 圖 2-2-5

STEP 4：若順利安裝完成，則你將會在左邊元件庫找到一個 Raspberry Pi 群組下有一個 rpi – dht22 這個元件，把它拉到工作區，並且到 common（共通）群組中，找到 debug 元件與 inject 元件，也一併拉進工作區，並將 rpi – dht22 與 inject 元件、debug 元件對接，如圖 2-2-6 所示。

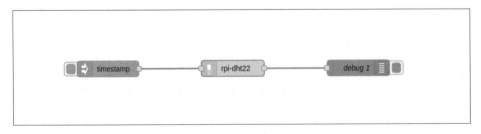

▲ 圖 2-2-6

STEP 5：再來，雙擊 rpi – dht22 元件，將 Pin numbering 設定成 BCM GPIO，並將 Pin number 設成 21，再雙擊 debug 元件，將其 output 屬性設成 complete msg object。此時，按一下 Deploy(部署)。

 Tips

rpi – dht22 元件它可以同時支援 DHT22 與 DHT11 二個溫濕度感測器，因為二者所用的通訊協定是一致的，差別在於量測精度，DHT22 的量測精度高於 DHT11。

STEP 6：部署完成後，我們每按一下 inject 元件左邊的按鈕，就可以在偵錯視窗看到 rpi – dht22 元件輸出的溫濕度資料，如圖 2-2-7 所示。

▲ 圖 2-2-7

STEP 7：現在我們來仔細看看，rpi-dht22 這個元件所輸出的 msg 物件的內容。在 rpi-dht22 所輸出的 msg 物件內容中，payload 屬性的值為溫度，單位為攝氏度，humidity 屬性的值則為濕度，單位為 %，isValid 屬性值則代表讀取是否成功，若不成功，則 errors 屬性值則會顯示 16 進位的錯誤碼（若成功讀取，則為 0x0）。完成到這一步就代表我們已經成功的使用 Node-RED 讀取 dht22 感測器資料了。

2.2.4 使用 Node-RED 建立動態網頁即時顯示溫濕度資訊

STEP 1：接下來，我們來建立一個簡單的網頁來顯示溫濕度資訊。此時，我們可以先移除掉 inject 元件跟 debug 元件，再從左邊的元件庫拉進以下 3 個元件：

- Network（網路）群組 → http in 元件 x1（用途：建立網頁路由）
- Network（網路）群組 → http response x1（用途：回應網頁路由請求）
- Function（功能）群組 → template x1（用途：建立網頁模板）

並將元件連接如下：

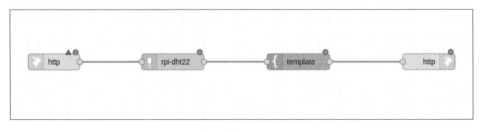

▲ 圖 2-2-8

STEP 2：接下來我們對逐個元件作設定，首先雙擊 http in 元件，將 URL 設為 /dht22，Method 預設值為 GET，保持不變。

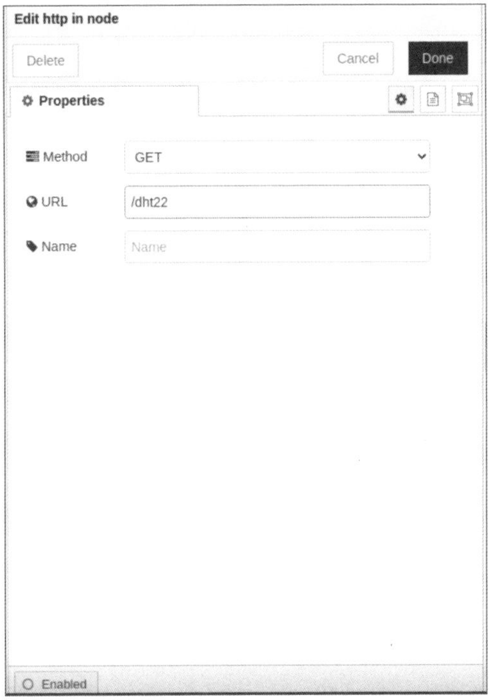

▲ 圖 2-2-9

STEP 3：再來雙擊 template 元件，template 元件主要的功能是為我們建立一個伺服端的網頁模板，稱之為模板的理由是我們可以藉由它來建立一個動態網頁，請在 template 元件的 Template 屬性貼上以下網頁模板內容。

```
<html>
    <head>
        This is DHT22 page!
    </head>
    <body>
```

```
        <h1> Current Temperature is {{payload}} degree </h1>
        <h1> Current Humidity is {{humidity}} % </h1>
    </body>
</html>
```

完成後如圖 2-2-10 所示，按下 Done 就完成網頁模板設置了。

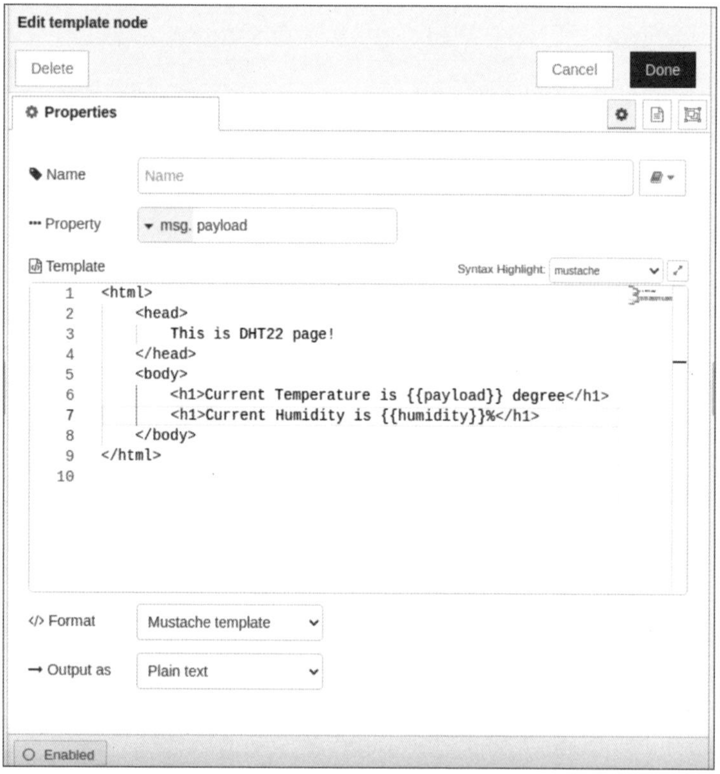

▲ 圖 2-2-10

在此，熟悉 html 語法的各位應該會注意到，這個網頁模板裏有 {{ payload }} 跟 {{ humidity}} 這兩個東西，這部分就是要將 msg 物件的二個屬性值：payload (回傳溫度) 跟 humidity (回傳濕度) 的訊息內嵌在網頁裏，而為何

要使用 {{ }} 來嵌入資訊呢？原因是 template 元件它預設支援 Mustache 語法，想瞭解 Mustache 語法的朋友，可以參考以下網址：

http://mustache.github.io/

STEP 4：最後 http response 元件我們不需作任何修改，保持預設值即可。按下 Deploy（部署），即可完成此次編程。

STEP 5：完成部署後，在樹莓派的 Chromium 瀏覽器再開一個新頁，在網址列打入：http://127.0.0.1:1880/dht22 並進入網站，即可顯示如下的動態網頁。

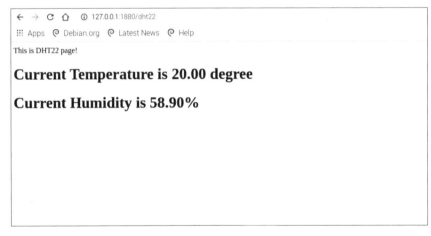

▲ 圖 2-2-11

當你每次重新載入網頁的時候，你會發現溫濕度的值都會被更新，這個就是我們使用 template 所建立的動態網頁發揮功能了，而在網址列後方的路徑 /dht22，就是由 http in 元件所建立的網頁路由，因此，藉由 http in、template 跟 http response 三個元件，就可以輕鬆的建立網站伺服器與動態網頁，當你不滿足於單一網頁時，你只要複製這三個元件就可以建立不限個數的動態網頁，來豐富你的網站。

2.2.5 使用 Node-RED 建立數位儀表板即時顯示溫濕度資訊

最後，為了讓各位能親自感受到 Node-RED 的圖形介面的強力威力，我們教各位使用 dashboard 元件，它能夠幫我們建立漂亮的數位儀表板介面來即時顯示我們的溫濕度資訊。

STEP 1：首先，請按下右上角的 ▤ 符號，並選擇「節點管理」，則會進入節點管理視窗，此時，我們需要安裝本次實驗所需套件：node-red-dashboard，因此，麻煩在安裝的頁面上，鍵入 dashboard，則會自動出現 node-red-dashboard 這個套件名稱，按下「安裝」，即可。

安裝完成之後，你會在左邊的元件區找到 dashboard 群組，群組內有相當多的元件可以使用。

STEP 2：再來，在同一個頁面，加入以下幾個元件：

- common (共通) 群組 → inject 元件 x 1 (用途：用來定時讀取 dht22)
- Raspberry Pi 群組 → rpi – dht22 x 1
- Function(功能) 群組 → change x 1

Dashboard 群組 → gauge x 2 (本文稱 gauge 為錶頭)

將元件連接如下圖所示：

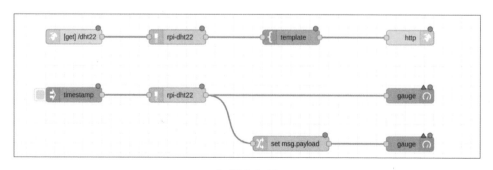

▲ 圖 2-2-12

▶注意

在同一個頁面上，我們在下方又增加了 5 個元件，上方是我們剛剛建立的動態網頁，接下來，我們分別來設定新增加的 5 個元件。

STEP 3：首先，雙擊 inject 元件，在 Repeat 屬性設定成 interval，並將週期設成每一秒觸發一次。

▲ 圖 2-2-13

STEP 4：接下來，將 rpi – dht22 元件的內容設定的與先前一樣。

接著，需要特別說明一下，我們建立的二個 gauge（錶頭），我想要一個顯示溫度，另一個顯示濕度，但需要注意的是，gauge 預設只會顯示 msg.

payload 的值，若各位沒有忘記的話，rpi-dht22 輸出的 msg.payload 就是溫度值，因此，將 rpi-dht22 接到其中一個 gauge，將可以直接顯示溫度值。

但是濕度要如何顯示呢？這時我們需要將 rpi-dht22 輸出的 msg.humidity 作一下轉換，利用 change 元件的功能，可以將 msg.humidity 的值變成 msg.payload 輸出。

STEP 5：雙擊 change 元件，我們要將 msg.payload 的內容設定成 msg.humidity，如圖 2-2-14 所示。設定完成後，我們就將 change 元件的輸出 (msg.payload) 設定成 rpi-dht22 所輸出的 msg.humidity 值，因此可以讓另一個 gauge 元件顯示濕度值了。

▲ 圖 2-2-14

STEP 6：接下來，我們雙擊溫度 gauge，設定以下屬性：

- Label：Temperature
- Units：degree
- Range：min: 0，max: 100

 Tips

若是初次使用 dashboard 群組的元件，尚未指定元件的 Group 與 Tab 之前，元件上方都會出現一個橘色三角形，若沒有指定，則元件是無法正確顯示的。因此，雙擊 dashboard 元件，將元件的 Group 屬性設成 [Home] Default（說明：[Home] Default 意思為 Group 名稱為 Default，Tab 名稱為 Home），元件上方的橘色三角形就會消失了。

若不清楚如何設定 dashboard 元件的 Group 與 Tab 屬性，請參考本書的圖 2-1-9 與圖 2-1-10 及其說明。

▲ 圖 2-2-15

接下來，我們雙擊濕度 gauge，設定以下屬性：

- Label：Humidity
- Units：%
- Range：min: 0，max: 100

▲ 圖 2-2-16

STEP 7：最後，按下 Deploy(部署)，就完成了。

完成部署後，在樹莓派的 Chromium 瀏覽器再開一個新頁，在網址列打入：
http://127.0.0.1:1880/ui 並進入網站，即可顯示如下的動態網頁。各位可以
發現這個動態網頁不需要重新載入，就能即時顯示溫濕度值，這是由於我們
使用 inject 元件每一秒去更新資料所達到的效果。

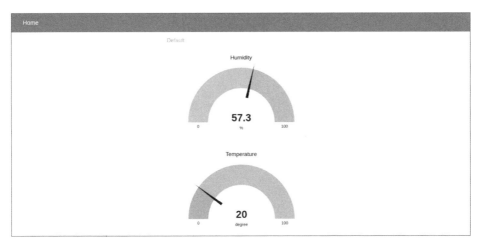

▲ 圖 2-2-17

▶注意

當要使用瀏覽器造訪使用 dashboard 群組的元件所建立的動態網頁時，
所使用的預設路由 (路徑) 是 /ui。

此時，各位也可以在 Chromium 瀏覽器再多開一頁，在網址列打入剛剛我們
建立的動態網頁模板網址 http://127.0.0.1:1880/dht22，你會發現二者可以
同時運作，唯一的差別是，動態網頁模板需要使用 Reload 才能更新溫濕度
值，而 dashboard 所建立的網頁，溫濕度值可以自動更新，並且圖形介面更
有親和力。

2.2.6 本章相關影片連結

本章相關影片可以掃描以下的 QR 碼或是鍵入下方的網址，線上收看。

▲ 網址：https://youtu.be/p9ZdX4eSIDU

2.3 使用樹莓派 I2C 匯流排讀取溫濕度感測器 AHT20

本節我們將教各位使用另一款高精度的溫濕度感測器 AHT20，由於它的成本甚至比 2.2 節介紹的 DHT22 更加低廉，因此成本優勢是筆者將它納入本書篇幅的最主要原因。本節跟 2.2 節使用同樣的方式，我們使用樹莓派與 Node-RED 來讀取 AHT20 的溫濕度感測值，並且建立一個伺服端數位儀表板來即時顯示濕度感測資訊。

● 學習目標 ●

1. 了解 AHT20 溫濕度感測器功能、規格與通訊原理

2. 了解如何連接樹莓派與 AHT20

3. 了解如何在樹莓派上使用 Node-RED 來操作 AHT20 感測器

4. 了解如何用 Node-RED 來建立數位儀表板即時顯示溫濕度資訊

2.3.1 AHT20 感測器介紹

AHT20 為一款具有體積小、精度高、成本低等優勢的高精度溫濕度感測器，可以輕鬆取代 DHT11/DHT12/DHT22 等同類型的溫濕度感測器產品。筆者在 2022/12 從網上調查發現 (使用 Digi-Key 網站詢價)，以零售價來說，DHT22 的成本約為 9USD，但 AHT20 只要約 4.9USD，成本約為 DHT22 的一半，因此若以推出商業化產品為主要考量的話，AHT20 具有相當不錯的成本優勢。

▣ AHT20 規格介紹

- VCC 電壓範圍：2 ～ 5.5V
- 溫度精度：± 0.3 ℃
- 濕度精度：± 2 %RH
- 溫度量測範圍：-40 ~ + 85 ℃
- 濕度量測範圍：0 – 100 %RH
- 通訊介面：I2C

AHT20 感測器本體非常微小，如圖 2-3-1，一般各位購買的 AHT20 模組都會做成電路板的型式並且能方便使用排插將引腳引出，如圖 2-3-2。

▲ 圖 2-3-1

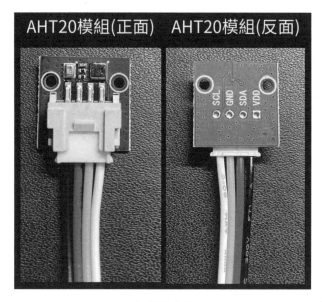

▲ 圖 2-3-2

各位可以從圖 2-3-2 看到，AHT20 模組只有四條線與樹莓派連接，VDD 接
3.3V 或 5V，GND 接地，SCL 跟 SDA 是 I2C 的通訊腳位。

2.3.2 將 AHT220 感測器連接到樹莓派

要進行本單元實作，需要以下材料：

1. 樹莓派 4B 實驗板 x 1

2. AHT20 模組 x 1

3. 杜邦線若干 (用來連接 AHT20 與樹莓派，你也可以用其它連接線代替，
   但杜邦線較為方便，省時又省力)

本次我們使用 I2C 來連接樹莓派與 AHT20，因此在正式接線以前，請各位先
確認，是否已經將樹莓派的 I2C 功能打開。

STEP 1：進入樹莓派桌面環境，或使用 VNC 遠端連接樹莓派進入桌面環境，按下左上角的樹莓派圖示，選擇「偏好設定」下的「Raspberry Pi 設定」，如圖 2-3-3。

▲ 圖 2-3-3

STEP 2：在 Raspberry Pi 設定視窗下，選擇「介面」，並確認 I2C 是否被「啟用」（注意：若原來是「停用」，選擇「啟用」後，需要重新啟動樹莓派。）

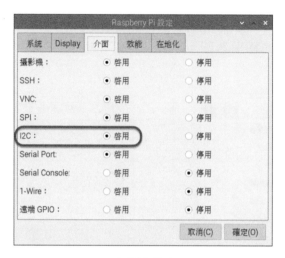

▲ 圖 2-3-4

由於 AHT20 支援的通訊介面為 I2C，因此我們會用到樹莓派的 I2C 匯流排，
以樹莓派 4 來說，開放使用者存取高達 6 組 I2C 匯流排（i2c0, i2c1, i2c3,
i2c4, i2c5, i2c6），因此不用擔心 I2C 匯流排不夠用的問題。

Tips

樹莓 4B 的其它 I2C 匯流排對應腳位為：

▸ i2c0：GPIO0 (SDA0)；GPIO1(SCL0)

▸ i2c1：GPIO2 (SDA1)；GPIO3 (SCL1)

▸ i2c3：GPIO2 (SDA3)；GPIO3 (SCL3)

▸ i2c4：GPIO6 (SDA4)、GPIO8 (SDA4)；GPIO9 (SCL4)

▸ i2c5：GPIO10 (SDA5)、GPIO12 (SDA5)；GPIO13(SCL5)

▸ i2c6：GPIO0 (SDA6)、GPIO22 (SDA6)；GPIO1 (SCL6)、GPIO23
(SCL6)

注意：i2c2 匯流排樹莓派已保留給 HDMI 使用的，使用者不可存取。

本次我們使用 i2c1 匯流排，因此會用到樹莓派 GPIO2 (SDA1) 與 GPIO3 (SCL1) 作為 I2C 的通訊腳位，硬體接線如下圖 2-3-5 所示。

 Tips

樹莓派 4B 的 I2C 腳位（GPIO2、GPIO3）本身已內建 1.8kΩ 的上拉電阻（to 3.3V），因此連接裝置時，就不再需要另外連接上拉電阻了。

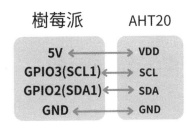

▲ 圖 2-3-5

將 AHT20 連接到樹莓派後，由於二者是靠 I2C 介面連接 (本次我們使用樹莓派 4 的 i2c1 匯流排)，因此，打開樹莓派終端機，鍵入 i2cdetect -y 1 可以得知 AHT20 的 I2C 位址，如圖 2-3-6 所示。

```
pi@raspberrypi:~ $ i2cdetect -y 1
     0  1  2  3  4  5  6  7  8  9  a  b  c  d  e  f
00:          -- -- -- -- -- -- -- -- -- -- -- --
10: -- -- -- -- -- -- -- -- -- -- -- -- -- -- -- --
20: -- -- -- -- -- -- -- -- -- -- -- -- -- -- -- --
30: -- -- -- -- -- -- -- -- 38 -- -- -- -- -- -- --
40: -- -- -- -- -- -- -- -- -- -- -- -- -- -- -- --
50: -- -- -- -- -- -- -- -- -- -- -- -- -- -- -- --
60: -- -- -- -- -- -- -- -- -- -- -- -- -- -- -- --
70: -- -- -- -- -- -- -- 77
```

▲ 圖 2-3-6

從 i2c1 匯流排上我們找到二個裝置，位址分別是 0x38 與 0x77，其中 0x38 為 AHT20 溫濕度感測器，0x77 為 BMP280 氣壓感測器，因為筆者所購買

的模組整合了 BOSCH 的 BMP280 氣壓感測器，但在本節，我們僅會使用
AHT20 來為各位演示。

 Tips

BMP280 為 BOSCH 公司推出的氣壓感測器，但目前各位在 Node-RED
上找到的軟體元件是支援 BME280 這款整合溫濕度與氣壓的感測器，
各位可以購買 BME280 這款感測器，它同樣是使用 I2C 通訊介面。

2.3.3 使用 Node-RED 連接 AHT20

STEP 1：完成硬體接線後，各位可以進入樹莓派 Node-RED 開發環境，請
按下右上角的 ▤ 符號，並選擇「Manage palette（節點管理）」，則會進入
節點管理視窗，此時，我們需要安裝本次實驗所需套件：@maga-1/node-
red-contrib-aht20，因此，麻煩在安裝的頁面上，鍵入 aht20，則會自動出現
@maga-1/node-red-contrib-aht20 這個套件名稱，按下「install（安裝）」，
即可。

▲ 圖 2-3-7

STEP 2：若順利安裝完成，則將會在左邊元件庫的 input 群組下找到 Aht20 這個元件，把它拉到工作區，並且到 common（共通）群組中，找到 debug 元件與 inject 元件，也一併拉進工作區，將 Aht20 與 inject 元件、debug 元件對接，如圖 2-3-8 所示。

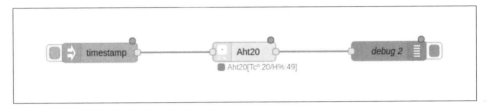

▲ 圖 2-3-8

STEP 3：再來，雙擊 Aht20 元件，確認 Bus ID 是否設成 1（此為樹莓派 I2C 匯流排號碼），然後將 Name 設定成 AHT20（也可以留白），按下 Done，完成設定。再按一下 Deploy(部署)，完成程式設計。

▲ 圖 2-3-9

STEP 4：完成部署後，按一下 Inject 元件左邊的按鈕，你會發現在 Debug
(偵錯視窗) 出現了 AHT20 的溫濕度感測值。

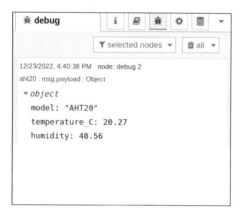

▲ 圖 2-3-10

STEP 5：接下來，我們再加入以下 4 個元件：

Function(功能) 群組 → change x 2

Dashboard 群組 → gauge x 2 (本文稱 gauge 為錶頭)

並將元件連接如下 (為了方便說明，以下使用文字標註元件名稱)：

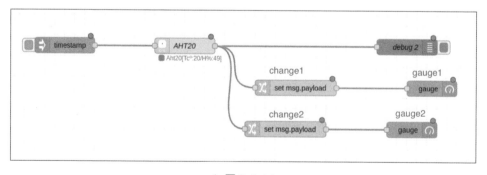

▲ 圖 2-3-11

若是初次使用 dashboard 群組的元件，尚未指定元件的 Group 與 Tab 之前，元件上方都會出現一個橘色三角形，若沒有指定，則元件是無法正確顯示的。因此，雙擊 dashboard 元件，將元件的 Group 屬性設成 [Home] Default（說明：[Home] Default 意思為 Group 名稱為 Default，Tab 名稱為 Home），元件上方的橘色三角形就會消失了。

若不清楚如何設定 dashboard 元件的 Group 與 Tab 屬性，請參考本書的圖 2-1-11 與圖 2-1-12 及其說明。

STEP 6：接下來，我們觀察一下 Aht20 元件所輸出的資料結構，見圖 2-3-10，可以發現，溫度資訊位於 msg.payload.temperature_C；而濕度資訊則位於 msg.payload.humidity，因此，雙擊 change1，將 change1 的輸出 msg.payload 設定成 msg.payload.temperature_C。

▲ 圖 2-3-12

以上設定的目的是讓 Aht20 輸出的溫度資訊標準化成 msg.payload，以便讓 gauge 元件接收數值。

STEP 7：接下來如法泡製，雙擊 change2，將 change2 的輸出 msg.payload
設定成 msg.payload.humidity。

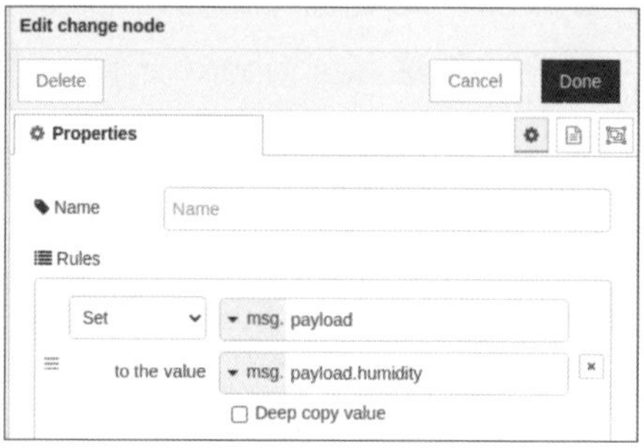

▲ 圖 2-3-13

STEP 8：接著，雙擊 gauge1，將屬性設成如下：

- Label 屬性：Temperature
- Units 屬性：Degree
- Range 屬性：0 ~ 100

▲ 圖 2-3-14

STEP 9：再雙擊 gauge2，將屬性設成如下：

- Label 屬性：Humidity
- Units 屬性：%
- Range 屬性：0 ~ 100

▲ 圖 2-3-15

STEP 10：最後，我們雙擊最左邊的 inject 元件，我們希望能利用它每隔 1 秒讀取 Aht20，讓儀表板資訊每一秒可以即時更新，因此，將 inject 的 Repeat 屬性設定如下：

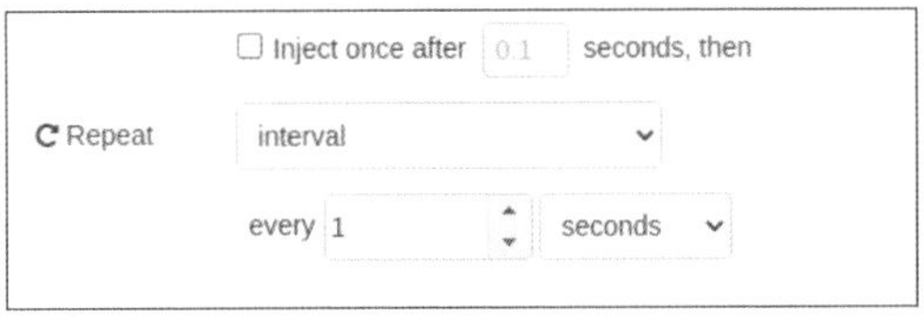

▲ 圖 2-3-16

STEP 11：按下佈署，就完成了程式設計。部署完成後，開啟瀏覽器，在網址列鍵入 http://127.0.0.1:1880/ui，就可以看到 dashboard 元件所建立的網頁，即時顯示 Aht20 採樣的溫濕度資訊。

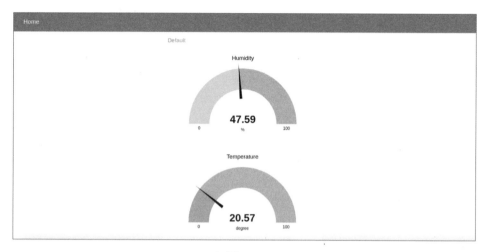

▲ 圖 2-3-17

2.3.4 本章相關影片連結

本章相關影片可以掃描以下的 QR 碼或是鍵入下方的網址，線上收看。

▲ 網址：https://youtu.be/1Z0injLY_78

2.4 使用 Node-RED 操控 ADS1115 類比轉數位模組

雖然樹莓派具備豐富的 GPIO、UART、I2C 與 SPI 等硬體接口，但樹莓派先天上並不具備 A/D 轉換模組，因此，若要讓樹莓派能轉換類比電壓成數位值，則必須藉助第三方模組來擴充此功能，本章將使用市面上常見的 4 路 A/D 模組 ADS1115 並配合 Node-RED 來讓樹莓派成功讀取外部的電壓訊號，並且建立一個伺服端網頁來即時顯示電壓值。

● 學習目標 ●

1. 了解 ADS1115 模組的規格、功能與用法
2. 了解樹莓派 I2C 通訊介面的用法並使用指令來檢查 I2C 匯流排的裝置位址
3. 了解如何使用 Node-RED 來操控 ADS1115 模組
4. 了解如何使用 Node-RED 來建立數位儀表板來即時顯示 ADS1115 接收的外部電壓值

2.4.1 ADS1115 模組介紹

不管是單晶片微電腦開發平台，如 Arduino Uno，還是像樹莓派這種運行雙核心 Arm 處理器與 Linux 作業系統的單板電腦，可能都需要具備從外界讀取類比電壓的能力，為什麼呢？因為雖然許多感測器 (Sensors) 具備從外界感測真實世界物理量並且能將其轉換成數位訊號傳至上位機，如常見的溫濕度感測器 DHT11 與 DHT22，或是具備 I2C 介面的感測器如 MPU-9250 這樣的 9 軸模組 (3 軸陀螺儀 + 3 軸加速度 + 3 軸磁場)，但仍然有為數不少的感測

器是直接將真實物理量轉換成電壓訊號（0-5V 或 0-3.3V），並直接將電壓值
傳給上位機 (如樹莓派)，因此，面對這樣的感測器，上位機系統就需要具備
能夠接受類比電壓輸入的功能，對於樹莓派來說，它的 GPIO 先天上並不具
備類比電壓輸入功能，但我們可以藉由使用 ADS1115 這個模組來擴充樹莓
派的能力。

各位可以輕鬆從網路上買到現成的 ADS1115 模組，常見的外觀如圖 2-4-1
所示，ADS1115 的規格如下：

- 4 通道（AN0, AN1, AN2, AN3）
- 輸入電壓：2 ~ 5.5V
- 解析度：16 bits
- 通訊方式：I2C
- 7 種輸入電壓範圍選項：-0.256V ~ + 0.256V, -0.512V ~ + 0.512V,
  -1.024V ~ + 1.024V, -2.048V ~ + 2.048V, -4.096V ~ + 4.096 V,
  -6.144V ~ + 6.144V

▲ 圖 2-4-1

ADS1115 可以接受 4 組類比電壓輸入 (A0-A3)，解析度為 16 bits，可提供 7
組電壓輸入範圍可供選擇，不同的電壓範圍可以對應各種不同的感測器與應
用場合，相當方便。

ADS1115 是藉由 I2C 介面與樹莓派連接，以樹莓派 4 來說，開放使用者存取高達 6 組 I2C 匯流排（i2c0, i2c1, i2c3, i2c4, i2c5, i2c6），因此不用擔心 I2C 匯流排不夠用的問題。

 Tips

若想知道樹莓派 4B 其它各個匯流排對應的腳位可以參考 2-3-2 節。

2.4.2 將 ADS1115 模組連接到樹莓派

要進行本單元實作，需要準備以下材料：

1. 樹莓派 4B 實驗板 x 1
2. ADS1115 模組 x 1
3. 電源供應器 x1（供應測試電壓當作 ADS1115 類比輸入，若沒有電源供應器，也可以使用電池代替。）
4. 杜邦線若干（用來連接 ADS1115、樹莓派 IO 腳位與電源供應器，你也可以用其它連接線代替，但杜邦線較為方便，省時又省力）

本次我們使用 I2C 來連接樹莓派與 ADS1115，因此在正式接線以前，請各位先確認，是否已經將樹莓派的 I2C 功能打開。

STEP 1：進入樹莓派桌面環境，或使用 VNC 遠端連接樹莓派進入桌面環境，按下左上角的樹莓派圖示，選擇「偏好設定」下的「Raspberry Pi 設定」，如圖 2-3-3。

STEP 2：在 Raspberry Pi 設定視窗下，選擇「介面」，並確認 I2C 是否被「啟用」，如圖 2-3-4。(注意：若原來是「停用」，選擇「啟用」後，需要重新啟動樹莓派。)

本次我們使用 i2c1 匯流排，因此會用到樹莓派 GPIO2 (SDA1) 與 GPIO3 (SDL1) 作為 I2C 的通訊腳位，硬體接線如下圖 2-4-2 所示。

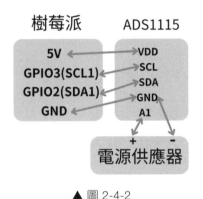

▲ 圖 2-4-2

▶注意

為了驗證方便，我們使用電源供應器提供測試電壓給 ADS1115 模組，請將 ADS1115 模組的 A1 接到電源供應器的正端，GND 則接到電源供應器負端，注意，需要讓樹莓派、ADS1115 與電源供應器的 GND 都接在一起，讀進來的電壓值才會正確。

將 ADS1115 連接到樹莓派後，由於二者是靠 I2C 介面連接 (本次我們使用樹莓派 4 的 i2c1 匯流排)，因此，打開樹莓派終端機，鍵入 i2cdetect -y 1 可以得知 ADS1115 的 I2C 位址，如圖 2-4-3 所示。

```
pi@raspberrypi:~ $ i2cdetect -y 1
     0  1  2  3  4  5  6  7  8  9  a  b  c  d  e  f
00:          -- -- -- -- -- -- -- -- -- -- -- --
10: -- -- -- -- -- -- -- -- -- -- -- -- -- -- -- --
20: -- -- -- -- -- -- -- -- -- -- -- -- -- -- -- --
30: -- -- -- -- -- -- -- -- -- -- -- -- -- -- -- --
40: -- -- -- -- -- -- -- -- 48 -- -- -- -- -- -- --
50: -- -- -- -- -- -- -- -- -- -- -- -- -- -- -- --
60: -- -- -- -- -- -- -- -- -- -- -- -- -- -- -- --
70: -- -- -- -- -- -- -- --
```

▲ 圖 2-4-3

一般來説，各位從市場上買到的 ADS1115 模組的預設位址都是 0x48，但 ADS1115 模組也可以讓各位自定義位址，可以藉由將模組的 ADDR 腳位連接到其它不同腳位來改變位址，參考 ADS1115 規格書，如下表所示，筆者所使用的模組已將 ADDR 腳位接至 Ground，因此它的 I2C 的位址為 1001000 即 0x48。

ADDR PIN	SLAVE ADDRESS
Ground	1001000
VDD	1001001
SDA	1001010
SCL	1001011

▲ 圖 2-4-4

Tips

I2C 是一種匯流排通訊協定 (匯流排又稱作總線)，在這條匯流排上可以連接多個硬體裝置，以不同位址來識別彼此。

在終端機鍵入 i2cdetect -y 1，可以查找樹莓派各個 I2C 匯流排上的裝置位址，指令的最後一個號碼就是匯流排號，由於我們本次是使用 1 號匯流排 (i2c1)，因此鍵入 1，只要匯流排上有連接正確的 I2C Slave 裝置，並且正確供電，則 i2cdetect 必能查找出該裝置位址。

若各位在樹莓派終端機找不到 i2cdetect 這個指令的話，可以使用以下
指令安裝樹莓派 i2c 工具組：

```
sudo apt-get install i2c-tools
```

2.4.3 使用 Node-RED 連接 ADS1115

STEP 1：完成硬體接線後，各位可以進入樹莓派 Node-RED 開發環境，請
按下右上角的 ▤ 符號，並選擇「Manage palette（節點管理）」，則會進入
節點管理視窗，此時，我們需要安裝本次實驗所需套件：node-red-contrib-
iiot-rpi-ads1115，因此，麻煩在安裝的頁面上，鍵入 ads1115，則會自動
出現 node-red-contrib-iiot-rpi-ads1115 這個套件名稱，按下「install（安
裝）」，即可。

▲ 圖 2-4-5

STEP 2：安裝完後，各位可以在左邊的元件庫找到新增的 iiot modules 群
組，有二個元件：ads1115 跟 ads1115 – m。

這兩個二件的差別在於，ads1115 – m 可以一次讀入 4 個 channel 的電壓值，而 ads1115 只能讀入一個 channel 的電壓值，由於本次只需要讀取一個 channel 的電壓值 (AN1)，因此我們只需要 ads1115 元件即可。

將 ads1115 元件與 debug 元件放入工作區，並將其連接在一起，如圖 2-4-6 所示。

▲ 圖 2-4-6

STEP 3：雙擊 ads1115 元件，將內容設定如下：

Edit ads1115 node		
Delete		Cancel Done
⚙ Properties		⚙ 📄 🔲

ADS1115 16bit Analog to Digital Converter

I2C Address	48H ▾
Input	A1 - GND ▾
Data Rate	128 SPS ▾
Input Range	±4096mV ▾
Read Cycle	1000 ms
On Change	☑
Raw Data	☐
Name	

▲ 圖 2-4-7

各位可以看到，Input 要設定成 A1 – GND，因為我們會將測試電壓的正端接
到 A1，負端接到 GND，因此 A1 到 GND 的電壓差將會被輸入到 ADS1115
中進行轉換。

▶注意

ADS1115 也支援差動電壓量測，例如量測 A1 跟 A3 的差動電壓，或是
A2 跟 A3 的差動電壓，可以直接在 ADS1115 的 Input 屬性作設定，各
位可以根據實際需求進行設定。

- Data Rate 設定成 128 SPS，SPS 為 samples per second，為類比轉
  數位的轉換速度，ADS1115 可以支援的最高轉換速度為 860 SPS。

- Input Range 設定成 ±4096 mV，由於 ADS1115 的輸入電壓為 5V，
  則最高能轉換的電壓也不可以超過 5V，因此，設定成 ±4096 mV。

- Read Cycle 為 1000 ms，保持不變，即每 1000 ms 讀取一次電壓。

- On Change 打勾，代表當輸入電壓有變動時，才會輸出。

- Raw Data 不打勾，則會輸出實際的電壓值，單位為 mV，若打勾，則
  會輸出成數位值。

🔧 Tips

若將 Raw Data 打勾，則會將輸出電壓的數位值，由於 ADS1115 為
16bit 解析度，因此會輸出介於 -32768~32767 之間的整數值。

STEP 4：按下 Deploy(部署)，就完成程式設計。

此時，將電源供應器的輸入電壓調成 1.5V，觀察一下 debug 視窗輸出值的
變化。這時讀回的電壓值是實際電壓值，約為 1530mV (即 1.5V)，與實際輸
入電壓吻合，因此我們成功的使用 Node-RED 驗證 ADS1115 模組功能。

▲ 圖 2-4-8

2.4.4 使用 Node-RED 建立數位儀表板即時顯示採樣電壓值

STEP 1：接下來，我們從左方元件庫中找到 dashboard 群組下的 gauge 元
件，將 ads1115 與 gauge 連接起來，如下圖所示。

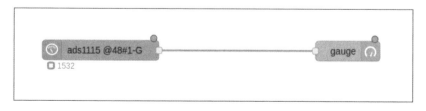

▲ 圖 2-4-9

> ▶注意
>
> 若尚未安裝 dashboard 元件的讀者，請按下右上角的 ▤ 符號，並選擇「節點管理」，則會進入節點管理視窗，此時，我們需要安裝本次實驗所需套件：node-red-dashboard，因此，麻煩在安裝的頁面上，鍵入 dashboard，則會自動出現 node-red-dashboard 這個套件名稱，按下「安裝」即可。安裝完成之後，你會在左邊的元件區找到 dashboard 群組，群組內有相當多的元件可以使用。
>
> 若是初次使用 dashboard 群組的元件，元件上方都會出現一個橘色三角形，這代表該元件尚未被指定 Group 與 Tab，雙擊 gauge 元件，將 gauge 元件的 Group 設成預設值 [Home] Default，Tab 設定成 Home，並按下 Update，元件上方都會出現一個橘色三角形就會消失了。

STEP 2：接下來，我們需要設定 gauge 的單位與上下限範圍，因此，再雙擊 gauge，將參數設定如下：

- Label 屬性：ADS1115 A1
- Units 屬性：mV
- Range 屬性：-4096 ~ 4096

▲ 圖 2-4-10

STEP 3：按下 Done，完成設置，再按下 Deploy(部署)，就完成程式設計了。

STEP 4：完成部署後，開啟瀏覽器，在網址列鍵入 http://127.0.0.1:1880/ui，就可以看到 dashboard 元件所建立的網頁，即時顯示 ADS1115 的採樣電壓值。

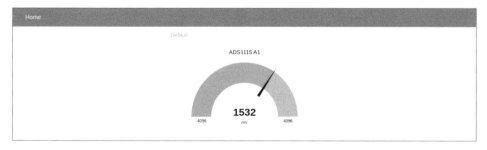

▲ 圖 2-4-11

此時，我們就已經成功的完成了樹莓派結合 Node-RED 與 ADS1115 的功能驗證，並且也建立了 dashboard 網頁來即時顯示輸入電壓值，各位可以試著調整一下電源供應器的電壓值，將可以看到網頁上的 gauge 錶頭指針會即時的移動，並正確的顯示輸入的電壓值。

2.4.5 本章相關影片連結

本章相關影片可以掃描以下的 QR 碼或是鍵入下方的網址，線上收看。

▲ 網址：https://youtu.be/zZJ-UveOxQQ

2.5 使用樹莓派 PWM 功能實現數位轉類比轉換器

樹莓派本身並不具備數位轉類比功能，要將數位訊號轉成類比電壓輸出，除了使用第三方模組之外，我們還可以藉由直接使用 GPIO 腳位來輸出 PWM 訊號，再用 RC 濾波器將載波訊號濾除來得到純粹的類比電壓訊號，本節我們將採用此種方式，來教導各位，如何使用 Node-RED 將數值轉換成 PWM 訊號，由 GPIO 腳位輸出，再設計一個硬體的 RC 低通濾波器將 PWM 訊號的高頻成分濾除，來得到一個純粹的類比直流電壓準位，並使用示波器來驗證我們的結果。

··

● 學習目標 ●

1. 了解如何使用 Node-RED 來輸出 PWM 訊號
2. 了解如何使用電阻與電容來設計一階低通濾波器，並使 Python 畫出濾波器波德圖
3. 了解如何使用 Python 來控制 GPIO 輸出 PWM 訊號，並製作一個 LED 的 PWM 調光器
4. 了解如何設置樹莓派硬體 PWM 功能並使用 Python 輸出高頻載波 PWM 訊號

2.5.1 使用 Node-RED 來輸出 PWM 訊號

首先，我們先選定樹莓派的 GPIO21 來當作 PWM 的輸出腳位，接下來，進入樹莓派桌面環境，或使用 VNC 遠端連接樹莓派進入桌面環境，並打開終端機，啟動 Node-RED。

STEP 1：在終端機下鍵入：node-red 啟動 Node-RED，打開樹莓派的 Chromium 瀏覽器，在網址列貼上：http://127.0.0.1:1880/，並按下 Enter，則會進入 Node-RED 開發環境。

STEP 2：在 2.1 節，我們有教導各位，若要存取樹莓派的 GPIO，則需要安裝 node-red-node-pi-gpio 這個套件，若各位已經安裝完成的話，請將左邊元件庫的 Raspberry Pi 群組下的 rpi – gpio out 元件拉入工作區，並將 dashboard 群組下的 slider 與 gauge 一并拉入工作區，並將元件連接如下。

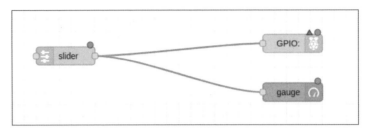

▲ 圖 2-5-1

STEP 3：雙擊 rpi - gpio out 元件，將各屬性設定如下：

- Pin：GPIO21
- Type：PWM output（說明：將 GPIO21 設定為 PWM 輸出）
- Frequency：100 Hz（說明：設定 PWM 載波為 100Hz）

▲ 圖 2-5-2

▶**注意**

由於本節使用軟體 PWM 的方式作示範，載波頻率設定愈大，愈耗費
CPU 資源（硬體 PWM 較不會有此問題），筆者測試結果顯示，若載波
頻率超過 100Hz，輸出的 PWM 佔空比誤差會逐漸增大。

Tips

樹莓派 4B 每一支 GPIO 腳位都可以使用軟體的方式輸出 PWM 訊號，
這種方式又稱作軟體 PWM，由於是使用 CPU 計數的方式來計算頻率
與佔空比 (duty-cycle)，載波頻率愈高，愈耗費 CPU 運算資源。而樹
莓派 4B 本身具備二組硬體 PWM Channel（直接用硬體電路計數器，
不透過 CPU 計數），可以輸出更高的載波頻率（10kHz 或更高），佔空
比也更精確。可以透過 GPIO18、GPIO19、GPIO12、GPIO13 四支腳
位來輸出硬體 PWM 訊號，下一節將會教各位如何設置硬體 PWM，並
使用 Python 來控制它。

STEP 4：雙擊 slider 元件，將其 Range 屬性設成 min 為 0，max 為 100。同
樣的，也雙擊 gauge 元件，將其 Range 屬性設成 min 為 0，max 為 100。

STEP 5：按下 Deploy（部署），完成程式設計。

STEP 6：部署完成後，在樹莓派的 Chromium 瀏覽器再開一個新頁，在網址
列打入：http://127.0.0.1:1880/ui 並進入網站，即可顯示如下的動態網頁。
此時調整一下 slider，可以發現 gauge 的指針隨著 slider 而變動。

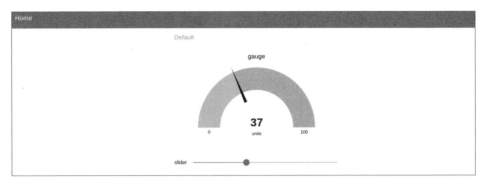

▲ 圖 2-5-3

STEP 7：此時，我們的 GPIO21 也已經隨著 slider 的調整而輸出不同的 PWM 訊號，筆者將 GPIO21 與 GND 接到示波器的 CH1 來觀察 PWM 輸出結果。

STEP 8：滑動 slider，分別將 slider 調成 50、75 與 100，示波器顯示的 PWM 波形如圖 2-5-4。

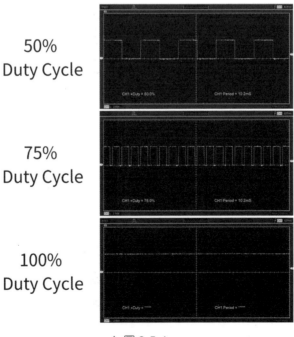

50%
Duty Cycle

75%
Duty Cycle

100%
Duty Cycle

▲ 圖 2-5-4

筆者使用示波器的自動量測功能，可以從波形發現，輸出的 PMW Duty Cycle 相當準確，當把 Duty Cycle 調成 100 時，量測的結果是沒有 Duty 的，這是由於 Duty 已經全部打開了。

2.5.2 設計一階低通濾波器將 **PWM** 的高頻成分濾除

我們使用示波器來量測 PWM 波形的最高電壓，可以發現最高電壓為 3.3V 左右，如圖 2.5.5，如同 2.1 節所提到的，樹莓派的每一個 GPIO 的操作電壓為 3.3V。

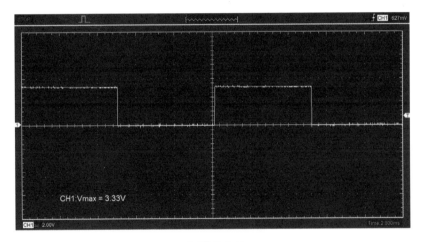

▲ 圖 2-5-5

再來我們來簡單介紹一下 PWM 訊號是如何產生的，圖 2-5-6 為基本的 PWM 訊號的產生機制，粗黑的訊號稱為基本波，也是我們使用 slider 調整的位準，而載波為鋸齒波，基本波的可調範圍為 0-100，而載波則是以固定頻率（在此設定為 100Hz）不斷的產生，PWM 的訊號就是基本波與載波相減的結果，若基本波減載波的結果大於等於零，則 PWM 訊號則輸出為正（在此，準位為 3.3V），若基本波減去載波的結果小於零，則 PWM 訊號則輸出為零（在此，準位為 0V）。

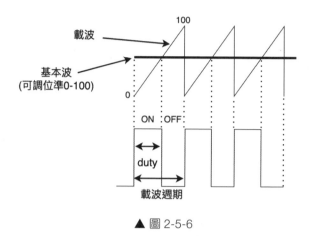

▲ 圖 2-5-6

由於 PWM 訊號是由基本波與高頻的鋸齒波相減產生的，因此 PWM 訊號
具有相當多的高頻的成分，利用頻譜分析儀來觀察我們 PWM 的輸出訊
號，可以發現其含有 100Hz 與 300Hz 的高頻成分（說明：事實上，還會有
500Hz，700Hz⋯等奇數倍的高頻成分，為了方便觀看，在此省略顯示），如
圖 2-5-7 的頻譜圖所示，100Hz 的高頻成分的幅值（3.1 左右）甚至比基本
波（2.75 左右）還要高。

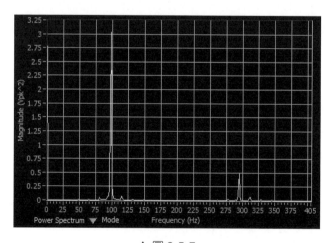

▲ 圖 2-5-7

PWM 輸出訊號就是一個不斷交變的數位訊號，從訊號讀取的角度來説，交變訊號並不容易使用，一般來説，我們會需要知道 PWM 訊號的基本波的位準到底是多少，為了得知原始的基本波值，我們需要將 PWM 訊號的高頻成分濾除，只留下直流成分，換句話説，在此，我們需要將靠近 100Hz 附近的高頻成本，及其以上的高頻成分濾除。

在此，我們考慮一個最簡單的一階 RC 低通濾波器的型式：

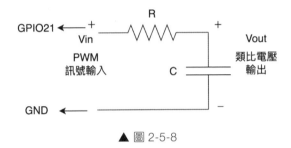

▲ 圖 2-5-8

圖 2-5-8 的一階低通濾波器的轉移函式如下：

$$\frac{Vout}{Vin} = \frac{1}{1 + sRC} = \frac{1}{1 + j\omega RC}$$

濾波器的截止頻率為

$$f_0 = 1/(2\pi RC)$$

我們可以藉由選擇電阻與電容值，來組合出我們想要的截止頻率，若我們選擇電阻值為 4.7kΩ，電容值為 1uF，則截止頻率 f_0 為 33Hz，可以得到如圖 2-5-9 的波德圖。

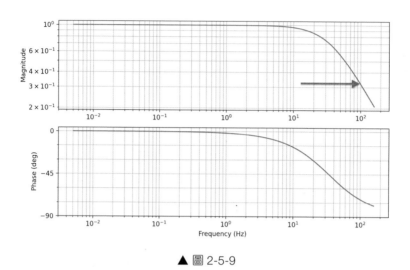

▲ 圖 2-5-9

從波德圖可以發現，若是頻率為 100Hz 的訊號經過此濾波器，振幅只會被衰減成原來的約 0.3 倍左右，這樣的濾波效果仍嫌不夠，因此，筆者將電容加大成為 220uF，這樣得出的截止頻率 f_0 為 0.153Hz，可以得到如圖 2-5-10 的波德圖。

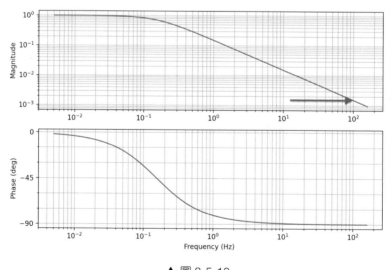

▲ 圖 2-5-10

從波德圖可以發現，若是頻率為 100Hz 的訊號經過此濾波器，振幅將會被衰減成原來的約 1000 分之一左右，這樣的濾波效果應該可以達到令人滿意的程度，而濾波器的輸出結果應該只會留下直流成分（基本波）。

 Tips

各位可以使用以下的 Python3 程式碼將濾波器的波德圖（如圖 2-5-10）畫出。

```
import numpy as np
import matplotlib.pyplot as plt
import control
R = 4700; C = 220e-6
G = control.tf([1], [R*C, 1])
w = np.logspace(-1.5,3,200)
mag,phase,omega = control.bode(G, w, Hz=True, dB=False,
deg=True)
plt.show()
```

接下來，我們使用麵包板將 4.7kΩ 的電阻與 220uF 的電容連接成圖 2-5-8，將 PWM 訊號連接在濾波器的輸入端，並將濾波器輸出端連接示波器，觀察輸出結果，如圖 2-5-11。

 Tips

筆者使用的電容為 220uF 的電解電容，在連接時要注意電容極性，電容長腳為正端，接電阻，電容短腳為負端，接 GND。

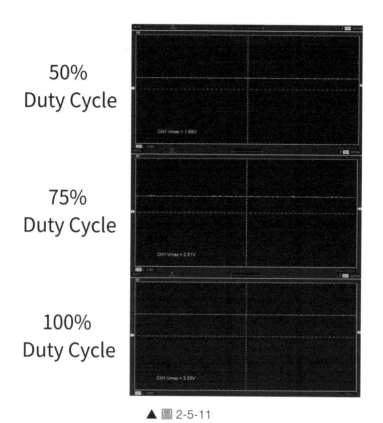

50%
Duty Cycle

75%
Duty Cycle

100%
Duty Cycle

▲ 圖 2-5-11

從示波器量測結果可以看出，經過低通濾波後，100Hz 及其以上的高頻成分已經完全被濾除了，最終得到的是基本波電壓成分（直流準位），圖 2-5-11顯示在不同的佔空比下得到的直流電壓值，可以發現電壓準位的線性度還不錯。

2.5.3 使用 Python 來製作 PWM 調光器

以上的內容，各位學習了使用 Node-RED 來控制 GPIO 使其輸出 PWM，並且設計一個一階 RC 低通濾波器，來將 PWM 訊號的載波成分濾除，最後得到一個純粹的直流電壓準位。

在本節中，我們要學習的是另一個 PWM 的典型應用：「PWM 調光器」，應用 PWM 技術來讓 LED 燈呈現平滑的亮度輸出，這次我們將使用 Python 來實現這個功能。

本次演示我們仍然使用 GPIO21 這個腳位，各位請將 GPIO21 連接一個 LED 與 10kΩ 限流電阻，連接如圖 2-5-12。

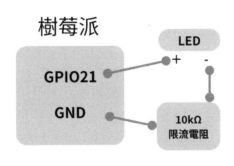

▲ 圖 2-5-12

STEP 1：再來，進行樹莓派桌面環境，先關閉 Node-RED 執行環境，可以在終端機鍵入 node-red-stop 先行終止 Node-RED 執行環境。

STEP 2：打開樹莓派終端機，在你的使用者目錄下新建一個目錄，名為 python3_pwmled，並進入該目錄。

指令碼：

```
$ mkdir python3_pwmled
$ cd python3_pwmled
```

STEP 3：在 python3_pwmled 目錄下創建並編輯檔案 pwmled.py

指令碼：

```
$ nano pwmled.py
```

STEP 4：此時，會進入檔案編輯模式，各位可以輸入以下程式碼。

指令碼：

```
#引入RPi.GPIO函式庫
import RPi.GPIO as GPIO
#引入time函式庫,作延時用
import time
count = 0       #計數器
ledPin = 21    #GPIO21腳位
GPIO.setmode(GPIO.BCM)  #腳位編號方式設成BCM
#若所使用的腳位設定沒有被清除，不顯示警告訊息
GPIO.setwarnings(False)
GPIO.setup(ledPin, GPIO.OUT)  #GPIO21 當輸出腳位
#將GPIO21輸出類型設成PWM型式,載波頻率設成1kHz
pwmLed = GPIO.PWM(ledPin, 1000)
pwmLed.start(0)  #PWM初始輸出duty為0
try:
    while(1):       #無限迴圈
        if count < 100:
            count = count + 1
            #更新PWM輸出duty
            pwmLed.ChangeDutyCycle(count)
            time.sleep(0.01)   #延時0.01秒
            if count == 100:   #若計數器數到100，則重置為零
                count = 0
                #更新PWM輸出duty
                pwmLed.ChangeDutyCycle(count)
                time.sleep(0.1)  #延時0.1秒
```

```
#若按下CTRL＋C則清除腳位設定，停止並離開程式
except KeyboardInterrupt:
    pwmLed.stop()      #停止PWM輸出
    GPIO.cleanup()   #清除GPIO腳位設定
    print("程式結束！")
```

STEP 5：輸入完成後，按下 CTRL-X，可以存檔並離開。

STEP 6：在終端機鍵入 python3 pwmled.py 可以執行本程式碼。若程式順利執行，各位可以發現連接到 GPIO21 的 LED 會呈現平滑的亮度輸出，從暗到亮不斷重覆。若要結束程式，請按下 CTRL ＋ C 結束程式。

Tips

以下跟各位介紹如何使用樹莓派的硬體 PWM 功能。樹莓派 4B 本身具備二組硬體 PWM Channel，腳位分別是 GPIO18（PWM channel 0 預設腳位）、GPIO19（PWM channel 1 預設腳位）、GPIO12、GPIO13四支腳位。

使用硬體 PWM 方式如下：

STEP 1：打開 /boot/config.txt，加入 dtoverlay=pwm-2chan 這一行來打開硬體 PWM 功能，存檔並重啟樹莓派讓設定值生效。

（注意：PWM channel 0 的預設輸出腳位為 GPIO18；PWM channel 1 的預設輸出腳位為 GPIO19。）

STEP 2：打開終端機，鍵入 sudo pip3 install rpi-hardware-pwm 來安裝 rpi-hardware-pwm 套件。

STEP 3：可以參考以下 Python 程式碼來存取硬體 PWM（輸出腳位為 GPIO18），輸出載波頻率 10kHz，佔空比為 50% 的 PWM 訊號。

```python
from rpi_hardware_pwm import HardwarePWM
pwm = HardwarePWM(pwm_channel=0, hz=10000)
pwm.start(0)
try:
    while(1):
        pwm.change_duty_cycle(50)
except KeyboardInterrupt:
    pwm.stop()
    print("程式結束！")
```

2.5.4 本章相關影片連結

本章相關影片可以掃描以下的 QR 碼或是鍵入下方的網址，線上收看。

▲ 影片名稱：[老葉說技術 - 第 45 期] 5 分鐘搞定物聯網：使用 Node-Red 對樹莓派作數位轉類比電壓輸出 (使用 PWM 輸出並用示波器作驗證)
網址：https://youtu.be/-DB1O3xB4Eo

2.6 使用樹莓派 UART，即時繪製串列資料波形圖

相較於前一代樹莓派 3B（只具備 2 組 UART），樹莓派 4B 本身具備 6 組 UART 埠，較前一代多了 4 組 UART，因此對於需要多組串列通訊的應用來說，可以說相當足夠。本節將從頭開始，教各位如何在 Linux 下配置樹莓派 4B 的串列埠，並使用 Node-RED 來進行串列埠的控制與收發資料，考慮到測試方便性，本章將教各位使用自發自收的方式，不需要其它的硬體裝置就可以獨立進行樹莓派 UART 的功能驗證。最後會教各位使用樹莓派與 Arduino 進行串列通訊，並使用 Node-RED 接收 Arduino 送來的資料，即時將資料繪成曲線圖。

● 學習目標 ●

1. 了解如何在 Linux 終端機下配置樹莓派 4B 的串列埠
2. 了解如何在樹莓派 4B 使用 Node-RED 來進行串列埠通訊
3. 了解如何在樹莓派 4B 使用自發自收的方式測試串列通訊
4. 了解如何使用樹莓派 4B 與 Arduino 進行串列通訊
5. 了解如何使用 dashboard 的 chart 元件將資料繪成曲線圖

2.6.1 如何配置樹莓派 4B 串列埠

在使用樹莓派串列埠以前，各位要先確認，是否已經將樹莓派的串列埠功能打開。

STEP 1：進入樹莓派桌面環境，或使用 VNC 遠端連接樹莓派進入桌面環境，按下左上角的樹莓派圖示，選擇「偏好設定」下的「Raspberry Pi 設定」，如圖 2-6-1。

▲ 圖 2-6-1

STEP 2：在 Raspberry Pi 設定視窗下，選擇「介面」，並確認 Serial Port 是否被「啟用」（注意：若原來是「停用」，選擇「啟用」後，需要重新啟動樹莓派。）

▲ 圖 2-6-2

STEP 3：將串列埠功能開啟後，打開樹莓派終端機，鍵入以下命令會將樹莓派的所有 UART 埠列出。

```
$ dtoverlay -a | grep uart
```

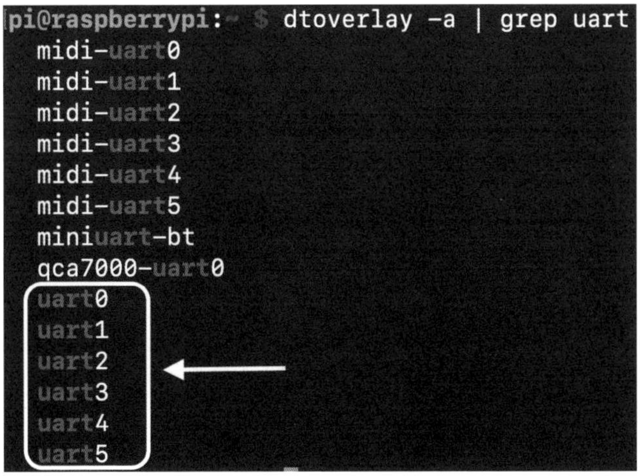

▲ 圖 2-6-3

STEP 4：在所有列出的 UART 埠中，UART0-UART5 總共 6 個串列埠是我們可以配置使用的。我們可以查個其中某個串列埠，假設我們想要查看 UART0 的配置，我們可以鍵入以下指令，並得到圖 2-6-4 的結果，我們可以發現，uart0 所配置的 Tx 與 Rx 腳位分別是 GPIO14 與 GPIO15，而且它預設是開啟的。

```
$ dtoverlay -h uart0
```

```
pi@raspberrypi:~ $ dtoverlay -h uart0
Name:    uart0

Info:    Change the pin usage of uart0

Usage:   dtoverlay=uart0,<param>=<val>

Params: txd0_pin                GPIO pin for TXD0 (14, 32 or 36 - default 14)

        rxd0_pin                GPIO pin for RXD0 (15, 33 or 37 - default 15)

        pin_func                Alternative pin function - 4(Alt0) for 14&15,
                                7(Alt3) for 32&33, 6(Alt2) for 36&37
```

▲ 圖 2-6-4

STEP 5：我們可以再查看 UART2 的配置，我們可以鍵入以下指令，並得到圖 2-6-5 的結果，我們可以發現，UART2 預設是關閉的，並且 UART2 所配置的腳位分別是 GPIO0-GPIO3。

```
$ dtoverlay -h uart2
```

```
pi@raspberrypi:~ $ dtoverlay -h uart2
Name:    uart2

Info:    Enable uart 2 on GPIOs 0-3. BCM2711 only.

Usage:   dtoverlay=uart2,<param>

Params: ctsrts                  Enable CTS/RTS on GPIOs 2-3 (default off)
```

▲ 圖 2-6-5

筆者將各 UART 所配置的腳位整理如下：

- UART0（對應裝置 /dev/ttyAMA0）：Tx0 腳位為 GPIO14，Rx0 腳位為 GPIO15。
- UART1（對應裝置 /dev/ttyS0）：Tx1 腳位為 GPIO14，Rx1 腳位為 GPIO15。
- UART2（對應裝置 /dev/ttyAMA1）：Tx2 腳位為 GPIO0，Rx2 腳位為 GPIO1。
- UART3（對應裝置 /dev/ttyAMA2）：Tx3 腳位為 GPIO4，Rx3 腳位為 GPIO5。
- UART4（對應裝置 /dev/ttyAMA3）：Tx4 腳位為 GPIO8，Rx4 腳位為 GPIO9。
- UART5（對應裝置 /dev/ttyAMA4）：Tx5 腳位為 GPIO12，Rx5 腳位為 GPIO13。

STEP 6：現在我們要來手動開啟想要使用的串列埠，請在終端機鍵入以下指令，編輯樹莓派硬體配置檔。

```
$ sudo nano /boot/config.txt
```

STEP 7：打開硬體配置檔後，將游標往下移到最下面，加入以下這行，完成後如圖 2-6-6。

```
dtoverlay=uart2
```

```
GNU nano 3.2                        /boot/config.txt                          已更動

dtoverlay=vc4-fkms-v3d
max_framebuffers=2

[all]
#dtoverlay=vc4-fkms-v3d
start_x=1
gpu_mem=128
enable_uart=1
dtparam=i2c1=on

dtparam=i2c=on
dtparam=i2c_arm_baudrate=100000

dtoverlay=uart2




^G  求助        ^O  輸出        ^W  搜尋        ^K  剪下文字  ^J  對齊        ^C  游標位置
^X  離開        ^R  讀檔        ^\  置換        ^U  還原剪下文  ^T  拼字檢查    ^_  跳列
```

▲ 圖 2-6-6

 Tips

附帶一提，在 /boot/config.txt 下方有一行 enable_uart=1，它代表著
樹莓派的串列功能被開啟了，若各位在 STEP 2 有確實開啟串列埠，
則 enable_uart 就會設為 1，當然你也可以直接編輯 /boot/config.txt
檔案，將 enable_uart 設為 1，也可以開啟串列埠。

STEP 7：編輯完成後，按下 CTRL ＋ X 存檔並離開，並重啟樹莓派讓設定值
生效。

STEP 8：重啟完成後，打開樹莓派終端機，鍵入以下指令查看串列埠是否生
效。

```
$ ls /dev/ttyAMA*
```

若指令執行後，有看到 /dev/ttyAMA1，則我們成功的開啟 UART2，若只有看到 /dev/ttyAMA0，沒出現 /dev/ttyAMA1，則請重新檢 /boot/config.txt 的 dtoverlay=uart2 這行有沒有打錯字。

 Tips

若各位開啟的串列埠跟筆者不同，也沒有關係，各位可以參考 STEP 5 所列出的 UART 與 /dev/ttyAMA 裝置的對應列表。若各位需要用到所有的 UART1-UART5，也可以在 /boot/config.txt 檔案將所有的 UART 都開啟。

2.6.2 使用 Node-RED 來控制串列埠

我們已經開啟了 UART2，加上原本預設就開啟的 UART0，我們現在有二組 UART 可以使用，接下來我們將採用自發自收的方式來測試串列埠，請各位使用杜邦線將 GPIO14 與 GPIO1 短路，將 GPIO15 與 GPIO0 短路。這樣我們從 UART0 所送出的資料 (透過 GPIO14（Tx0）) 會被送到 UART2 的 Rx2 腳位（GPIO1），而從 UART2 所送出的資料 (透過 GPIO0（Tx2）) 會被送到 UART0 的 Rx0 腳位（GPIO15），這樣就完成了自發自收的硬體配線。

樹莓派4B

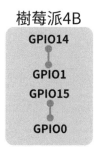

▲ 圖 2-6-7

接下來，進入樹莓派桌面環境，或使用 VNC 遠端連接樹莓派進入桌面環境，並打開終端機，啟動 Node-RED。

STEP 1：在終端機下鍵入：node-red

STEP 2：啟動 Node-RED 後，打開樹莓派的 Chromium 瀏覽器，在網址列貼上：http://127.0.0.1:1880/，並按下 Enter 進入 Node-RED 開發環境。

STEP 3：請按下右上角的 ■ 符號，並選擇「Manage palette（節點管理）」，則會進入節點管理視窗，此時，我們需要安裝本次實驗所需套件：node-red-node-serialport，因此，麻煩在安裝的頁面上，鍵入 serialport，則會自動出現 node-red-node-serialport 這個套件名稱，按下「install（安裝）」即可。

▲ 圖 2-6-8

STEP 4：若順利安裝完成，則你將會在左邊元件庫發現 network 群組下增加了 serial in、serial out 與 serial request 三個元件，serial in 元件可以讓你讀取串列輸入訊號；serial out 元件可以讓你輸出串列訊號，而 serial request 可以讓你提供請求與響應串列端口的連接（本節不需要使用 serial request 元件）。

請將 network 群組下的 serial in 與 serial out 二個元件拉到工作區，並且將 common 群組的 inject 元件與 function 群組的 function 元件也一起拉進工作區，並將元件連接如圖 2-6-9 所示。

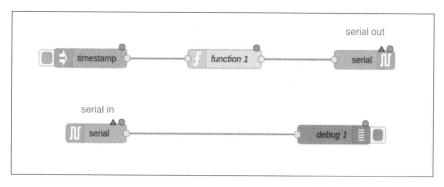

▲ 圖 2-6-9

STEP 5：請先雙擊 serial out，我們先測試將字串從 UART0 送出，因此將 serial out 內容設定如下。

Serial Port：/dev/ttyAMA0
Baud Rate：9600

其它設定保持不變，最後將 serial out 的 Name 屬性設成 UART0 TX。

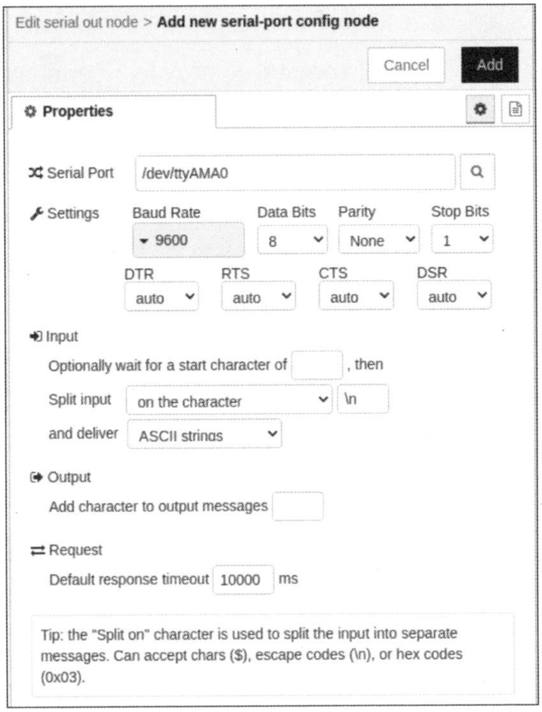

▲ 圖 2-6-10

再雙擊 serial in，我們使用它來接收來自 UART0 TX 的資料，因此，將 serial
in 內容設定如下：

Serial Port：/dev/ttyAMA1
Baud Rate：9600

其它設定保持不變，最後將 serial out 的 Name 屬性設成 UART2 RX。

▲ 圖 2-6-11

STEP 6：完成 serial in 與 serial out 的設定後，再來我們使用 function 元件來送出尾端帶有換行字元的字串，因此，請雙擊 function 元件，加入以下程式碼。

```
msg.payload = 'Hello\n'
return msg;
```

 Tips

送出尾端帶有換行字元的原因是，我們使用 serial in 元件的 Input 屬性的預設值是，當遇到換行字元（'\n'）時，會將串列資料一次讀入。

STEP 7：完成設置後，整體元件配置會如圖 2-6-12 所示，按下 Deploy（部署），完成程式設計。

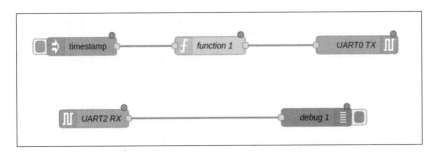

▲ 圖 2-6-12

STEP 8：完成部署後，按下 inject 元件左方的按鈕，可以將 'Hello\n' 字串從 UART0 TX 腳位送出，並直接傳送到 UART2 的 RX 腳位。此時可以發現 serial in 會馬上收到字串，並顯示在偵錯視窗。

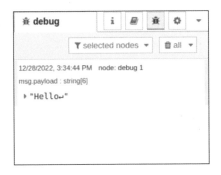

▲ 圖 2-6-13

因此，我們已經完成了 UART0 到 UART2 的單向資料傳輸。各位可以如法泡製，自行完成 UART2 向 UART0 的資料傳輸。

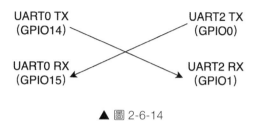

UART0 TX
(GPIO14)

UART2 TX
(GPIO0)

UART0 RX
(GPIO15)

UART2 RX
(GPIO1)

▲ 圖 2-6-14

到此，我們已經成功完成 Node-RED 對樹莓派 4B 的串列通訊的驗證工作。

2.6.3 使用樹莓派 4B 與 Arduino 進行串列通訊

我們在以上的內容已經成功配置樹莓派 4B 的串列埠，並且使用 Node-RED
完成串列埠的通訊驗證，在本節中，我們將使用樹莓派的 UART0 與 Arduino
進行串列通訊，將 Arduino Uno 來當作資料發送端，而樹莓派則當作資料接
收端，並使用 Node-RED 來將接收的資料用 dashboard 的 chart 元件將資料
畫出。

Tips

你也可以直接將 Arduino 板的 USB 線直接接到樹莓派的其中一個
USB 埠即可，雖然二者是用 USB 連接在一起，但卻是使用串列協
議來通訊，原因是 Arduino 板子上有一個 USB 轉 UART 的轉換晶片
（CP2102），當你使用電腦對 Arduino 燒錄程式或是監看串列埠的時
候，用的就是這顆轉換晶片。

當你直接使用 USB 線將 Arduino 接到樹莓派，你會發現樹莓派會偵測
到開頭名為 /dev/ttyACM 的串列埠。

因此本節需要額外準備以下材料：

◙ Arduino Uno 開發板 x 1 (含 USB 連接線作程式燒錄用)

各位可以直接將 Arduino 板子的 TX 接到樹莓派 GPIO15（UART0 RX），
Arduino 板子的 GND 接到樹莓派的 GND，使二者共地，如圖 2-6-15。

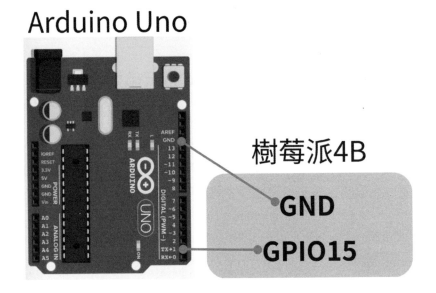

▲ 圖 2-6-15

STEP 1：首先，開啟電腦的 Arduino 開發工具，並將以下程式碼燒入
Arduino Uno。

Arduino 程式碼：

```
void setup() {
    Serial.begin(9600);        //設定串列通訊Baud Rate為9600bps
}
void loop() {
```

```
float t = micros()/1.0e6;      //取得即時秒數
float xn = sin(2*PI*1*t);      //計算1Hz正弦波的瞬間值
delay(100);                    //延時100ms, 可讓loop( )每秒執行10次
Serial.println(xn);            //串列輸出正弦波值並加入換行字元
}
```

STEP 2：接下來，請將 USB 線連接到樹莓派與 Arduino Uno 板子，並在樹莓派上啟動 Node-RED，並將 serial in 元件與 common 群組的 debug 元件拉入工作區，並將 serial in 元件連接到 debug 元件。

STEP 3：雙擊 serial in 元件，將屬性設定如下：

Serial Port：/dev/ttyAMA0
Baud Rate：9600

其它設定不變，最後將 name 屬性設定成 from Arduino Uno。

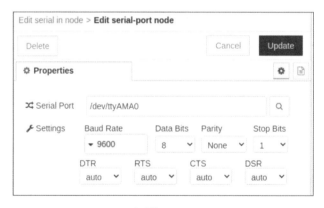

▲ 圖 2-6-16

STEP 4：按下 Deploy（部署），完成程式設計。部署完成後，來自 Arduino 的資料立刻以每秒 10 筆的速度不斷呈現在偵錯視窗。

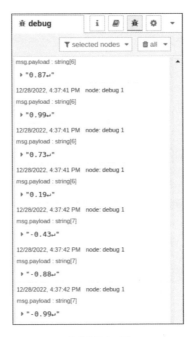

▲ 圖 2-6-17

 Tips

若沒有接收到 Arduino 的串列資料的話，請檢查 Arduino 板子是否有
正確供電。

STEP 5：確認串列資料接下來，我們將 dashboard 群組的 chart 元件拉入工
作區，並與 serial in 連接。

STEP 6：雙擊 chart 元件，將屬性值設成如下。

- Group：[Home] Default
- X-axis：last 10 seconds (說明：保留最後 10 秒的資料)
- Y-axis：min 設成 -1.2，max 設成 1.2

其它設定保持不變。

Edit chart node

| Delete | | Cancel | Done |

⚙ Properties

⊞ Group	[Home] Default	✏
🔲 Size	auto	
I Label	chart	
∿ Type	∿ Line chart ⌄	☐ enlarge points
X-axis	last 10 second ⌄ OR 1000 points
X-axis Label	▾ HH:mm:ss ☐ as UTC
Y-axis	min -1.2 max 1.2

▲ 圖 2-6-18

STEP 7：完成設置後，整體元件配置會如圖 2-6-19 所示，按下 Deploy（部署），完成程式設計。

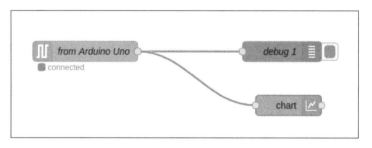

▲ 圖 2-6-19

STEP 8：完成設置後，整體元件配置會如圖 2-6-19 所示，按下 Deploy（部署），完成程式設計。

STEP 9：部署完成後，在樹莓派的 Chromium 瀏覽器再開一個新頁，在網址列打入：http://127.0.0.1:1880/ui 並進入網站，即可顯示如下的動態網頁。chart 元件顯示來自 Arduino 的正弦波資料，並且不斷更新。

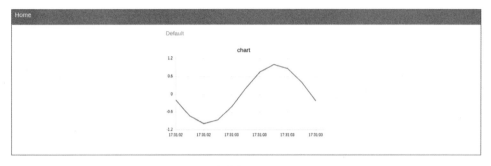

▲ 圖 2-6-20

2.6.4 本章相關影片連結

本章相關影片可以掃描以下的 QR 碼或是鍵入下方的網址，線上收看。

▲ 影片名稱：[老葉說技術 - 第 59 期] 5 分鐘搞定：使用樹莓派 GPIO UART 來傳輸資料。(含組態設定，使用 Arduino、Python 與 node-red 作功能驗證)
網址：https://youtu.be/gvOkLA6hWTA

▲ 影片名稱：[老葉說技術 - 第 41 期] 5 分鐘搞定
物聯網：在樹莓派上使用 Node-Red 控制 GPIO，
並且使用串列通訊即時繪圖。
網址：https://youtu.be/S8WGp6O8Tyo

2.7 使用 Node-Red 呼叫 Python 來讀取 MPU-9250 九軸感測器

MPU-9250 是一款強大、性價比相當高的九軸感測器（包括 3 軸加速規、3 軸陀螺儀、3 軸磁力計），它廣泛應用在無人機、電玩手持式操作器、與其它需要捕捉使用者動作的應用上，MPU-9250 它整合了 MPU-6050（提供加速規與陀螺儀功能）與 Ak8963（提供磁力計功能）二顆晶片，因此除了能捕捉姿態資訊外，還能提供 3 軸的磁力量測功能，精度（最小量測單位為 uT）足以量測到微弱的南北極地磁訊號，因此可以提供電子羅盤的功能。本節將帶領各位使用 Python 來讀取 MPU-9250 的 9 軸訊號，並且用 Node-RED 來呼叫寫好的 Python 程式，將 9 軸的訊號使用 dashboard 的 chart 元件即時畫出訊號曲線圖。

● 學習目標 ●

1. 了解 MPU-9250 的功能、規格與使用方式

2. 了解如何用 Python 來功能讀取 MPU-9250 的訊號

3. 了解如何使用 Node-RED 來呼叫 Python 程式

4. 了解如何使用 Node-RED 即時將 MPU-9250 的訊號繪成曲線圖

2.7.1 MPU-9250 九軸感測器規格與功能

MPU-9250 是一款強大、性價比相當高的九軸感測器（包括 3 軸加速規、3
軸陀螺儀、3 軸磁力計），它廣泛應用在無人機、電玩手持式操作器、飛航模
擬器、手持式裝置與其它需要捕捉使用者姿態的應用上，MPU-9250 它整合
了 MPU-6050（提供加速規與陀螺儀功能）與 Ak8963（提供磁力計功能）
二顆晶片，因此除了能捕捉姿態資訊外，還能提供 3 軸的磁力量測功能，精
度（最小量測單位為 uT）足以量測到微弱的南北極地磁訊號，因此可以提供
電子羅盤的功能。常見的 MPU-9250 模組如圖 2-7-1 所示。

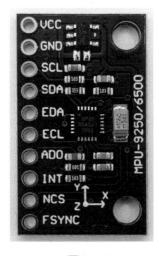

▲ 圖 2-7-1

以下重點列出 MPU-9250 的規格與量測範圍：

- 為每軸的物理量測，提供獨立的 16-bit 的 AD 轉換器，解析度相當足夠。

- 供電電壓為 2.4-3.6V，通訊介面支援 I2C 與 SPI。

- 三軸加速度計：最高量測範圍為 ±16g，提供 4 組量測範圍 ±2g, ±4g, ±8g 與 ±16g 可供選擇（使用程式設定）

- 三軸陀螺儀：最高量測範圍為 ±2000° /sec，提供 4 組量測範圍 ±250, ±500, ±1000, 與 ±2000° /sec 可供選擇（使用程式設定），並提供自我測試功能。

- 三軸磁力計：最小量測解析度 0.6uT，最大量測範圍 ±4800µT，並提供自我測試校正功能。

Tips

為各位科普一下二種常見的磁力單位 T 與 G，T 又稱作特斯拉，G 為高斯，二者的換算為：1T = 10000G, 1uT = 0.01G，G 的單位較大，一般用在量測磁鐵等磁力較大的裝置，T 的單位較小，一般用來量測微小的磁力，如地磁。一般的磁鐵的磁力約為 100G 左右，而地表測量南北極地磁的磁力約為 0.25-0.6G，換成特斯拉為 25-50uT。因此 MPU-9250 提供的磁力量測精度（0.6uT）足以做為電子羅盤使用。

2.7.2 連接樹莓派與 MPU-9250 九軸感測器

要進行本單元實作，需要以下材料：

1. 樹莓派 4B 實驗板 x 1
2. MPU-9250 模組 x 1
3. 杜邦線若干 (用來連接 MPU-9250 與樹莓派，你也可以用其它連接線代替，但杜邦線較為方便，省時又省力)

本次我們使用 I2C 來連接樹莓派與 MPU-9250，因此在正式接線以前，請各位先確認，是否已經將樹莓派的 I2C 功能打開。

STEP 1：進入樹莓派桌面環境，或使用 VNC 遠端連接樹莓派進入桌面環境，按下左上角的樹莓派圖示，選擇「偏好設定」下的「Raspberry Pi 設定」，如圖 2-3-3。

STEP 2：在 Raspberry Pi 設定視窗下，選擇「介面」，並確認 I2C 是否被「啟用」，如圖 2-3-4。(注意：若原來是「停用」，選擇「啟用」後，需要重新啟動樹莓派。)

STEP 3：本次我們使用 i2c1 匯流排，因此會用到樹莓派 GPIO2 (SDA1) 與 GPIO3(SCL1) 作為 I2C 的通訊腳位，硬體接線如下圖 2-7-2 所示。

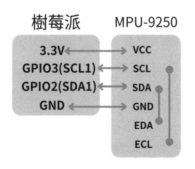

▲ 圖 2-7-2

從接線圖可以發現，除了須將 MPU-9250 的 I2C 腳位（SCL 與 SDA）接到
樹莓派之外，我們還需要將 MPU-9250 本身的 EDA 接到 SDA、ECL 接到
SCL，這麼做的原因是，我們需要將磁力計 AK8963 也連接到 I2C 匯流排。

 Tips

> 若不將 EDA 與 ECL 接上，你將只能夠使用加速度計與陀螺儀的功
> 能。

STEP 4：將 MPU-9250 連接到樹莓派後，由於二者是靠 I2C 介面連接 (本
次我們使用樹莓派 4 的 i2c1 匯流排)，因此，打開樹莓派終端機，鍵入
i2cdetect -y 1 可以得知 MPU-9250 的 I2C 位址，如圖 2-7-3 所示。

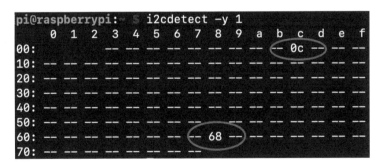

▲ 圖 2-7-3

STEP 5：我們發現在 i2c1 匯流排上有二個位址，一個是 0x68，另一個是
0x0c，其中 0x68 就是 MPU-9250 整合的 MPU-6050 晶片，另一個 0x0c 就
是 MPU-9250 整合的另一顆 AK8963 晶片。

若成功的完成到這一步，代表我們已經成功的將 MPU-9250 連上樹莓派了。

若不將 EDA 與 ECL 接上，你將只能夠看到 0x68 這個位址。

🧍 經驗談：

網路上也充斥著許多假的 MPU-9250，它只是用前一代的 MPU-6050
來假冒，若各位照著接線，但卻只能看到 0x68 而看不到 0x0c 的話，
很可能就是買到假冒的 MPU-9250 晶片。

2.7.3 使用 Python 讀取 MPU-9250 感測資料

接下來我們要使用 Python3 來讀取 MPU-9250 的資料，各位如果完成了
1.2.1 節樹莓派 OS 的安裝步驟的話，樹莓派 OS 本身就已經自帶了 Python2
與 Python3 的直譯器了，為了讀取 MPU-9250 的資料，我們必須要能夠利用
Python 來存取樹莓派的 I2C 匯流排，因此我們需要安裝 smbus 這個套件。

STEP 1：打開樹莓派終端機，鍵入以下指令安裝 smbus 套件。
指令碼：

```
$ pip3 install smbus
```

STEP 2：安裝完成後，就可以使用 Python3 來控制連接到樹莓派的 I2C 裝置
了。由於使用 Python 讀取 MPU-9250 的程式碼的內容很多都與 MPU-9250
內部的暫存器位置與資料讀取、移位與轉換有關，篇幅較長，並不適合將全
部程式碼直接放在此處講解，因此，以下我將主程式架構節錄在下方，其它
關於 MPU-9250 的硬體呼叫副程式我先隱藏起來，筆者會將完整程式碼放在
2.7.6，有興趣的朋友，可以去研讀。

Python 指令碼：

```
bus = smbus.SMBus(1)    #開啟i2c1匯流排
gyro_sens, accel_sens = MPU6050_start()    #啟動MPU6050
AK8963_start()    #啟動AK8963
print('開始記錄資料')
while 1:  #無限迴圈
    #讀取MPU6050數據並作轉換
    ax,ay,az,wx,wy,wz = mpu6050_conv()
    #讀取AK8963數據並作轉換
    mx,my,mz = AK8963_conv()
    #印出三軸加速度值
print('accel [g]: x = {0:2.2f}, y = {1:2.2f}, z {2:2.2f}=
'.format(ax,ay,az))
    #印出三軸角加速度值
    print('gyro [dps]: x = {0:2.2f}, y = {1:2.2f}, z =
{2:2.2f}'.format(wx,wy,wz))
    #印出三軸磁力值
    print('mag [uT]: x = {0:2.2f}, y = {1:2.2f}, z =
{2:2.2f}'.format(mx,my,mz))
    print( '{}' .format( '-' *30))    #印出分隔線
    time.sleep(1)    #延時1秒
```

STEP 3：從以上的程式架構各位可以知道，本 Python 程式會不斷讀取 MPU-9250 的九軸感測資料，直接印在終端機畫面上，並每隔 1 秒更新一次數據。

STEP 4：現在各位請打開樹莓派終端機，在你的使用者目錄下新建一個目錄，名為 python3_mpu9250，並進入該目錄。

指令碼：

```
$ mkdir python3_mpu9250
$ cd python3_mpu9250
```

STEP 5：將本節的範例程式 mpu9250_test.py 拷貝到此目錄，輸入以下指令執行程式。

指令碼：

```
$ python3 mpu9250_test.py
```

STEP 6：若程式順利執行，各位可以發現終端機螢幕每隔一秒印出 MPU-9250 的 9 軸感測資料。此時各位可以稍微移動一下 MPU-9250，你會發現加速度與陀螺儀的三軸數據都會改變，若要測試磁力計，各位可以拿有磁力的東西，如螺絲起子或磁鐵，甚至手錶，都會讓磁力值明顯的改變。

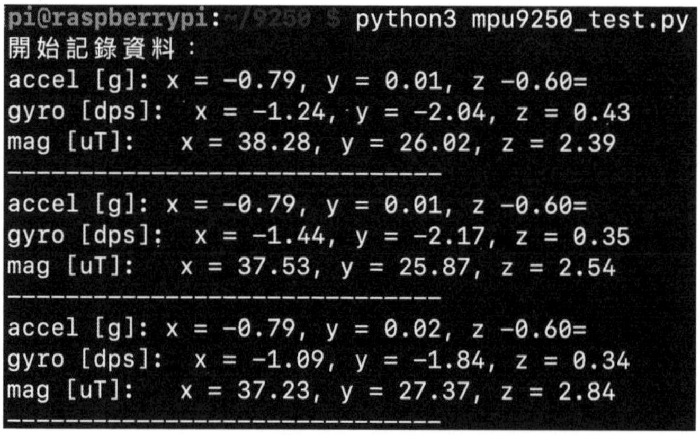

▲ 圖 2-7-4

2.7.4 在 Node-RED 環境下呼叫 Python 程式來讀取 MPU-9250 感測器

在上一節，我們成功的使用 Python 來讀取樹莓派 I2C 上的 MPU-9250 感測器資料，在這一節我們將會教各位如何在 Node-RED 環境下，呼叫我們已經寫好的 Python 程式，並且將 MPU-9250 的感測資料畫成精美的圖表。

STEP 1：首先，若要在 Node-RED 環境下呼叫 Python 程式，則需要安裝 node-red-contrib-python-function 這個套件，請按下右上角的 ■ 符號，並選擇「Manage palette（節點管理）」，則會進入節點管理視窗，此時，麻煩在安裝的頁面上，鍵入 python，則會自動出現 node-red-contrib-python-function 這個套件名稱，按下「install（安裝）」即可。

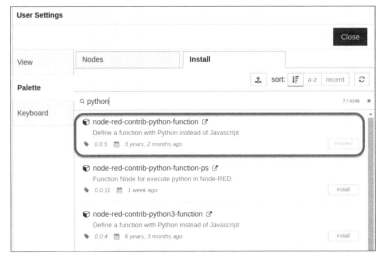

▲ 圖 2-7-5

STEP 2：若順利安裝完成，則你將會在左邊元件庫發現 function 群組下增加了 python - function 個元件，請將 python - function 元件與 common 群組下的 inject 元件與 debug 元件一起拉進工作區，並將元件連接如下。

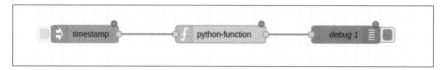

▲ 圖 2-7-6

STEP 3：請雙擊 python-function 元件，可以看到如圖 2-7-7 的設定視窗，中間的 Function 區塊可以讓我們寫 Python 程式碼，或是將寫好的 Python 程式碼貼入，最後的 return msg 可以將資料送出。

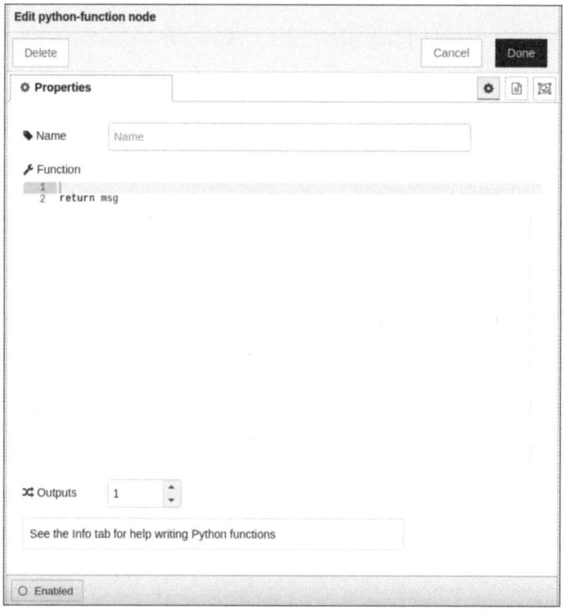

▲ 圖 2-7-7

STEP 4：接下來我們要將 2.7.3 節的 Python 程式碼貼入 Function 區塊，請將本章的範例程式 node-red_python.py 打開，全部複製，貼入 Function 區塊。

STEP 5：各位可能會有疑問，我們在 2.7.3 節的程式碼名稱叫 mpu9250_test.py，但現在要貼入的程式檔叫 node-red_python.py，為何不直接貼入

mpu9250_test.py 的程式呢？這兩支程式碼有何差別呢？各位如果將二支程式打開比較的話，會發現 node-red_python.py 已經將無限迴圈移除，並且將 print 函式移除，筆者希望這個 Python 程式被 Node-RED 的 inject 元件觸發，每次只會輸出即時的感測資料，並將感測資料傳到下一個方塊，作後續處理，因此 node-red_python.py 最後將 9 軸的感測資料做成一個 JSON 物件，並透過 msg 物件傳出。

```
msg['payload'] = {"acc_x": ax, "acc_y": ay, "acc_z":az, "gy_x":
wx, "gy_y": wy, "gy_z": wz, "mag_x": mx, "mag_y": my, "mag_z":
mz}
return msg
```

STEP 6：將程式碼成功貼入 python-funtion 元件的 Function 區塊後，並按下 Done，按下 Deploy（部署），完成程式設計。

STEP 7：完成部署後，按下 inject 元件左方的按鈕，這是你可以發現偵錯視窗會輸出一筆 MPU-9250 的感測資料。

▲ 圖 2-7-8

STEP 8：完成到這一步，代表我們已經成功使用 Node-RED 來呼叫 Python 程式了，接下來，我們要將 9 軸的感測資料畫成圖表，筆者規劃使用 3 個

dashboard 群組的 chart 元件，來完成這個工作。

請將以下元件拉進工作區：

- dashboard 群組 → chart 元件 x3（用途：畫出曲線圖）
- function 群組 → function 元件 x9（用途：進行資料轉換）

並將元件連接如下。

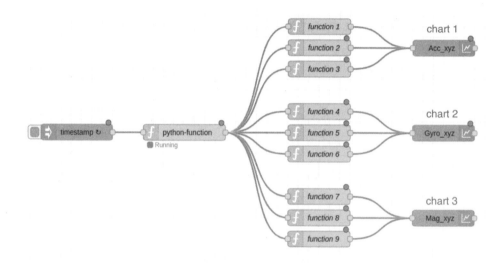

▲ 圖 2-7-9

STEP 9：為了將資料正確解析出來，並且輸出成 chart 元件能接收的格式，我們需要 9 個 function 元件進行資料轉換。以下為 function1-function3 的設定內容。

- function 1:
  msg.payload = msg.payload.acc_x // 將 msg.payload.acc_x 值取出
  msg.topic = 'Acc_x' // 曲線名稱為 Acc_x，會顯示在 chart 元件上
  return msg;

- function 2:

  msg.payload = msg.payload.acc_y // 將 msg.payload.acc_y 值取出

  msg.topic = 'Acc_y' // 曲線名稱為 Acc_y，會顯示在 chart 元件上

  return msg;

- function 3:

  msg.payload = msg.payload.acc_z // 將 msg.payload.acc_z 值取出

  msg.topic = 'Acc_z' // 曲線名稱為 Acc_z，會顯示在 chart 元件上

  return msg;

其它 function4-function9 如法炮製，設定如下：

- function 4:

  msg.payload = msg.payload.gy_x // 將 msg.payload.gy_x 值取出

  msg.topic = 'Gyro_x' // 曲線名稱為 Gyro_x，會顯示在 chart 元件上

  return msg;

- function 5:

  msg.payload = msg.payload.gy_y // 將 msg.payload.gy_y 值取出

  msg.topic = 'Gyro_y' // 曲線名稱為 Gyro_y，會顯示在 chart 元件上

  return msg;

- function 6:

  msg.payload = msg.payload.gy_z // 將 msg.payload.gy_z 值取出

  msg.topic = 'Gyro_z' // 曲線名稱為 Gyro_z，會顯示在 chart 元件上

  return msg;

- function 7:

  msg.payload = msg.payload.mag_x // 將 msg.payload.mag_x 值取出

  msg.topic = 'Mag_x' // 曲線名稱為 Mag_x，會顯示在 chart 元件上

  return msg;

- function 8:

  msg.payload = msg.payload.mag_y // 將 msg.payload.mag_y 值取出

  msg.topic = 'Mag_y' // 曲線名稱為 Mag_y，會顯示在 chart 元件上

  return msg;

- function 9:

  msg.payload = msg.payload.mag_z // 將 msg.payload.mag_z 值取出

  msg.topic = 'Mag_z' // 曲線名稱為 Mag_z，會顯示在 chart 元件上

  return msg;

STEP 9：接下來，雙擊 chart 1，它將會顯示三軸的加速度資料，因此，請將 chart 1 的屬性設定如下。

- Label：Acc_xyz
- X-axis：last 30 second（說明：永遠顯示最後 30 秒的資料）
- Y-axis：min 設成 -3，max 設成 3（說明：幅度值可以參考 MPU-9250 的量測範圍與實際需求決定）
- Legend：Show（說明：若要在一個 chart 元件顯示多條曲線，Legend 必須要設成 Show）

▲ 圖 2-7-10

STEP 10：請分別將 chart 2 與 chart 3 設定如下。

- Label：Gyro_xyz
- X-axis：last 30 second（說明：永遠顯示最後 30 秒的資料）
- Y-axis：min 設成 -1000，max 設成 1000（說明：幅度值可以參考 MPU-9250 的量測範圍與實際需求決定）
- Legend：Show （說明：若要在一個 chart 元件顯示多條曲線，Legend 必須要設成 Show）

▲ 圖 2-7-11

- Label：Mag_xyz
- X-axis：last 30 second（說明：永遠顯示最後 30 秒的資料）
- Y-axis：min 設成 -1000，max 設成 1000（說明：幅度值可以參考 MPU-9250 的量測範圍與實際需求決定）
- Legend：Show （說明：若要在一個 chart 元件顯示多條曲線，Legend 必須要設成 Show）

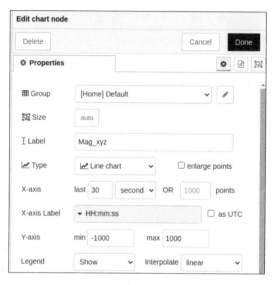

▲ 圖 2-7-12

STEP 11：最後，我們還需要設定 inejct 元件，因為筆者希望 MPU-9250 的
感測資料能每隔 1 秒更新一次，因此我們雙擊 inject 元件，將屬性設定如
下，使其能每隔一秒觸發一次 Python 程式，產生新一組的數據來更新圖表。

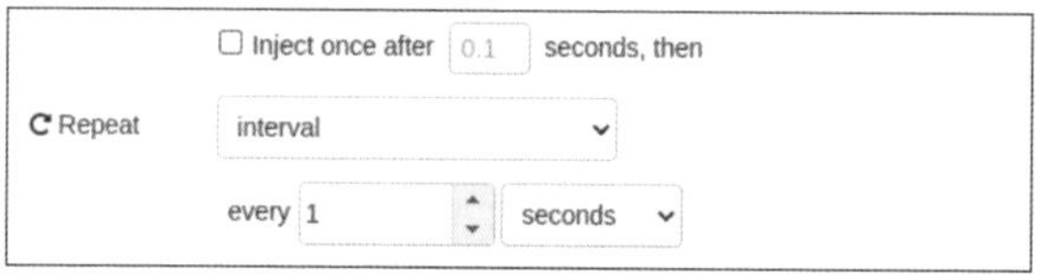

▲ 圖 2-7-13

STEP 12：按下 Deploy（部署），完成程式設計。

STEP 13：完成部署後，在樹莓派的 Chromium 瀏覽器再開一個新頁，在網
址列打入：http://127.0.0.1:1880/ui 並進入網站，即可顯示含有三個圖表的
動態網頁，此時稍微振動 MPU-9250，或使用磁鐵靠近感測器，則會發現圖
表能動態顯示感測值，如圖 2-7-14。

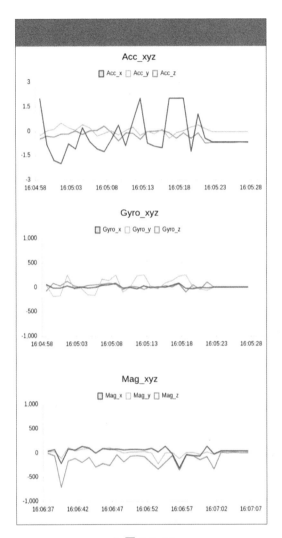

▲ 圖 2-7-14

 Tips

你也可以藉由 dashboard 元件的 Size 屬性與 dashboard 的 Lauout
（按下圖 2-7-15 所標註的按鈕）來改變圖形元件呈現的大小與位置。

▲ 圖 2-7-15

2.7.5 本章相關影片連結

本章相關影片可以掃描以下的 QR 碼或是鍵入下方的網址，線上收看。

▲ 影片名稱：[老葉說技術 - 第 54 期] 5 分鐘搞
定：使用樹莓派 + Python 連接 MPU-9250 九軸模
組 (3 軸陀螺儀 + 3 軸加速度 + 3 軸磁場)
網址：https://youtu.be/O_76yFA361c

▲ 影片名稱：[老葉說技術 - 第 60 期] 5 分鐘
搞定：在 Node-Red 環境下編程 Python 來讀取
MPU-9250 模組訊號。(使用樹莓派 + Node-Red +
Python)
網址：https://youtu.be/1PN-BH8jEKA

2.7.6 讀取 MPU-9250 的 Python 完整程式碼

```python
import smbus, time
def MPU6050_start():
    # 更改採樣率
    samp_rate_div = 0 # 採樣率 = 8 kHz/(1+samp_rate_div)
    bus.write_byte_data(MPU6050_ADDR, SMPLRT_DIV, samp_rate_div)
    time.sleep(0.1)
    # 重置所有感測器
    bus.write_byte_data(MPU6050_ADDR,PWR_MGMT_1,0x00)
    time.sleep(0.1)
    # 設置電源與晶振
    bus.write_byte_data(MPU6050_ADDR, PWR_MGMT_1, 0x01)
    time.sleep(0.1)
    #寫入配置暫存器
    bus.write_byte_data(MPU6050_ADDR, CONFIG, 0)
    time.sleep(0.1)
```

```python
    #寫入陀螺儀配置暫存器
    gyro_config_sel = [0b00000,0b010000,0b10000,0b11000] # byte
registers
    gyro_config_vals = [250.0,500.0,1000.0,2000.0] # degrees/sec
    gyro_indx = 0
    bus.write_byte_data(MPU6050_ADDR, GYRO_CONFIG, int(gyro_
config_sel[gyro_indx]))
    time.sleep(0.1)
    #寫入加速度計配置暫存器
    accel_config_sel = [0b00000,0b01000,0b10000,0b11000] # byte
registers
    accel_config_vals = [2.0,4.0,8.0,16.0] # g (g = 9.81 m/s^2)
    accel_indx = 0
    bus.write_byte_data(MPU6050_ADDR, ACCEL_CONFIG, int(accel_
config_sel[accel_indx]))
    time.sleep(0.1)
    #中斷暫存器
    bus.write_byte_data(MPU6050_ADDR, INT_ENABLE, 1)
    time.sleep(0.1)
    return gyro_config_vals[gyro_indx],accel_config_vals[accel_
indx]


def read_raw_bits(register):
    #讀取加速度計與陀螺儀數值
    high = bus.read_byte_data(MPU6050_ADDR, register)
    low = bus.read_byte_data(MPU6050_ADDR, register+1)

    #整合高低位成一個無號整數
    value = ((high << 8) | low)
```

```python
    #轉換成正負號值
    if(value > 32768):
        value -= 65536
    return value


def mpu6050_conv():
    # 讀取原始加速度計位元
    acc_x = read_raw_bits(ACCEL_XOUT_H)
    acc_y = read_raw_bits(ACCEL_YOUT_H)
    acc_z = read_raw_bits(ACCEL_ZOUT_H)
    # 讀取原始陀螺儀位元
    gyro_x = read_raw_bits(GYRO_XOUT_H)
    gyro_y = read_raw_bits(GYRO_YOUT_H)
    gyro_z = read_raw_bits(GYRO_ZOUT_H)
    #轉換加速度值為以g為單位數值
    a_x = (acc_x/(2.0**15.0))*accel_sens
    a_y = (acc_y/(2.0**15.0))*accel_sens
    a_z = (acc_z/(2.0**15.0))*accel_sens
    #轉換角加速度值為以dps為單位數值
    w_x = (gyro_x/(2.0**15.0))*gyro_sens
    w_y = (gyro_y/(2.0**15.0))*gyro_sens
    w_z = (gyro_z/(2.0**15.0))*gyro_sens
    return a_x,a_y,a_z,w_x,w_y,w_z


def AK8963_start():
    bus.write_byte_data(AK8963_ADDR,AK8963_CNTL,0x00)
    time.sleep(0.1)
    AK8963_bit_res = 0b0001 # 0b0001 = 16-bit
    AK8963_samp_rate = 0b0110 # 0b0010 = 8 Hz, 0b0110 = 100 Hz
```

```python
    AK8963_mode = (AK8963_bit_res <<4)+AK8963_samp_rate #位元轉換
    bus.write_byte_data(AK8963_ADDR,AK8963_CNTL,AK8963_mode)
    time.sleep(0.1)

def AK8963_reader(register):
    #讀取磁力計數值
    low = bus.read_byte_data(AK8963_ADDR, register-1)
    high = bus.read_byte_data(AK8963_ADDR, register)
    #整合高低位成一個無號整數
    value = ((high << 8) | low)
    #轉換成正負號值
    if(value > 32768):
        value -= 65536
    return value

def AK8963_conv():
    # 讀取原始磁力計位元
    loop_count = 0
    while 1:
        mag_x = AK8963_reader(HXH)
        mag_y = AK8963_reader(HYH)
        mag_z = AK8963_reader(HZH)
        if bin(bus.read_byte_data(AK8963_ADDR,AK8963_ST2))==
'0b10000':
            break
        loop_count+=1
    #轉換成磁力計單位uT
    m_x = (mag_x/(2.0**15.0))*mag_sens
    m_y = (mag_y/(2.0**15.0))*mag_sens
```

```python
    m_z = (mag_z/(2.0**15.0))*mag_sens

    return m_x,m_y,m_z


# MPU6050暫存器位址

MPU6050_ADDR  = 0x68

PWR_MGMT_1    = 0x6B

SMPLRT_DIV    = 0x19

CONFIG        = 0x1A

GYRO_CONFIG   = 0x1B

ACCEL_CONFIG  = 0x1C

INT_ENABLE    = 0x38

ACCEL_XOUT_H  = 0x3B

ACCEL_YOUT_H  = 0x3D

ACCEL_ZOUT_H  = 0x3F

TEMP_OUT_H    = 0x41

GYRO_XOUT_H   = 0x43

GYRO_YOUT_H   = 0x45

GYRO_ZOUT_H   = 0x47

#AK8963暫存器位址

AK8963_ADDR   = 0x0C

AK8963_ST1    = 0x02

HXH           = 0x04

HYH           = 0x06

HZH           = 0x08

AK8963_ST2    = 0x09

AK8963_CNTL   = 0x0A

mag_sens = 4900.0 # 磁力計sensitivity: 4800 uT


bus = smbus.SMBus(1)  #開啟i2c1匯流排
```

```
gyro_sens,accel_sens = MPU6050_start() #啟動MPU6050
AK8963_start() #啟動AK8963
print('開始記錄資料：')
while 1: #無限迴圈
    ax,ay,az,wx,wy,wz = mpu6050_conv() #讀取MPU6050數據並作轉換
    mx,my,mz = AK8963_conv() #讀取AK8963數據並作轉換
    #印出三軸加速度值
    print('accel [g]: x = {0:2.2f}, y = {1:2.2f}, z {2:2.2f}=
'.format(ax,ay,az))
    #印出三軸角加速度值
    print('gyro [dps]:  x = {0:2.2f}, y = {1:2.2f}, z =
{2:2.2f}'.format(wx,wy,wz))
    #印出三軸磁力值
    print('mag [uT]:   x = {0:2.2f}, y = {1:2.2f}, z =
{2:2.2f}'.format(mx,my,mz))
    print('{}'.format('-'*30)) #印出分隔線
    time.sleep(1) #延時1秒
```

2.8 使用 Node-Red 呼叫 Python 來控制步進馬達

步進馬達的應用範圍極廣，且由於它低廉的成本與優異的特性（只需要給脈波就能驅動並且作精準定位，不需要昂貴的驅動器與位置回授裝置），廣泛應用在半導體 IC 生產設備、印刷機、工作母機與事務機等設備上，本節將使用一個市面上常見的四相五線步進馬達（型號：28BYJ-48）來

作示範，在不引用其它函式庫的情況下，使用 Python 建構步進馬達的原始控制程式，並且將會使用與 2.7 節一樣的技巧，使用 Node-RED 呼叫我們已經完成的 Python 程式，將馬達控制功能整合在 Node-RED 程式中。目的希望讓各位學習完本節後，能透徹的瞭解步進馬達控制原理，並且具備使用程式語言控制步進馬達的能力，日後就算遇到不同型號與類型的步進馬達，也能游刃有餘。

· ·

● 學習目標 ●

1. 了解步進馬達的功能、結構與控制原理
2. 了解四相五線步進馬達，型號 28BYJ-48 的規格與結構
3. 了解如何使用 Python 來控制步進馬達
4. 了解如何使用 Node-RED 來呼叫馬達控制程式

2.8.1 步進馬達的功能、結構與控制原理

步進馬達是一款只要輸入脈波訊號就能旋轉的馬達，一個脈波可以讓它的轉子旋轉一個步進角，因此只要精準的控制輸入脈波的數量，就能完成準確的定位功能，步進馬達主要有以下特點：

- 馬達旋轉角度為輸入脈波的數量，馬達的旋轉速度由輸入脈波的頻率決定
- 馬達在靜止（但要有激磁狀態下）時具有保持轉矩（standstill torque）
- 起動、停止、正反轉具有優異的響應表現

- 具有很高的可靠性與耐用性（沒有碳刷），馬達的壽命主要取決於軸承的壽命
- 可以簡單使用開回路控制，大幅降低控制成本與複雜度
- 寬廣的轉速控制範圍，並且轉速可以控制到非常低

圖 2-8-1 顯示一個典型的步進馬達結構，是由定子（stator）與轉子（rotor）構成，定子顧名思義，就是靜止不動的部分，而轉子則是會旋轉的部分，轉子一般為永久磁鐵（也可以有其它型式），定子一般由矽鋼片組成並具有凸起的結構，在每個凸起的部分（又稱為齒 teeth），繞上漆包線，形成定子繞組（stator winding），當漆包線通電流時，就會形成電磁鐵並吸引轉子，因此，當每個凸起部分的漆包線依序通電流時（又稱為激磁），此時就會讓轉子旋轉起來。

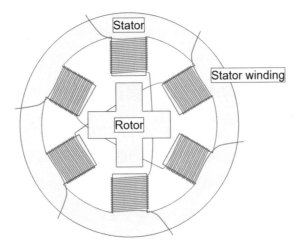

▲ 圖 2-8-1（資料來源：https://www.monolithicpower.com/）

步進馬達的定子的功能就是產生磁場來吸引轉子使其旋轉，定子的主要規格有二個：相數（number of phase）與極對數（pole pairs），相數指的是定子的獨立線圈（coils）數量，而極對數指的是每相有多少對齒（teeth，指凸起

的部分），圖 2-8-2 中，左方為一個 2 相（只有二個獨立線圈 A、B）單極對結構，右方則為一個 2 相雙極對結構，圖 2-8-3 則顯示一個 3 相（具有三個獨立線圈 A、B、C）單極對結構。

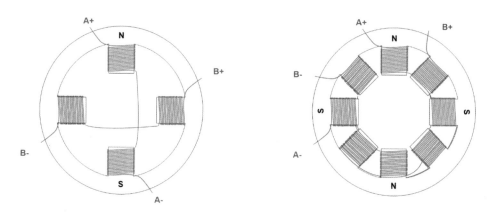

▲ 圖 2-8-2（資料來源：https://www.monolithicpower.com/）

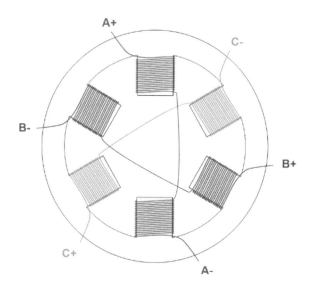

▲ 圖 2-8-3（資料來源：https://www.monolithicpower.com/）

◪ **如何控制步進馬達**

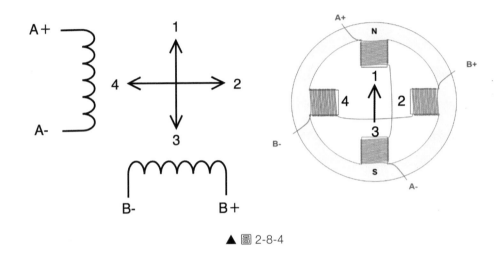

▲ 圖 2-8-4

對於一個 2 相單極對的定子結構，一般可以使用圖 2-8-4 左方的示意圖表示
（右方為實際定子幾何結構），要使這個步進馬達旋轉最簡單的方式就是輪流
激磁 A ＋ A- 與 B ＋ B- 二組線圈，假設我們要使轉子順時針旋轉，我們可以
使用如下的切換順序：

STEP 1：電流流進 A-，流出 A ＋，產生方向 1 的磁場（磁場方向定義為 S
指向 N）。

STEP 2：電流流進 B-，流出 B ＋，產生方向 2 的磁場。

STEP 3：電流流進 A ＋，流出 A-，產生方向 3 的磁場。

STEP 4：電流流進 B ＋，流出 B-，產生方向 4 的磁場。

使用以上的激磁方式，就可以使馬達順時針旋轉，而這種激磁方式又稱作
Wave mode。

> 當我們對馬達定子線圈通過二個方向的電流進行控制時，我們又將這種控制方式稱作雙極性（Bipolar）控制，雙極性指的是線圈通過正反二個方向的電流，並非指特定切換順序的控制方法。

假設我們使用另一種激磁方式如下，則會產生如圖 2-8-5 的磁場。

Step 1：電流流進 A-，流出 A ＋；電流流進 B-，流出 B ＋，產生方向 1' 的磁場。

STEP 2：電流流進 A ＋，流出 A-；電流流進 B-，流出 B ＋，產生方向 2' 的磁場。

STEP 3：電流流進 A ＋，流出 A-；電流流進 B ＋，流出 B-，產生方向 3' 的磁場。

STEP 4：電流流進 A-，流出 A ＋；電流流進 B ＋，流出 B-，產生方向 4' 的磁場。

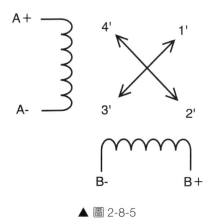

▲ 圖 2-8-5

這種同時會有二相線圈被激磁的控制方式又稱作 Full-step mode，由於流入線圈的電流更多，因此可以產生比 Wave mode 更大的轉矩輸出。

最後我們結合 Wave mode 與 Full-step mode 的切換表，會產生總共 8 步的控制步數（也可以產生更加細緻的控制步距），將產生總共 8 個磁場方向，如圖 2-8-6 所示，這樣的控制方式又稱作 Half-step mode，它的控制步數為前二種模式的 2 倍，因此將控制步距（step size）縮小成一半（因此才稱作 Half-step），控制解析度更高，缺點是轉矩會變動（單相跟雙相激磁交替發生造成），本節將使用此法來作演示。

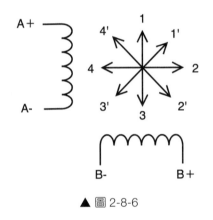

▲ 圖 2-8-6

另外還有一種控制方式稱作 Microstepping，它可以看作是 Half-step mode 的增強版，它藉由控制每相線圈流過的電流量來將控制步距（step size）縮得更小，並提供穩定的輸出轉矩，此法需要更複雜的控制演算法，有興趣的讀者可以參考：

https://www.monolithicpower.com/en/stepper-motors-basics-types-uses

▣ 步進馬達的控制架構

前面有提到，步進馬達的控制就是依序激磁定子線圈，而激磁定子線圈的訊號一般可由微控制器（MCU）產生，但訊號需要經過放大才能夠驅動馬達，以本節使用的步進馬達來說，它的單相線圈的電阻值約為 21Ω，若使用 5V 電壓激磁，則穩態電流約為 238mA，一般微控制器的 GPIO 腳是無法提供這麼大的電流輸出的（一般只有 20-50mA 左右），因此必須配合一個驅動 IC，本節會使用 ULN2003 這款驅動 IC，能它提供每組輸出最大 500mA 的電流驅動能力。圖 2-8-7 為一個典型的步進馬達控制系統的方塊圖，從圖上可以得知，Driver（也就是驅動 IC）會使用 Pre-Driver 將來自 MCU 的訊號轉換成電晶體開關的驅動訊號，當電晶體開關被致能時，就能提供較大電流驅動能力來激磁定子線圈。

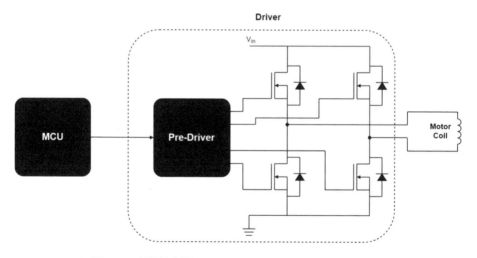

▲ 圖 2-8-7（資料來源：https://www.monolithicpower.com/）

步進馬達每個線圈被激磁時的電流方向，一般不外乎為二種，一種是只允許單方向電流通過（又稱作單極性控制），另一種為可允許雙向電流通過（又稱為雙極性控制），單雙極性控制除了取決於驅動 IC 的電路結構外，也取決於馬達定子線圈的物理結構，一般來說單極性的步進馬達，它有一條輸出引線是接到線圈的中心點，如圖 2-8-8 所示，其中 Vin 就是步進馬達的其中一條引線，它接到二組定子線圈的中心點（圖中的步進馬達共有 5 條引線：A＋、A-、B＋、B-、Vin），並且引出後，一般會接到 Vin，因此若要讓馬達線圈被激磁的話，只能依序將其它 4 個端點（A＋、A-、B＋、B-）依序連接到 GND 準位，讓馬達旋轉，這也是單極性控制的體現（4 組線圈被輪流磁，但只能允許單方向電流通過），本節使用的 28BYJ-48 5V 步進馬達（說明：28BYJ-48 步進馬達有二種規格，5V 與 12V，可視實際而求選擇不同電壓型號。）就是這樣的結構，如圖 2-8-9，它有 5 條引線（黃、橘、紅、粉、藍四種顏色），其中紅線就是 Common 點（接到二組線圈的中心點），它會接到 5V，因此我們可以對此馬達使用單極性控制。

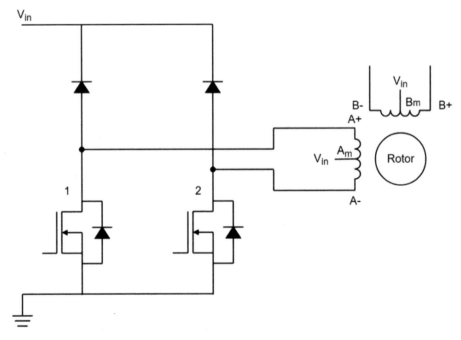

▲ 圖 2-8-8（資料來源：https://www.monolithicpower.com/）

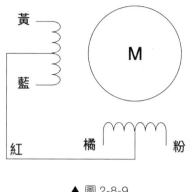

▲ 圖 2-8-9

以下列出 28BYJ-48 5V 步進馬達的主要規格。

- 額定電壓：5V（另有 12V 的規格可以選擇）
- 相數：4
- 減速比：1/64（說明：馬達內容含有齒輪組，因此馬達輸出轉速會縮小成原來的 64 分之一，轉矩會放大成原來的 64 倍）
- 步進角：5.625° *（1/64）（說明：由於加入齒輪組，因此步進角縮小為原來的 64 分之一，因此要 4096 步才能轉一圈，4096*5.625/64 ＝ 360。）
- 頻率：100Hz
- 牽引扭矩：大於 34.3mN.m

圖 2-8-10 為 28BYJ-48 5V 步進馬達外觀圖，圖 2-8-11 為 ULN2003A Drive IC 模組圖。

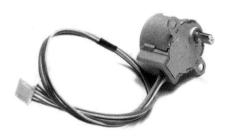

▲ 圖 2-8-10

▲ 圖 2-8-11

 Tips

詳盡的 28BYJ-48 馬達規格，可以參考 https://www.mouser.com/datasheet/2/758/stepd-01-data-sheet-1143075.pdf

▶注意

28BYJ-48 步進馬達也可以使用雙極性控制，只要不使用紅色線，就會形成二相雙極性控制結構，直接對另外二組線圈（黃藍為一組，橘粉為一組）進行二相的雙極性控制。

表 2-8-1 為使用 28BYJ-48 5V 步進馬達實現 Half-step mode 控制的激磁順序表，請將馬達的 5 條輸出引線與 ULN2003 驅動 IC 的腳位作連接

表 2-8-1

引線顏色 (驅動 IC 腳位)	運轉方向：CW（面向馬達轉軸）							
	Step1	Step2	Step3	Step 4	Step 5	Step 6	Step 7	Step 8
藍 (IN1)	●	●						●
粉 (IN2)		●	●	●				
黃 (IN3)				●	●	●		
橘 (IN4)						●	●	●

（註：● 代表激磁，由於馬達紅色引線已接到 5V，激磁代表將該引線透過 ULN2003 的電晶體接到 GND，讓線圈激磁。）

Tips

28BYJ-48 馬達的結構和普通步進電機不同，在普通步進電機中，線圈對齊，因此它們的軸指向並垂直於轉子的旋轉軸，但 28BYJ-48 的每個線圈都纏繞成它們的軸與轉子的旋轉軸對齊。每個線圈由兩根纏繞相同匝數的導線製成。二個線圈的中心點連接到電路板上的同一個引腳，使該點成為整個線圈的中心位置。關於 28BYJ-48 的結構可以參考：https://cookierobotics.com/042/

2.8.2 連接樹莓派、ULN2003 與步進馬達

◙ 準備材料

要進行本單元實作，需要以下材料：

1. 樹莓派 4B x 1
2. 步進馬達（型號：28BYJ-48）x 1
3. ULN2003 模組 x 1
4. 杜邦線若干（備註：用來連接 DHT22 與樹莓派 IO 腳位，你也可以用其它
   連接線代替，但杜邦線較為方便，省時又省力）

上一節我們已經將步進馬達的功能、特色、控制原理與方法介紹給各位，
本節我們要連接樹莓派與步進馬達，上一節有提到，一般 MCU 的 GPIO 的
電流輸出能力是不足以直接驅動本節所使用的步進馬達（28BYJ-48），因此
在微控制器與步進馬達之間，需要有一個驅動 IC 來作為電流放大之用，圖
2-8-12 為本次實驗的硬體連接圖。

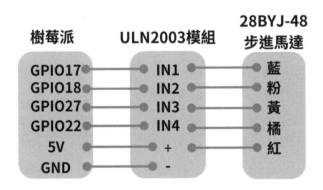

▲ 圖 2-8-12

Tips

在 ULN2003 模組上的 ULN2003A 這顆 IC 的第 9 腳是會接到 5V 的，
如此才能提供足夠的驅動電流。

STEP 1：將樹莓派與 ULN2003 模組、28BYJ-48 步進馬達連接完成後，請開
啟樹莓派終端機建立一個名為 python_stepper_motor.py 的檔案，並輸入以
下程式碼。

Python 程式碼：

```
import RPi.GPIO as GPIO
import time
# GPIO腳位定義
in1 = 17; in2 = 18; in3 = 27; in4 = 22
step_sleep = 0.002 # 每步之間的時間ms，值愈大轉速愈慢
# 轉一圈需要的步數 (5.625*(1/64) per step, 4096 steps is 360°)
step_count = 4096
direction = False  #控制方向，True為逆時針，False為順時針
# Half-step mode激磁表，共有8步，見表2-8-1
step_sequence = [[1,0,0,1],
                 [1,0,0,0],
                 [1,1,0,0],
                 [0,1,0,0],
                 [0,1,1,0],
                 [0,0,1,0],
                 [0,0,1,1],
                 [0,0,0,1]]
```

```python
# 樹莓派腳位設定
GPIO.setmode( GPIO.BCM )
GPIO.setup( in1, GPIO.OUT )
GPIO.setup( in2, GPIO.OUT )
GPIO.setup( in3, GPIO.OUT )
GPIO.setup( in4, GPIO.OUT )
# 樹莓派腳位初始化
GPIO.output( in1, GPIO.LOW )
GPIO.output( in2, GPIO.LOW )
GPIO.output( in3, GPIO.LOW )
GPIO.output( in4, GPIO.LOW )
motor_pins = [in1,in2,in3,in4]    #定義馬達腳位陣列
motor_step_counter = 0 ;   #目前所在步數
def cleanup(): #清除GPIO腳位定義副程式
    GPIO.output( in1, GPIO.LOW )
    GPIO.output( in2, GPIO.LOW )
    GPIO.output( in3, GPIO.LOW )
    GPIO.output( in4, GPIO.LOW )
    GPIO.cleanup()
#控制主程序
try:
    i = 0
    for i in range(step_count):  #完整轉一圈
        # 針對每一個控制腳位分別輸出訊號
        for pin in range(0, len(motor_pins)):
            #根據激磁表，不同腳位輸出不同訊號
            GPIO.output( motor_pins[pin],
            step_sequence[motor_step_counter][pin] )
```

```
              #正反轉查表方向不同
              if direction==True: # CCW
              motor_step_counter = (motor_step_counter - 1) % 8
          elif direction==False: # CW
              motor_step_counter = (motor_step_counter + 1) % 8
          time.sleep( step_sleep ) # 每步之間的延遲時間
except KeyboardInterrupt:   #若按下CTRL＋C則終止並離開程式
    cleanup() #清除GPIO腳位設定
    exit( 1 )
cleanup()
exit( 0 )
```

STEP 2：程式編輯完成後，使用終端機鍵入以下指令執行本程式。

指令碼：

```
$ python3 python_stepper_motor.py
```

STEP 3：若程式順利執行，各位會發現步進馬達會以順時針方向轉一圈。

Tips

若程式執行後，馬達仍未旋轉，請確認馬達紅色引線是否有確實接到
5V。

> ▶注意
>
> 由於步進馬達只需要開迴路控制就能旋轉，並且不需要複雜的控制回路（電流回路與速度回路），因此可以使用樹莓派來實現，但對於其它需要複雜控制回路的馬達來說（如感應馬達、永磁馬達等），一般需要即時性更高的中斷（一般使用硬體定時中斷）來實現控制法則，而樹莓派本身運行的 Raspbian OS 並非即時作業系統，因此並不適合用於即時性要求嚴格的控制任務，相反的，Arduino、ESP32（具備即時作業系統 FreeRTOS）或其它傳統微控制器則較適合實現此類應用需求。

2.8.3 使用 Node-RED 呼叫 Python 程式

接下來，我們使用 2.7.4 節的方式，利用 Node-RED 來呼叫我們已經寫好的馬達控制 Python 程式，若各位還閱讀過 2.7.4 節的話，請先參考 2.7.4 節的步驟，在 Node-RED 的環境下，將 node-red-contrib-python-function 這個套件安裝完成。

STEP 1：若順利安裝完成，則你將會在左邊元件庫發現 function 群組下增加了 python - function 個元件，請將 python - function 元件與 common 群組下的 inject 元件一起拉進工作區，並將元件連接如下。

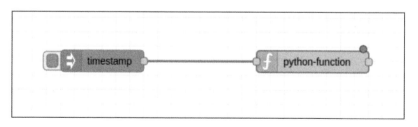

▲ 圖 2-8-13

STEP 2：請雙擊 python-function 元件，可以看到如圖 2-8-14 的設定視窗，中間的 Function 區塊可以讓我們寫 Python 程式碼，或是將寫好的 Python 程式碼貼入，最後的 return msg 可以將資料送出。

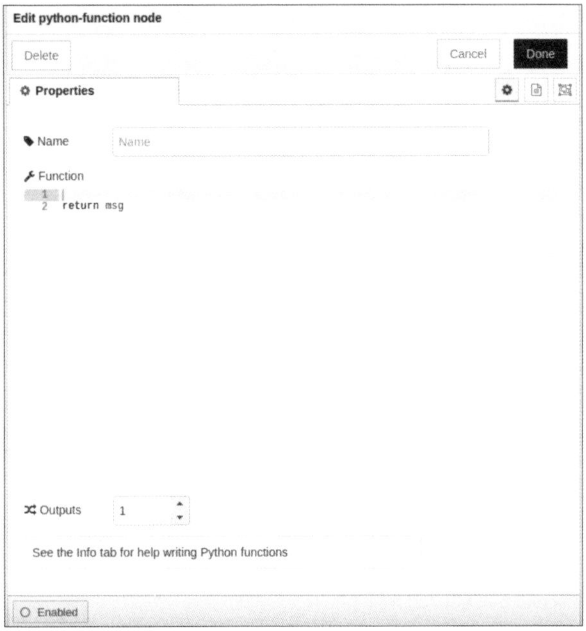

▲ 圖 2-8-14

STEP 3：接下來我們要將 2.8.3 節寫好的 Python 程式碼，移除 try 與 except（由於 Node-RED 執行 Python 時，並不需要終端機，因此毋需捕捉鍵盤按鍵），稍加調整縮排後，將其餘程式碼貼入 Function 區塊，可以參考本章的範例程式 node-red_stepper_motor.py，將其全部複製，貼入 Function 區塊。

STEP 4：按下 Deploy（部署），完成程式設計。

STEP 5：部署完成後，按下 inject 元件左方的按鈕，即可執行 Python 程式，並且步進馬達會開始旋轉一圈後停下。到此，我們成功的使用 Node-RED 控制步進馬達。

說明：

當 Python 程式被 inject 元件觸發執行後，Python 程式就會被一路執
行到底，中途是無法丟出訊息的（使用 return msg），這個是程式的特
性，而在程式碼中，雖然我們保留了最後的 return msg，但我們並無
丟出任何資料出來（與 2.7.4 不太一樣），各位若要在 Python 運行途中
將資料丟出，可以先用一個變數將所需資料儲存起來，最後再由 return
msg 一次性丟出，讓下一個程式元件來作後續處理。

Tips

各位也可以不靠 Python，直接使用 Node-RED 控制 GPIO 來完成步進
馬達的控制，使用呼叫 Python 的方式只是提供給各位另一種解決問題
的方法，各位可以依據現實情況，選擇最合適的方法來解決問題。

2.8.4 本章相關影片連結

本章相關影片可以掃描以下的 QR 碼或是鍵入下方的網址，線上收看。

▲ 影片名稱：[老葉說技術 - 第 65 期] 5 分鐘搞
定：使用樹莓派 + Python 控制步進馬達。使用
ULN2003 驅動板與 28BYJ-48 步進馬達
網址：https://youtu.be/Wqua2vUUDxs

▲ 影片名稱：[老葉說技術 - 第 66 期] 5 分鐘搞
定：使用樹莓派 +Node-Red 控制步進馬達。使用
ULN2003 驅動板與 28BYJ-48 步進馬達
網址：https://youtu.be/bghkp1enqGI

2.9 使用 Node-RED 操作 Mongo 資料庫，即時儲存串列資料

傳統上，若要高效率的儲存資料，一般我們會使用如 MySQL、Oracle
或 SQL　Server 等關聯式資料庫，但關聯式資料庫在使用前必須經過設
計（設計資料表結構與資料表間鍵值的關聯性），而且一旦設計完成，日
後若要重新擴充或是修改，將是非常麻煩且耗費資源的，因此，市場上
誕生另一種型式的資料庫，叫作 NoSQL 資料庫，顧名思義，它不是傳統
型的關聯式資料庫，使用 NoSQL 資料庫不需事先設計即可使用，在網路
的世界，會遇到什麼類型的資料常常是無法事先預測的（也很難事先設
計），就算是事先設計好的資料庫，日後也常常需要擴充以滿足高度變化
的網路需求，因此 NoSQL 這種高度彈性的資料庫架構就非常適合儲存來
自網路（或物聯網）的資料，本節筆者將教各位使用 MongoDB（NoSQL
文件型資料庫），並使用它來即時儲存串列埠所接收的資料。

● 學習目標 ●

1. 了解 NoSQL 資料庫的幾種類型與功能
2. 了解如何在樹莓派安裝 MongoDB 資料庫伺服器
3. 了解如何使用終端機來操作 MongoDB 資料庫
4. 了解如何使用 Node-RED 來操作 MongoDB 資料庫

2.9.1 NoSQL 資料庫的幾種主流類型

傳統上，若要高效率的儲存資料，一般我們會使用如 MySQL、Oracle 或 SQL Server 等關聯式資料庫伺服器，但關聯式資料庫在使用前必須經過設計（設計資料表結構與資料表間鍵值的關聯性），而且資料庫一旦設計完成，日後若要重新擴充或是修改，將是非常麻煩且耗費資源的，因此，市場上誕生另一種型式的資料庫，叫作 NoSQL 資料庫，顧名思義，它不是傳統型的關聯式資料庫，使用 NoSQL 資料庫不需事先設計即可使用，在網路的世界，會遇到什麼類型的資料常常是無法事先預測的（也很難事先設計），就算是事先設計好的資料庫，日後也常常需要擴充或修改以滿足高度變化的網路需求，因此 NoSQL 這種高度彈性的資料庫架構就非常適合用來儲存來自於網路（或物聯網）的資料。

常見的 NoSQL 資料庫主要有 4 種類型：

- 索引鍵值型資料庫（Key-Value oriented database）
  使用 Key-Value 資料架構，取消了傳統關聯式資料庫採用的欄位架構，每筆資料各自獨立，因此具有分散式的特性與高擴充能力，如 Redis（Flickr 使用）、Memcached 與 Amazon Dynamo 等都是這類型的資料庫的實現。

- 文件型資料庫（Document oriented database）

  文件資料庫非常適合用來儲存跟管理非結構性資料，不需要指定文件將包含的欄位，以集合（Collection）的方式儲存，每個集合由多筆文件（Document）組成，每筆文件為 JSON 結構的資料型態。如 MongoDB、CouchDB、RavenDB 等都是這類型的資料庫的實現，本節也將使用 MongoDB 來進行示範。

- 圖表型資料庫（Graph oriented database）

  圖表型資料庫並不是專門用來儲存圖片的資料庫，而是運用圖學結構的方式來儲存資料，典型的應用場合是社群網路朋友關係資料的儲存，這種關係資料可以表示成節點之間連線的網狀結構，非常適合使用圖學結構來表示，因此應用圖形結構的方式來儲存這種類型的資料是高效的作法，常見的圖表型資料庫為 Neo4j、Hyper GraphDB、FlockDB（Twitter 使用）等。

- 欄式資料庫（Column oriented database）

  以行（column）儲存，將同一資料行儲存在一起，每一列結構同樣有一個 Key 值和任意數量的行欄位，常用於分散式檔案系統，如 Google BigTable、Hadoop Hbase 與 Cassandra（Facebook 使用）都是此類資料庫的實作。

2.9.2 在樹莓派 4B 上安裝 MongoDB

本節將使用 MongoDB 來進行演示，MongoDB 有 32 位元與 64 位元二種版本，由於本書使用的樹莓派 OS 為 32 位元的 Buster 版本，因此選擇 32 位元的版本來安裝，以下為安裝步驟：

STEP 1：打開樹莓派終端機，請先鍵入 sudo apt update 與 sudo apt upgrade 以下指令碼來更新 apt。

STEP 2：更新完成後，再鍵入以下指令碼安裝 MongoDB。

指令碼：

```
$ sudo apt install mongodb
```

 Tips

32 位元 MongoDB 有單一檔案 2GB 的限制，若各位想要安裝 64 位元
的 MongoDB，請參考：

https://www.mongodb.com/developer/products/mongodb/mongodb-
on-raspberry-pi/，筆者已用 64 位元的 Raspbian OS（Bullseye）驗證
可以成功安裝。

STEP 3：安裝完成後，在終端機下鍵入 mongo，即可使用終端機來操作
MongoDB。

```
pi@raspberrypi:~ $ mongo
MongoDB shell version: 2.4.14
connecting to: test
Server has startup warnings:
Wed Jan  4 09:17:07.230 [initandlisten]
Wed Jan  4 09:17:07.230 [initandlisten] ** NOTE: This is a 32 bit MongoDB binary.
Wed Jan  4 09:17:07.230 [initandlisten] **       32 bit builds are limited to less than 2GB of
data (or less with --journal).
Wed Jan  4 09:17:07.230 [initandlisten] **       See http://dochub.mongodb.org/core/32bit
Wed Jan  4 09:17:07.231 [initandlisten]
>
```

▲ 圖 2-9-1

從終端機訊息我們可以得知，我們安裝的是 MongoDB 32 位元的版本，版本
號為 2.4.14。

最後的 > 提示符號後,我們可以輸入指令來操作 MongoDB 資料庫,若要離開 MongoDB 的 Command-line 模式,按下 CTRL + C 即可。

 Tips

若各位想要在樹莓派開機時,系統就自動啟動 MongoDB,可以在終端機鍵入以下指令:

```
$ sudo systemctl enable mongod
```

若不要樹莓派開機時,自動啟動 MongoDB,可以使用以下指令:

```
$ sudo systemctl disable mongod
```

2.9.3 使用終端機來操作 MongoDB

MongoDB 是個 NoSQL 資料庫,它是應運網路大數據而生的資料庫類型,滿足資料庫需求的三個 V(Volume:大量;Velocity:高速;Variety:多樣性)。MongoDB 跟傳統關聯性資料庫相比有以下特點:

- 傳統關聯性資料庫由資料表(Table)組成,用資料表來儲存資料,一筆資料就是一列(Row)。

- MongoDB 資料庫由集合(Collection)組成,用集合來儲存資料(又稱作 Document),資料是以 JSON(鍵值對)來儲存。

- MongoDB 的資料(又稱作 Document),是 JSON 的格式,就像

```
{ "name" : "Jack Yeh" , "gender" : "male" , "age" : "40" }
```

為了熟悉資料庫的 CRUD 操作（CRUD：建立、讀取、更新、刪除），以下介紹 MongoDB 常用的重要指令：

- show dbs：查看所有資料庫
- use < 資料庫名稱 >：創建資料庫，使用（use）就等同創建（create）。
- db：顯示目前所在的資料庫
- db.< 資料集 >.insert({ "name"："jack yeh" })：插入資料。
- db.< 資料集 >.find()：顯示該資料集的所有資料，也可以是 find().pretty()，資料會以易讀的方式顯示。
- db.< 資料集 >.update(<query>,<update>)：更新已有的資料。
- db. < 資料集 >.drop()：刪除資料集。
- db. < 資料集 >.remove(<query>, {…})：刪除資料集。

以下我們重點式的帶領各位體驗一下如何使用終端機來操作 MongoDB。

STEP 1：打開樹莓派終端機，鍵入 mongo 來進入 MongoDB 的 command-line（命令列）模式。

STEP 2：鍵入 show dbs 來查看系統目前存在的所有資料庫，若各位初次安裝完 MongoDB，應該只會顯示一個 local 資料庫。

STEP 3：鍵入 db 來查看目前我們位於哪個資料庫，這時系統應該會告知你目前正在一個名為 test 的資料庫（系統預設產生）。（說明：show dbs 指令只會顯示內容不為空的資料庫，test 資料庫目前沒有任何資料，因此不顯示。）

STEP 4：此時鍵入 use mongo_rpi，就可以建立一個名為 mongo_rpi 的資料庫（指令 use 除了可以切換資料庫外，也可以用來建立資料庫。）

指令碼：

```
> use mongo_rpi
Switched to db mongo_rpi
```

STEP 5：此時，我們已經成功建立並切換到一個名為 mongo_rpi 的資料庫，鍵入以下指令創建一個名為 users 的資料集（Collection），並插入一筆資料（{ "name"："Jack Yeh" }）。

指令碼：

```
> db.users.insert({ "name"， "Jack Yeh" })
```

STEP 6：執行完畢後，我們已經成功的建立一個名為 users 的資料集，並且插入一筆資料。請鍵入以下指令來查看 users 資料集內的所有資料。

指令碼：

```
> db.users.find( )
```

```
> db.users.insert({"name": "Jack Yeh"})
> db.users.find()
{ "_id" : ObjectId("63b4eee09bd6cedfc013cf81"), "name" : "Jack Yeh" }
```

▲ 圖 2-9-2

 Tips

　"_id" 欄位的 12 位元組資料是由 MongoDB 隨機產生，由時間戳記、機器識別碼、程序 ID、計數器值等資訊組成，一般來説，我們不需要知道它是如何產生的。

STEP 7：我 們 再 加 入 一 筆 資 料（{ "name"："Meggy"，"gender"："Female" }），請鍵入以下指令碼，並且使用 db.users.find( ) 查看 users 資料集的所有資料。

指令碼：

```
> db.users.insert({ "name" ， "Meggy" ， "gender" ： "Female" })
```

```
> db.users.insert({"name": "Meggy", "gender": "Female"})
> db.users.find()
{ "_id" : ObjectId("63b4eee09bd6cedfc013cf81"), "name" : "Jack Yeh" }
{ "_id" : ObjectId("63b4f2aa9bd6cedfc013cf82"), "name" : "Meggy", "gender" : "Female" }
```

▲ 圖 2-9-3

STEP 8：這時若我們想要在第一筆資料新增一個 job 欄位，並且更新資料的話，可以鍵入以下指令。

指令碼：

```
> db.users.update({ "name" ， "Jack Yeh" }, {$set: { "job" ：
 "IT Writer" } })
```

STEP 9：執行完畢後，使用 db.users.find( ) 查看 users 資料集的所有資料，可以發現第一筆資料已經新增了 "job" 鍵，並且值更新為 "IT writer"。

```
> db.users.update({"name": "Jack Yeh"},{$set: {"job": "IT writer"} })
> db.users.find()
{ "_id" : ObjectId("63b4f2aa9bd6cedfc013cf82"), "name" : "Meggy", "gender" : "Female" }
{ "_id" : ObjectId("63b4eee09bd6cedfc013cf81"), "job" : "IT writer", "name" : "Jack Yeh" }
```

▲ 圖 2-9-4

STEP 10：假設我們想要刪除第二筆資料（{ "name"："Meggy"，"gender"："Female" }），可以鍵入以下指令，即可將該筆資料刪除。

指令碼：

```
> db.users.remove( { "name" , "Meggy" } )
```

STEP 11：我們也可以使用以下指令將整個資料集刪除。

指令碼：

```
> db.users.drop( )
```

STEP 12：若想要刪除整個資料庫，可以使用 use 指令先切換到該資料庫後，再用 db.dropDatabase() 指令刪除該資料庫。使用以下指令可以將剛剛所創建的 mongo_rpi 資料庫刪除。

指令碼：

```
> use mongo_rpi
switched to db mongo_rpi
> db.dropDatabase()
{ "dropped" : "mongo_rpi", "ok" : 1}
```

 Tips

> MongoDB 所支援的指令相當豐富，有興趣的讀者可以參考以下它的官方網站：https://www.mongodb.com/

2.9.4 使用 Node-RED 操作 MongoDB

接下來，進入樹莓派桌面環境，或使用 VNC 遠端連接樹莓派進入桌面環境，並打開終端機，啟動 Node-RED。

STEP 1：在終端機下鍵入：node-red

STEP 2：啟動 Node-RED 後，打開樹莓派的 Chromium 瀏覽器，在網址列貼上：http://127.0.0.1:1880/，並按下 Enter，則會進入 Node-RED 開發環境。

STEP 3：請按下右上角的 ▤ 符號，並選擇「Manage palette (節點管理)」，則會進入節點管理視窗，此時，我們需要安裝本次實驗所需套件：node-red-contrib-mongodb，因此，麻煩在安裝的頁面上，鍵入 mongodb，則會自動出現 node-red-contrib- mongodb 這個套件名稱，按下「install (安裝)」即可。

▲ 圖 2-9-5

STEP 4：若順利安裝完成，則將會在左邊元件庫的 storage（儲存）群組下找到 mongodb - node 這個元件，把它拉到工作區，並且到 common（共通）群組中，將 inject 與 debug 元件也一併拉進工作區，並將元件連接如圖 2-9-6。

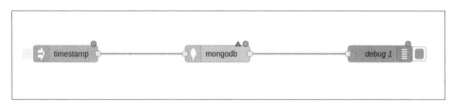

▲ 圖 2-9-6

STEP 5：請雙擊 mongodb 元件，將 Database 屬性設為 testdb，Collection 屬性設為 data，Operation 屬性設為 save。（説明：Operation 支援相當多資料庫操作行為，選擇 save 的目的為將資料儲存在資料庫。）

STEP 6：再雙擊 inject 元件，我們將使用測試字串" test" 送到 mongodb 元件，讓它將測試字串儲存到 testdb 資料庫的 data 資料集中，因此，請將 inject 元件內容設定如下。

- msg.payload = "test"

▲ 圖 2-9-7

STEP 7：按下 Deploy（部署），完成程式設計。

STEP 8：部署完成後，按下 inject 元件左邊的按鈕，連按三次，此時偵錯視窗應該會顯示以下資訊。

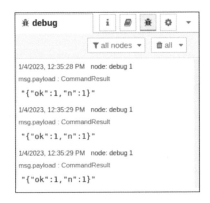

▲ 圖 2-9-8

三筆訊息 {"ok"：1,"n"：1} 代表三筆資料成功寫入資料庫，這時，我們可以用終端機，進入 MongoDB 的 Command-line 模式，使用以下指令查看 testdb 資料庫的 data 資料集。

指令碼：

```
> use testdb
switched to db testdb
> db.data.find( )
```

執行後可以發現資料集中多了三筆，內容為 {"payload"："test"} 的資料，這代表我們已經成功使用 Node-RED 將測試資料寫入 MongoDB 資料庫中。

2.9.5 使用 Node-RED 即時儲存串列資料到 MongoDB

我們在 2.6.3 節有教各位使用樹莓派接收來自 Arduino Uno 的串列訊號，接下來我們將使用與 2.6.3 節完全相同的串列埠設置，以每秒 10 筆資料的速度將 Arduino 所傳來的串列資料儲存在 MongoDB 中，並且使用 mongodb-node 元件來驗證資料是否已經確實儲存。

STEP 1：首先，各位可以直接將 Arduino 板子的 TX 接到樹莓派 GPIO15 （UART0 RX），Arduino 板子的 GND 接到樹莓派的 GND，使二者共地，如圖 2-9-9。

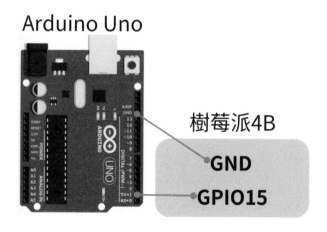

▲ 圖 2-9-9

STEP 2：開啟電腦的 Arduino 開發工具，並將以下程式碼燒入 Arduino Uno。

Arduino 程式碼：

```
void setup() {
    Serial.begin(9600);          //設定串列通訊Baud Rate為9600bps
}
void loop() {
```

```
    float t = micros()/1.0e6;     //取得即時秒數

    float xn = sin(2*PI*1*t);     //計算1Hz正弦波的瞬間值

    delay(100);                   //延時100ms, 可讓loop( )每秒執行10次

    Serial.println(xn);           //串列輸出正弦波值並加入換行字元
}
```

STEP 3：接 下 來，在 樹 莓 派 Node-RED 環 境 下，將 serial in 元 件 與 mongodb - node 元件連接起來，如圖 2-9-10，

▲ 圖 2-9-10

並將 serial in 元件屬性設定如下：

Serial Port：/dev/ttyAMA0

Baud Rate：9600

其它設定不變。

▲ 圖 2-9-11

再來請將 mongodb – node 元件的屬性設成如下：

- Database 屬性為 testdb
- Collection 屬性為 data
- Operation 屬性為 save

完成以上設定，按下 Deploy（部署），就可以將串列資料即時存入 MongoDB 資料庫中。

 Tips

各位在完成此步驟之前，可以先用 debug 元件連接 serial in 元件，來先行驗證串列資料是否有確實回傳。

STEP 4：再從左邊元件庫的 storage（儲存）群組拉入一個 mongodb - node 元件（這是工作區的第二個 mongodb-node 元件），並且到 common（共通）群組中，找到 inject 與 debug 元件，也一併拉進工作區，並將元件連接如圖 2-9-12。

▲ 圖 2-9-12

STEP 5：雙擊 mongodb - node 元件，將 Database 屬性設為 testdb，Collection 屬性設為 data，Operation 屬性設為 find。

STEP 6：按下 Deploy（部署），完成程式設計。

STEP 7：部署完成後，按下 inject 元件左邊的按鈕，此時偵錯視窗應該會輸出 testdb 資料庫的 data 資料集的所有資料，我們試圖展開其中一些內容，會發現，由 Arduino 回傳的正弦波幅值已經確實存入 MongoDB 資料庫中。

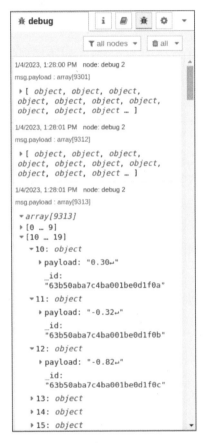

▲ 圖 2-9-13

■ 對 MongoDB 資料庫執行查詢功能

STEP 8：為了對 MongoDB 資料庫執行查詢功能，我們加入 function 群組中的 function 元件，並將它放在 inject 元件與 mongodb – node 元件之間，如圖 2-9-14。

▲ 圖 2-9-14

STEP 9：雙擊 function 元件，將以下程式碼加入：

程式碼：

```
//將資料從新到舊排列，若設成1，則為舊到新排列
msg.sort = {'_id':-1}
msg.limit = 10        //只顯示最新的10筆資料
return msg;
```

STEP 10：Deploy（部署）後，按下 inject 元件的左邊按鈕，可以發現偵錯視窗將會顯示 data 資料集最新的 10 筆資料。

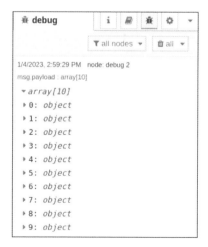

▲ 圖 2-9-15

Tips

若要執行查詢功能，可以將 msg.payload 設定為查詢字串（query）
的 JSON 物件，如：msg.payload = {'payload':'0.5'}，可以找出
data 資料集裏 payload（鍵）的值為 0.5 的所有資料。

關於 node-red-contrib-mongodb 元件用法的詳細說明，可以參考：
https://flows.nodered.org/node/node-red-contrib-mongodb

STEP 11：接下來我們使用 dashboard 群組的 chart 元件將儲存在資料庫的
最新資料畫出來，請再將 function 群組內的 function 元件與 dashboard 群組
的 chart 元件拉進工作區，並將新加入的 function 元件（function 2）連接在
mongodb – node 與 chart 元件之間，如圖 2-9-16 所示。（筆者此時已移除
debug 2 元件，讀者也可以保留它作為偵錯之用。）

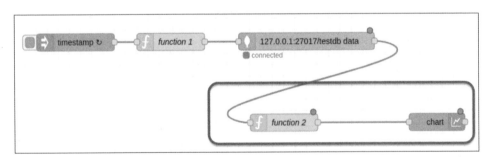

▲ 圖 2-9-16

STEP 12：由於 Arduino Uno 每隔 0.1 秒會傳回一筆資料，因此我們也需要使用 0.1 秒的觸發速度來將資料庫的資料送出給 chart 元件繪圖，因此請先雙擊 inject 元件，將其 Repeat 屬性設為每 0.1 秒觸發一次。

▲ 圖 2-9-17

> ▶注意
>
> STEP 3 所建立的方塊（圖 2-9-10），一直都在同一個工作區運行著，負責不斷的將串列資料存入 MongoDB 資料庫中。

STEP 13：請再雙擊 function 1 元件，將其程式內容修改如下：

程式碼：

```
msg.sort = {'_id':-1}   //將資料從新到舊排列
msg.limit = 1   //每次只顯示最新的1筆資料
return msg;
```

STEP 14：再來請先確認 mongodb – node 元件內容是否如下：

- Database 屬性為 testdb
- Collection 屬性為 data
- Operation 屬性為 find

若確認以上內容無誤，請再雙擊 function 2 元件，將其程式內容修改如下：

程式碼：

```
// 由於mongodb - node元件輸出的資料為陣列物件，每一個陣列元素下又有二個屬
性：_id跟payload，我們需要將物件下的payload屬性解析出來。
msg.payload = msg.payload[0].payload
return msg;
```

STEP 15：最後，雙擊 chart 元件，將其屬性設定如下：

- Group 屬性：[Home] Default
- X-axis 屬性：last 20 second
- Y-axis 屬性：min 設為 -1.2，max 設為 1.2

其它屬性保持不變，完成後按下 Deploy（部署），完成程式設計。

STEP 16：部署完成後，在樹莓派的 Chromium 瀏覽器再開一個新頁，在網址列打入：http://127.0.0.1:1880/ui 並進入網站，即可顯示如下的動態網頁。chart 元件顯示來自 Arduino 的正弦波資料，並且不斷更新。

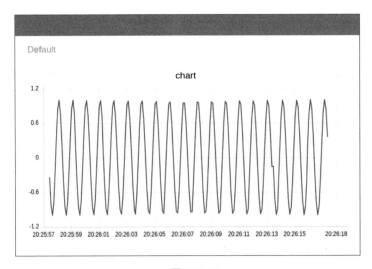

▲ 圖 2-9-18

2.9.6 本章相關影片連結

本章相關影片可以掃描以下的 QR 碼或是鍵入下方的網址，線上收看。

▲ 影片名稱：[老葉說技術 - 第 48 期] 5 分鐘搞
定：在樹莓派安裝 MongoDB 資料庫伺服器，並使
用 Node-Red 即時儲存串列數據
網址：https://youtu.be/NP6pSBe0fts

▲ 影片名稱：[老葉說技術 - 第 49 期] 5 分鐘搞
定：如何在 Mac m1 安裝 MongoDB 伺服器，並熟
悉如何操作 MongoDB 資料庫。
網址：https://youtu.be/Q1B_Jlezz3w

2.10　使用 Node-RED 存取 MongoDB ATLAS 雲端服務

在 2.9 節，我們為各位示範如何在樹莓派上安裝與操作 MongoDB，並且即時將資料儲存在本機端（記憶卡）資料庫，我相信這對於一般的資料儲存需求來說應該已經相當足夠了，但對於開發商業產品，若考量成本與可靠性，將檔案儲存在本機端（記憶卡或硬碟）通常需要額外的資料庫管理與維護成本，並且當資料庫需要擴充的時候，也會產生相當高昂的費用，此外，資料儲存在本機端也有遺失或損毀的危險，因此若要建構一個高度可靠性與擴充性的分散式資料庫系統，將資料儲存在雲端是一個相當符合實際的解決方案，本節將使用 MongoDB 官方所推出的雲端儲存服務 ATLAS，利用這個服務，可以將你的資料透過網路即時儲存在 MongoDB 的雲端資料庫上，並且配合豐富的線上工具，可以遠端對資料庫進行操作與繪圖，功能相當強大。

● 學習目標 ●

1. 了解如何註冊 MongoDB 雲端服務 ATLAS
2. 了解如何連接並使用 MongoDB 雲端服務 ATLAS
3. 了解如何使用 MongoDB 雲端工具繪製圖表

2.10.1　註冊並使用終端機連線 MongoDB 雲端服務 ATLAS

各位可以使用瀏覽器前往 MongoDB ATLAS 的網址：https://www.mongodb.com/atlas/database，進入網站後，會看到官網的畫面，圖 2-10-1。

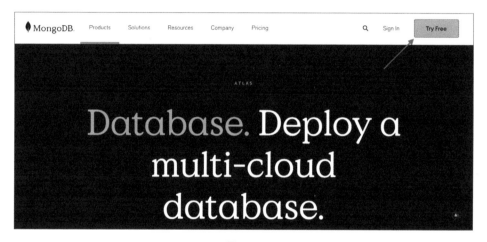

▲ 圖 2-10-1

STEP 1：首先，按下「Try Free」按鈕，可以註冊一個免費帳號，各位也可以用 Google 或 GitHub 的帳號來進行註冊認證，請各位先註冊一個免費帳號。（說明：一個免費帳號有 512MB 的容量可以使用。）

STEP 2：註冊完成後登入 MongoDB ATLAS，首先，會看到一個使用者儀表板畫面，請按下左上角 Project 0 右邊的倒三角形，選擇「New Project」建立一個新專案，名為「Atlas_rpi」。

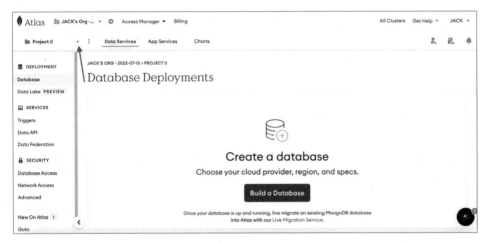

▲ 圖 2-10-2

STEP 3：專案建立完成後，會自動進入該專案，請按下「Build a Database」
建立新資料庫。

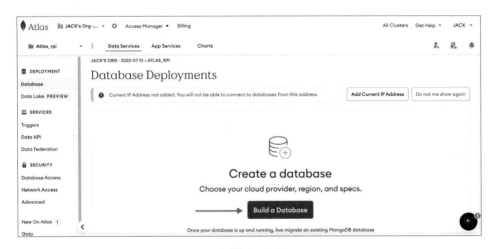

▲ 圖 2-10-3

STEP 4：此時會有三個方案可供選擇，請選擇最右邊的免費方案，按下
「Create」。

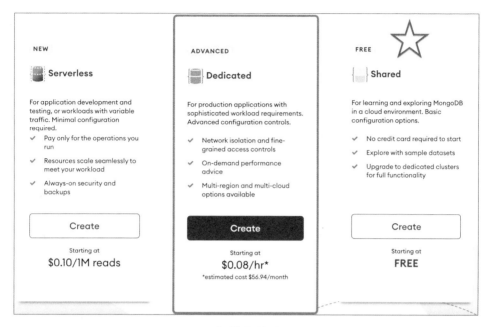

▲ 圖 2-10-4

STEP 5：接下來直接使用系統給你的預設值，按下「Create Cluster」完成資料庫建立。

 Tips

系統給筆者的預設值如下：

▶ Cloud Provider & Region：aws, HongKong

▶ Cluster Tier：M0 Sandbox (Shared RAM, 512MB Storage)

▶ Additional Settings：MongoDB 5.0, No Backup

▶ Cluster Name：Cluster 0

以上就是免費帳號能享受的功能與儲存額度，對於學習與測試來說應該是很夠用了，各位也可以使用它的付費版本，系統會依據功能與容量來計算費用。

STEP 6：接下來系統會要求你建立資料庫要用的帳號跟密碼，請先建立一組。

STEP 7：帳號密碼建立完成後，按下左邊欄的「Database」，可以看到我們剛建立的免費資料庫已經建立完成了。

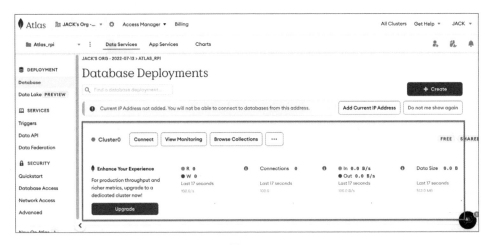

▲ 圖 2-10-5

STEP 8：按下左邊欄的「Database Access」，可以看到剛剛建立的使用者名稱，要確認一下剛建立的使用者的 MongoDB Roles 這個欄位（使用者權限）是否為 realWriteAnyDatabase@admin（說明：擁有完整權限，較方便後續測試），各位也可以在此新增多組使用者並給予適當權限。

STEP 9：按下左邊欄的「Database Access」可以加入允許存取的 IP 位址（說明：類似防火牆的功能，可以阻擋未經允許的 IP 位址），按下「Add IP Address」按鈕，會出現如圖 2-10-6 的視窗，此時可以加入允許存取的 IP 位址，若各位沒有一個固定的 IP 位址的話，請選擇「ALLOW ACCESS FROM ANYWHERE」（方便後續測試），並按下「Confirm」完成設置。

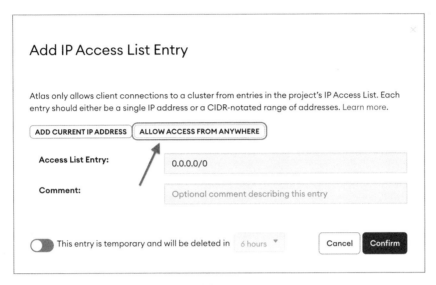

▲ 圖 2-10-6

STEP 10：若各位已經完成以上步驟的設置，接下來我們可以使用終端機來連接設置好的雲端 MongoDB，按下左邊欄的「Database」，按下「Connect」後，選擇「Connect with the MongoDB Shell」。

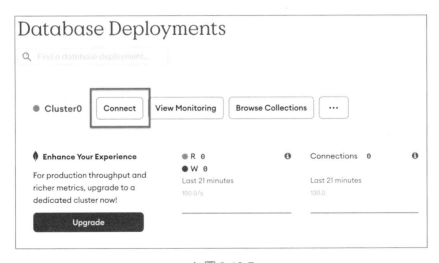

▲ 圖 2-10-7

STEP 11：此時會出現圖 2-10-8 的視窗，你可以選擇你目前所用的 OS，它會告訴你該如何使用終端機連線雲端 MongoDB 的步驟，若各位已經在電腦安裝好 MongoDB 的話，則 Mongosh 工具也會一併安裝（若沒有安裝的話，它也會告知你該如何安裝）。

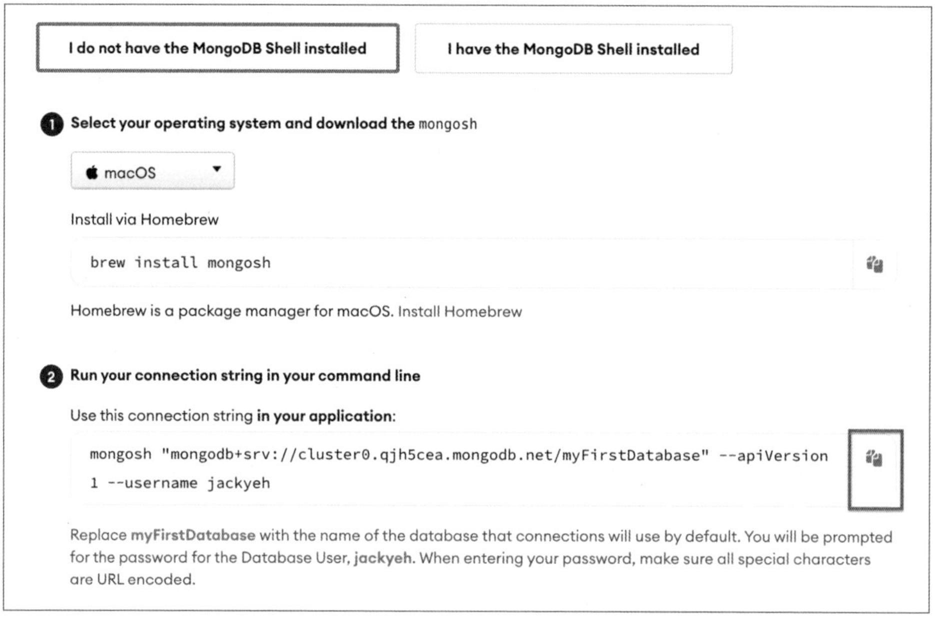

| I do not have the MongoDB Shell installed | I have the MongoDB Shell installed |

1 Select your operating system and download the mongosh

🍎 macOS ▼

Install via Homebrew

```
brew install mongosh
```

Homebrew is a package manager for macOS. Install Homebrew

2 Run your connection string in your command line

Use this connection string **in your application:**

```
mongosh "mongodb+srv://cluster0.qjh5cea.mongodb.net/myFirstDatabase" --apiVersion
1 --username jackyeh
```

Replace **myFirstDatabase** with the name of the database that connections will use by default. You will be prompted for the password for the Database User, **jackyeh**. When entering your password, make sure all special characters are URL encoded.

▲ 圖 2-10-8

若已經安裝好 Mongosh，請按一下畫面下方連線字串右邊的按鈕，將連線字串拷貝到剪貼簿。

STEP 12：請將終端機打開，將剪貼簿的內容貼上（請注意，字串後方一username 後面的內容請使用你建立的帳號名稱），按下 ENTER。

STEP 13：此時會要求你輸入密碼，輸入正確後，即可連接到雲端 MongoDB
資料庫。

```
jack@JackdeAir ~ % mongosh "mongodb+srv://cluster0.qjh5cea.mongodb.net/myFirstDatabase" --apiVe
rsion 1 --username jackyeh
Enter password: *******
Current Mongosh Log ID: 63b63c2ce5977aa5ad439a84
Connecting to:          mongodb+srv://<credentials>@cluster0.qjh5cea.mongodb.net/myFirstDatabas
e?appName=mongosh+1.4.2
Using MongoDB:          5.0.14 (API Version 1)
Using Mongosh:          1.4.2

For mongosh info see: https://docs.mongodb.com/mongodb-shell/

Atlas atlas-13g5zc-shard-0 [primary] myFirstDatabase>
```

▲ 圖 2-10-9

STEP 14：終端機的提示字元 > 右方可以輸入操作 MongoDB 的指令（可以
參考 2.9.3 節的內容），我們目前已經成功使用終端機連線 MongoDB 的雲端
服務了。

2.10.2 使用 Node-RED 操作 MongoDB 雲端資料庫

STEP 1：我們重新回到上一節的 STEP 10 步驟，按下左邊欄的「Database」，
再按下「Connect」後，這次選擇「Connect your application」，會出現
圖 2-10-10 畫面。此時先選擇所使用的程式語言，下方就會出現連接雲端
MongoDB 的範例程式碼（說明：若將「Include full driver code example」打
勾，則會出現完整程式碼）。

由於 Node-RED 是 Node.js 的圖形化版本，因此我們選擇 Node.js，版本選
4.1 or later，我們不將「Include full driver code example」打勾，因為我們
只需要下方這個連線字串即可，請先將連線字串複製到剪貼簿。

Setup connection security Choose a connection method **Connect**

1 Select your driver and version 選擇使用的程式語言

DRIVER	VERSION
Node.js ▾	4.1 or later ▾

2 Add your connection string into your application code

☐ Include full driver code example

連線字串

```
mongodb+srv://<username>:<password>@cluster0.qjh5cea.mongodb.net/?
retryWrites=true&w=majority
```

Replace <password> with the password for the <username> user. Ensure any option params are URL encoded.

Having trouble connecting? View our troubleshooting documentation

▲ 圖 2-10-10

STEP 2：我們檢視一下連線字串，它主要是由 4 個部分組成。

▲ 圖 2-10-11

STEP 3：接下來，進入樹莓派桌面環境，或使用 VNC 遠端連接樹莓派進入桌面環境，並打開終端機，在終端機下鍵入 node-red，啟動 Node-RED。

STEP 4：啟動 Node-RED 後，打開樹莓派的 Chromium 瀏覽器，在網址列貼上：http://127.0.0.1:1880/，並按下 Enter，則會進入 Node-RED 開發環境。

STEP 5：請按下右上角的 ▤ 符號，並選擇「Manage palette（節點管理）」，則會進入節點管理視窗，此時，我們需要安裝本次實驗所需套件：node-red-node-mongodb，因此，麻煩在安裝的頁面上，鍵入 mongodb，則會自動出現 node-red-node-mongodb 這個套件名稱，按下「install（安裝）」即可。

> **▶注意**
>
> 在 2.9 節，我們安裝的是 node-red-contrib-mongodb 元件，但若要遠端存取雲端 MongoDB，我們需要安裝 node-red-node-mongodb 元件。

STEP 6：若順利安裝完成，則你將會在左邊元件庫的 storage（儲存）群組下找到 mongodb in 與 mongodb out 二個元件，請將 mongodb in 與 mongodb out 一起拉入工作區，並加入二個 inject 元件（在 common（共通）群組中）與一個 debug 元件，並將元件連接如圖 2-10-12。

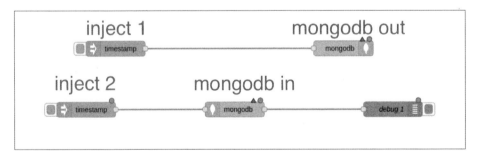

▲ 圖 2-10-12

STEP 7：首先，雙擊 mongodb out，將屬性內容設為如下：

- Host 屬性：cluster0.qjh5cea.mongodb.net（說明：主機位址）

- Connection Topology 屬性：DNS Cluster（mongodb+srv://）（説明：通訊協定）
- Connect Options 屬性：retryWrites=true&w=majority（説明：連線參數）
- Database 屬性：test_atlas（説明：可以設成你想要的資料庫名稱）
- Username 屬性：輸入帳號名稱
- Password 屬性：輸入密碼
- Collection 屬性：data1（説明：可以設成你想要的資料集名稱）
- Operation 屬性：Save（説明：執行儲存動作）

設定完成後，以上內容（除了 Collection 與 Operation 屬性）也會一併設定入 mongodb-in 元件。

STEP 8：雙擊 inject1 元件，將其 msg.payload 設定成 'hello atlas' 字串。

STEP 9：雙擊 mongodb-in 元件，將其 Collection 屬性設成 data1，將 Operation 屬性設定成 find。

STEP 10：按下 Deploy（部署），完成程式設計。

STEP 11：完成部署後，若 mongodb 的連接字串設定正確的話，在 mongodb-out 與 mongodb-in 元件的下方都會出現綠色的 connected 字樣，代表連線成功。（説明：若無法連線，麻煩檢查連線字串是否打錯。）

STEP 12：若已確認連線成功，請按下 inejct 1 元件左邊的按鈕三下，我們可以寫入三筆 'hello, atlas' 字串。

STEP 13：再來，按下 inejct 2 元件的左方按鈕，我們將 data1 資料集的所有資料輸出，各位會發現，偵錯視窗出現三筆我們剛剛寫入的資料。

▲ 圖 2-10-13

STEP 14：此時，我們可以回到 MongoDB ATLAS 儀表板，按下 Browse Collections 按鈕。

▲ 圖 2-10-14

STEP 15：我們會發現資料庫下多了 data1 這個資料集，資料集下也多了三
筆資料。其中一筆資料結構如下：

```
_id: ObjectId('63b654ea3c84461110bedde9')
_msgid: "1fc9b2b3f83bd2d1"
payload: "hello atlas"
topic: ""
```

▲ 圖 2-10-15

到此為止，我們已經成功的使用 Node-RED 完成 MongoDB 的雲端資料庫寫
入與讀取的驗證工作。

2.10.3 使用 MongoDB 雲端工具繪製折線圖

相信各位在 MongoDB 儀表板上應該看到有許多豐富的工具可以使用，在
2.9 節，我們是使用 Node-RED 的軟體元件來繪製圖形，接下來，筆者將帶
領各位使用 MongoDB ATLAS 的雲端圖表（chart）工具將我們儲存的資料畫
出來。

STEP 1：為了產生一些樣本資料來作繪圖演示，我們將使用一個能產生隨機
數的軟體元件，進入樹莓派 Node-RED 環境，請按下右上角的 ■ 符號，並
選擇「Manage palette (節點管理)」，則會進入節點管理視窗，此時，我們
需要安裝本次實驗所需套件：node-red-node-random，因此，麻煩在安裝的
頁面上，鍵入 random，則會自動出現 node-red-node-random 這個套件名
稱，按下「install (安裝)」即可。

STEP 2：若順利安裝完成，則你將會在左邊元件庫的 function（功能）群組
下找到 random 這個元件，請加入以下元件並且完成設定：

- Common（通用）群組的 inject 元件

- 加入 msg.time 變數，並將值設為 timestamp

▲ 圖 2-10-16

- Function（功能）群組的 random 元件
  - Generate 屬性：a whole number - integer
  - From 屬性：1
  - To 屬性：10
- Storage（儲存）群組的 mongodb out 元件（說明：除了將資料集設成 data2 外，其餘與上一節相同，在此請將 Operation 屬性設成 save。）

設置完成後，如圖 2-10-17 所示。按下 Deploy（部署），完成程式設計。

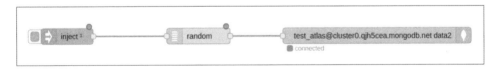

▲ 圖 2-10-17

STEP 3：部署完成後，按下 inject 元件左邊的按鈕 10 次，我們存入 10 筆隨機數到雲端資料庫，每筆資料還附有一個時間截記（timestamp）。

STEP 4：此 時，我 們 可 以 回 到 MongoDB ATLAS 儀 表 板，按 下 Browse Collections 按鈕，會發現資料庫下多了 data2 這個資料集，資料集下也多了十筆資料。

STEP 5：我們按下 MongoDB ATLAS 儀表板的「Charts」。

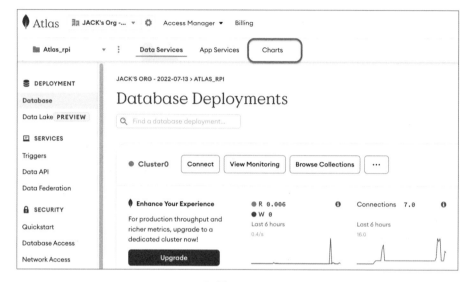

▲ 圖 2-10-18

STEP 6：再按下「Add Dashboard」，建立一個新的 dashboard，並將其命名為 chart 1。

STEP 7：再按下「Add Chart」按鈕，選置 data2 作為繪圖資料來源。

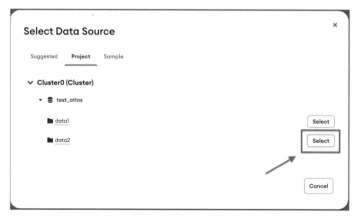

▲ 圖 2-10-19

STEP 8：接著各位會看到圖 2-10-20 的畫面。

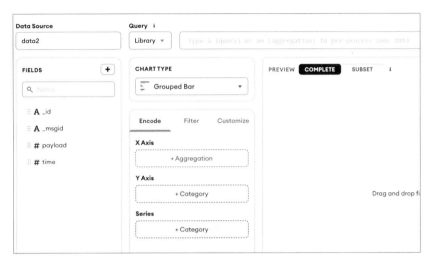

▲ 圖 2-10-20

STEP 9：請先選擇「CHART TYPE」為 Continuous Line，再將左邊的 time 欄位拖放至 X Axis 的方塊中，接著將 payload 欄位拖放至 Y Axis 的方塊中。此時右方的圖表將會自動將資料點繪成折線圖。

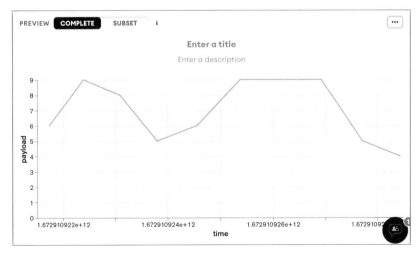

▲ 圖 2-10-21

MongoDB ATLAS 的線上工具相當豐富，繪圖的功能也很強大，各位可以更加深入研究跟使用。

2.10.4　本章相關影片連結

本章相關影片可以掃描以下的 QR 碼或是鍵入下方的網址，線上收看。

▲ 影片名稱：[老葉說技術 - 第 51 期] 5 分鐘搞定：使用樹莓派 + Node-Red 存取雲端 MongoDB（使用 MongoDB ATLAS）
網址：https://youtu.be/BjKuEfLH5vE

2.11 使用 Python 讀取 AMG8833 紅外線溫度感測器

本節我們將為各位示範如何在樹莓派上使用 Python 來操作 AMG8833 這款非接觸式的紅外線溫度感測器，AMG8833 可以在不接觸物體的情況下，使用紅外線來偵測物體溫度，最遠可偵測物體距離為 7 公尺，主要用於主動開關門控制與節能應用（偵測到人走近，才開啟電器），本節我們將使用 makersportal.com 官方範例來為各位示範 AMG8833 的功能。

● 學習目標 ●

1. 了解 AMG8833 的功能與規格
2. 了解如何使用樹莓派連接 AMG8833
3. 了解如何使用 Python 讀取 AMG8833 溫度資料，並即時畫出熱感應圖像。

2.11.1 AMG8833 規格與功能

常見的 AMG8833 模組如圖 2-11-1 所示，AMG8833 是一款非接觸式的紅外線熱感測器，它可以在不接觸物體的情況下，使用紅外線來偵測物體溫度，最遠可偵測物體距離為 7 公尺，主要用於主動開關門控制與節能應用（偵測到人才開啟電器），根據解析度與電壓，它有不同的型號，編碼如圖 2-11-2，根據型號，AMG8833 內建的紅外線熱感應影像感測陣列的解析度為 8（垂直）x 8（水平），總共 64 個像素點，輸入電壓為 3.3V。

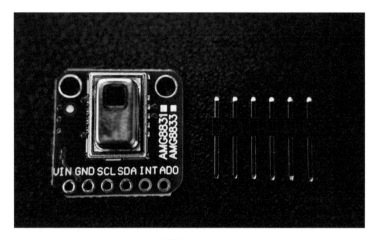

▲ 圖 2-11-1

（資料來源：https://makersportal.com/shop/amg8833-thermal-camera-infrared-array）

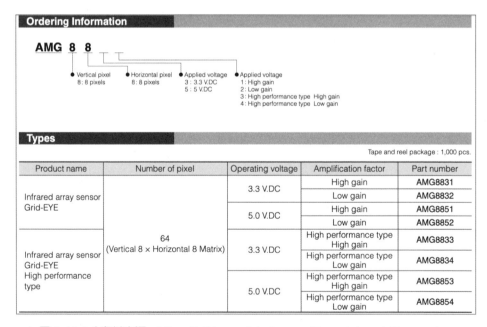

▲ 圖 2-11-2（資料來源：https://wiki.seeedstudio.com/Grove-Infrared_Temperature_
Sensor_Array-AMG8833/）

以下我們重點列出 AMG8833 的主要規格：

- MEMS 64-Pixel Infrared Thermopile Array (8x8 Grid)
- 3.3V - 5.0V 輸入電壓
- 量測溫度範圍：0℃ to 80℃（解析度為 0.25℃）
- 溫度準確度：± 2.5℃
- 電流消耗：0.2mA-4.5mA
- 取樣速度：1Hz（1 frame/s）- 10Hz（10 frame/s）
- 通訊介面：I²C（可設置位址：0x68 與 0x69）
- 內建熱敏電阻（用於環境溫度檢測）：
  - 溫度範圍：−20 ℃ 到 80 ℃
  - 檢測精度：0.0625 ℃

從規格可知，AMG8833 的紅外線溫度檢測準確度為 ± 2.5℃，因此可能不適合用於精確的人體溫度量測應用，但對於人體偵測或是工業溫度檢測來說，則是相當合適。

2.11.2 如何連接樹莓派與 AMG8833

▣ 準備材料

要進行本單元實作，需要以下材料：

1. 樹莓派 4B x 1
2. AMG8833 模組 x 1
3. 杜邦線若干 (備註：用來連接 DHT22 與樹莓派 IO 腳位，你也可以用其它連接線代替，但杜邦線較為方便，省時又省力)

AMG8833 的通訊介面為 I2C，因此在開始接線以前，請各位先確認是否已經將樹莓派的 I2C 功能打開。

STEP 1：進入樹莓派桌面環境，或使用 VNC 遠端連接樹莓派進入桌面環境，按下左上角的樹莓派圖示，選擇「偏好設定」下的「Raspberry Pi 設定」，如圖 2-3-3。

STEP 2：在 Raspberry Pi 設定視窗下，選擇「介面」，並確認 I2C 是否被「啟用」（注意：若原來是「停用」，選擇「啟用」後，需要重新啟動樹莓派。）

STEP 3：請將樹莓派與 AMG8833 連接如圖 2-11-3。

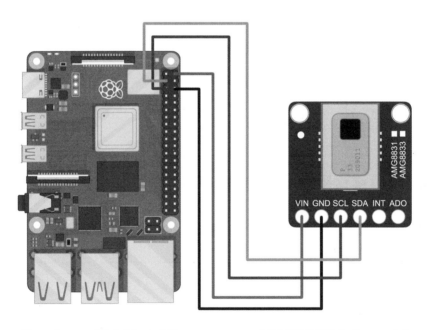

Raspberry Pi 4 Model B   AMG8833 Infrared Array

▲ 圖 2-11-3

（資料來源：https://makersportal.com/shop/amg8833-thermal-camera-infrared-array）

> ▶注意
>
> 由於 AMG8833 模組上有穩壓元件，因此可以連接 5V 或 3.3V，最後供
> 給 AMG8833 皆為 3.3V 電壓。

STEP 4：請打開樹莓派終端機，鍵入 i2cdetect -y 1 可以得到 AMG8833 的 I2C
位址，以筆者的 AMG8833 模組為例，顯示的位址為 0x69（見圖 2-11-4）。

```
pi@raspberrypi:~/8833/AMG8833_IR_cam-main $ i2cdetect -y 1
     0  1  2  3  4  5  6  7  8  9  a  b  c  d  e  f
00:          -- -- -- -- -- -- -- -- -- -- -- -- --
10: -- -- -- -- -- -- -- -- -- -- -- -- -- -- -- --
20: -- -- -- -- -- -- -- -- -- -- -- -- -- -- -- --
30: -- -- -- -- -- -- -- -- -- -- -- -- -- -- -- --
40: -- -- -- -- -- -- -- -- -- -- -- -- -- -- -- --
50: -- -- -- -- -- -- -- -- -- -- -- -- -- -- -- --
60: -- -- -- -- -- -- -- -- -- 69 -- -- -- -- -- --
70: -- -- -- -- -- -- -- --
```

▲ 圖 2-11-4

STEP 5：接下來，我們需要將 I2C 的通訊速率設成 400kHz（說明：這個速
率可以確保 AMG8833 可以使用每秒 10 frame 的速度更新資料），請開啟樹
莓派終端機，鍵入以下指令開啟硬體配置檔 /boot/config.txt

指令碼：

```
$ sudo nano /boot/config.txt
```

STEP 6：在檔案內找到 i2c_arm_baudrate 字串，並將它修改如下。（說明：
若沒有找到 i2c_arm_baudrate 字串，請直接加入以下內容），加入完成後按
下 CTRL ＋ X 存檔並離開，並重新啟動樹莓派。

```
i2c_arm_baudrate=400000
```

2.11.3 如何使用 Python 讀取 AMG8833

STEP 1：重啟完成後，將本節範例程式（目錄 2-11 下的 amg8833_i2c.py 與 IR_cam_test.py）拷貝到樹莓派，在執行之前，請各位在樹莓派終端機下分別鍵入以下指令，安裝 matplotlib 與 python3-gi-cairo 這二個套件。

指令碼：

```
$ pip3 install matplotlib
$ sudo apt install python3-gi-cairo
```

STEP 2：安裝完套件後，請在樹莓派桌面環境下，開啟終端機並執行 IR_cam_test.py（說明：mg8833_i2c.py 與 IR_cam_test.py 必須在同一個目錄，各位也可以在樹莓派上 Visual Studio Code 開啟 IR_cam_test.py，並直接執行），可以看到圖 2-11-5 的熱感應影像，它會以每秒 10 個 frame 的速度即時更新紅外線資料，同時終端機畫面也會即時印出感測器內建熱敏電阻的溫度值（如圖 2-11-6）。程式執行後，各位可以將感測器面向人體或熱源來測試功能是否正常。

Tips

若尚未在樹莓派上安裝 Visual Studio Code，請參考 1.3 節內容。

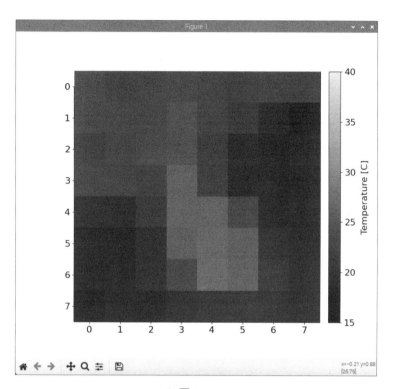

▲ 圖 2-11-5

```
Thermistor Temperature: 25.06
Thermistor Temperature: 25.06
Thermistor Temperature: 25.12
Thermistor Temperature: 25.06
Thermistor Temperature: 25.12
Thermistor Temperature: 25.06
Thermistor Temperature: 25.06
Thermistor Temperature: 25.06
Thermistor Temperature: 25.06
Thermistor Temperature: 25.06
Thermistor Temperature: 25.06
Thermistor Temperature: 25.06
Thermistor Temperature: 25.06
Thermistor Temperature: 25.12
Thermistor Temperature: 25.06
```

▲ 圖 2-11-6

STEP 3：目前各位執行的 Python 程式（IR_cam_test.py）應該跟 mg8833_
i2c.py 在同一個目錄下，檔案 mg8833_i2c.py 裏面包含所有與 AMG8833 相
關的函式與暫存器位址，由於篇幅有限，筆者就不對它的內容進行介紹，
若各位有興趣，可以參考 https://makersportal.com/blog/thermal-camera-
analysis-with-raspberry-pi-amg8833#python。

以下我將説明主程式 IR_cam_test.py 的內容。

Python 程式碼：

```
import time,sys
import amg8833_i2c  #載入amg8833_i2c模組
import numpy as np
import matplotlib.pyplot as plt
#初始化AMG8833
t0 = time.time()
sensor = []
while (time.time()-t0)<1:   #等一秒再開啟
    try:
        sensor = amg8833_i2c.AMG8833(addr=0x69)
    except:
        sensor = amg8833_i2c.AMG8833(addr=0x68)
    finally:
        pass
time.sleep(0.1)  # 等待0.1秒
if sensor==[]:   # 若沒有找到AMG8833，則離開程式
    print("No AMG8833 Found - Check Your Wiring")
    sys.exit();
#設定matplotlib.pyplot圖像元件格式
plt.rcParams.update({'font.size':16})  #設定字型大小為16
```

```
fig_dims = (9,9)
```

一次在figure上創建9 x 9的網格，ax為各個網格區，如ax[1,2]為第2列第3行的網格

```
fig,ax = plt.subplots(figsize=fig_dims)
pix_res = (8,8) #設定解析度（因為AMG8833的解析度為8x8）
zz = np.zeros(pix_res) #初始化件陣列(8x8)為零
im1 = ax.imshow(zz,vmin=15,vmax=40) #繪圖，並設定溫度上下限，也可以
```
設定成vmin=0,vmax=80

```
cbar = fig.colorbar(im1,fraction=0.0475,pad=0.03) #設colorbar
cbar.set_label('Temperature [C]',labelpad=10) #顯示colorbar標籤
fig.canvas.draw() #繪圖
ax_bgnd = fig.canvas.copy_from_bbox(ax.bbox) #將繪圖區不變的區域先儲
```
存，可以加速繪圖速度

```
fig.show() #顯示figure
```
#即時繪出AMG8833溫度圖像
```
pix_to_read = 64 # 總共64個像素點需讀取
while True:    #無限迴圈
                #讀取AMG8833所有64個像素點
status,pixels = sensor.read_temp(pix_to_read)
```
#若status=true，代表出現error，若出現error，則重新進入迴圈
```
if status:
continue
T_thermistor = sensor.read_thermistor() #讀取熱敏電阻溫度值
```
#將繪圖區不變的區域回復，加速繪圖速度
```
fig.canvas.restore_region(ax_bgnd)
```
#使用新的溫度值更新圖片
```
im1.set_data(np.reshape(pixels,pix_res))
ax.draw_artist(im1)    #再次繪圖
fig.canvas.blit(ax.bbox)    #blitting加速繪圖之用
```

```
fig.canvas.flush_events()    #清除圖形
#在終端機印出熱敏電阻溫度值
print("Thermistor Temperature: {0:2.2f}".format(T_thermistor))
```

 Tips

以上範例程式來自：https://makersportal.com/blog/thermal-camera-
analysis-with-raspberry-pi-amg8833#python

該網站也提供另一支內插法的 Python 程式，可以將熱影像顯示更加細
緻，各位可以直接執行本節另一支範例程式 IR_cam_interp.py。

2.12 使用 OpenCV 開啟網路攝影機與使用 基本影像處理演算法

OpenCV 是一個強大且開源的影像處理程式庫，它已受到全球影像處理專
業人士的認可，本節我們將在樹莓派上使用 OpenCV 來即時顯示連接在
樹莓派的網路攝影機（webcam）影像並且對影像進行基本的影像處理，
由於樹莓派 4 具備相當不錯的計算能力與硬體裝置週邊的控制能力，因
此可以將樹莓派視為影像處理單元與控制器二合一的嵌入式控制器，它可
以勝任許多影像辨識的任務，並根據影像處理的結果，驅動相關的硬體裝
置，在許多應用上這非常實用。在進入本節之前，各位請先完成 1.3 節
的安裝工作。

1. 了解如何在樹莓派使用網路攝影機（webcam）
2. 了解如何使用 Python 與 OpenCV 開啟網路攝影機並將圖像存檔
3. 了解如何使用 Python 與 OpenCV 將彩色影像轉成灰階影像
4. 了解如何使用 Python 與 OpenCV 將影像直方圖畫出
5. 了解如何根據影像直方圖二值化影像

2.12.1 在樹莓派使用網路攝影機

OpenCV 是一個強大且開源的影像處理程式庫，它已受到全球影像處理專業人士的認可，本節我們將在樹莓派上使用 OpenCV 來控制連接在樹莓派上的網路攝影機（webcam），並即時顯示影像串流，由於樹莓派 4 具備相當不錯的計算能力與硬體裝置週邊的控制能力，因此可以將樹莓派視為影像處理單元與控制器二合一的嵌入式控制器，它可以勝任許多影像辨識的任務，並根據影像處理的結果，驅動相關的硬體裝置，來進行相對的動作，在許多應用上這非常實用。

STEP 1：首先，在進入本節之前，各位請先將 OpenCV 與 Visual Studio Code 安裝完成（請參考 1.3 節內容）。

STEP 2：各位需要準備一個 USB 介面的網路攝影機（webcam），市面上有許多產品可供選擇，各位擇一即可，請將 webcam 連接樹莓派 USB 埠。

STEP 3：若要在樹莓派下使用網路攝影機，則需要安裝 fswebcam 這個軟體，請各位打開樹莓派終端機，並鍵入以下指令。
指令碼：

```
$ sudo apt install fswebcam
```

STEP 4：若 fswebcam 安裝完成，請鍵入以下指令碼測試是否能順利擷取 webcam 影像

指令碼：

```
$ fswebcam -r 1280x720 --no-banner image1.jpg
```

STEP 5：執行完畢後，各位應該可以在 /home/pi 目錄下找到 webcam 剛剛拍攝的影像檔 image1.jpg，若找到影像檔，代表 fswebcam 已經安裝成功了。

 Tips

各位也可以使用以下指令來查詢 webcam 所支援的影像格式

```
$ v4l2-ctl --list-formats-ext
```

2.12.2 使用 Python 擷取網路攝影機影像

STEP 5：接下來，請進入樹莓派桌面環境，在桌面上新建立一個目錄，名叫 Python_Opcv。

STEP 6：開啟 Visual Studio Code，到「File」→「Open Folder」，開啟剛剛在桌面建立的目錄 Python_Opcv。

STEP 7：在 Python_Opcv 目錄下新增一個檔案，名叫 cam_capture1.py。

STEP 8：在 cam_capture1.py 下輸入以下程式碼。

Python 程式碼：

```
import cv2   #引入OpenCV函式庫
cap = cv2.VideoCapture(0)   #打開編號為0的攝影機，
```

```
while(True):
    ret, frame = cap.read()          #讀取攝影機影像
    cv2.imshow('im_color', frame)    #顯示攝影機影像
    if cv2.waitKey(1) == ord('q'):   #判斷是否按下q鍵
        # 將當前影像存檔，檔名為im_grey.jpg
        out = cv2.imwrite('im_grey.jpg', frame)
        break          #離開迴圈
cap.release()。    #釋放攝影機資源
cv2.destroyAllWindows()     #關閉視窗
```

STEP 9：完成編輯後，存檔並按下右上角的三角執行按鈕，可以用 Visual Studio Code 直接執行 Python 程式碼。執行後，應該可以看到 webcam 的即時影像。

▲ 圖 2-12-1

STEP 10：由於我們使用的是彩色攝影機，因此 OpenCV 讀回來的影像也會是彩色的，若要將彩色影像轉成灰階影像，可以將程式碼改成如下。

Python 程式碼：

```
import cv2    #引入OpenCV函式庫
cap = cv2.VideoCapture(0)    #打開編號為0的攝影機，
while(True):
    ret, frame = cap.read()    #讀取攝影機影像
    # 將彩色影像轉換成灰階影像
    im_grey = cv2.cvtColor(frame, cv2.COLOR_BGR2GRAY)
    cv2.imshow('im_color', im_grey)    #顯示攝影機影像
    if cv2.waitKey(1) == ord('q'):    #判斷是否按下q鍵
        # 將當前影像存檔，檔名為im_grey.jpg
        out = cv2.imwrite('im_grey.jpg', im_grey)
        break    #離開迴圈
cap.release()。#釋放攝影機資源
cv2.destroyAllWindows()    #關閉視窗
```

STEP 11：執行修改後的程式，會發現即時影像變成灰階值了。在灰階影像中，每個像素值是 8 位元（0-255 的灰階值），

▲ 圖 2-12-2

在 OpenCV，彩色影像預設是由以 R（Red）、G（Green）、B（Blue）三個通道所組成的，可以使用 cv2.cvtColor() 函式實現色彩空間的轉換，表2-12-1 顯示幾個 cv2.cvtColor() 函式常用的轉換參數。

表 **2-12-1**

cv2.COLOR_BGR2GRAY	將 BGR 影像轉成灰階影像
cv2.COLOR_GRAY2BGR	將灰階影像轉成 BGR 影像
cv2.COLOR_BGR2YUV	將 BGR 影像轉成 YUV 影像
cv2.COLOR_YUV2BGR	將 YUV 影像轉成 BGR 影像

STEP 12：按下 q 鍵離開程式，此時程式會儲存離開程式前的最後一張即時影像，各位可以在 Python_Opev 目錄下，找到一個名為 im_grey.jpg 的檔案。此時在 Python_Opcv 目錄下再新增一個檔案，名叫 cam_imread.py，並輸入以下程式碼，可讀取 im_grey.jpg 檔案並且將影像的直方圖畫出。（說明：影像直方圖可以顯示灰階影像在 0-255 每一階的灰度值的像素數量，主要作為使用二值化影像時，選取門檻值的依據。）

程式碼：

```
import cv2
import matplotlib.pyplot as plt
im_grey = cv2.imread('im_grey.jpg')
cv2.imshow('im_grey', im_grey)
plt.hist(im_grey.ravel(), 256)
cv2.imshow('original_grey', im_grey)
plt.show()
```

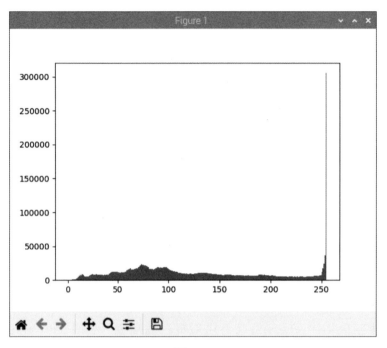

▲ 圖 2-12-3

 Tips

若讀入的是彩色影像，可以用以下程式將其轉換成灰階影像。

```
Im_color = cv2.imread( '彩色影像檔路徑')
im_grey = cv2.cvtColor(im_color, cv2.COLOR_BGR2GRAY)
```

2.12.3 如何根據影像直方圖二值化影像

從上一節的內容，我們知道如何將一個灰階影像的直方圖求出，接下來
為各位介紹一個圖像分割最基本卻極為重要的影像處理演算法：二值化
（Binarization），它可以把灰階影像轉換成二值影像（白與黑），將大於某個
灰度門檻值的像素灰度值設為灰度極大值（255），把小於門檻值的像素灰度
值設為灰度最小值（0），從而實現影像二值化。而這個門檻值就可以由影像
直方圖得到，接下來將為各位演示最基本的影像二值化方法。

STEP 1：本節將使用範例圖檔（位於 Python_Opcv/sample1.jpg）進行演
示，請在 Python_Opcv 目錄下新增一個檔案，名叫 sample1_hist.py，並在
sample1_hist.py 下輸入以下程式碼。

Python 程式檔：

```python
import cv2
import matplotlib.pyplot as plt
o = cv2.imread('sample1.jpg')
#將彩色影像轉成灰階影像
im_grey = cv2.cvtColor(o, cv2.COLOR_BGR2GRAY)
#顯示灰階影像
plt.subplot(1,2,1), plt.imshow(im_grey, cmap = 'gray')
plt.title('im_grey')
#顯示灰階影像直方圖
plt.subplot(1,2,2), plt.hist(im_grey.ravel(), 256)
plt.title('Histogram')
plt.show()
```

STEP 2：執行本程式將顯示 sample1.jpg 的灰階影像（圖 2-12-4 左）與灰
階影像的直方圖（圖 2-12-4 右）。

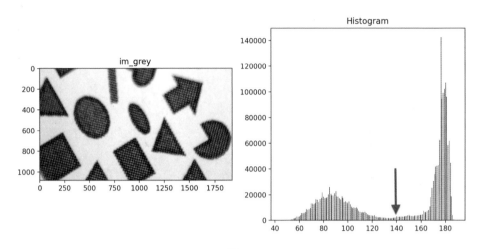

▲ 圖 2-12-4

___STEP 3___：從圖 2-12-4 的直方圖可以得知，若選擇灰度門檻值在 140 附近，可以將高灰度值群體（較亮）與低灰度值群體（較暗）成功的分成二個群體，因此，選定灰度值 140 來當作二值化門檻值。

___STEP 4___：請在 Python_Opcv 目錄下再新增一個檔案，名叫 sample1_binary.py，並在 sample1_binary.py 下輸入以下程式碼。

Python 程式碼：

```python
import cv2
import matplotlib.pyplot as plt
o = cv2.imread('sample1.jpg')
#將彩色影像轉成灰階影像
im_grey = cv2.cvtColor(o, cv2.COLOR_BGR2GRAY)
# 對灰階影像進行二值化
t, rst = cv2.threshold(im_grey, 140, 255, cv2.THRESH_BINARY_INV)
plt.subplot(1,2,1), plt.imshow(im_grey, cmap = 'gray')
plt.title('im_grey')
```

```
plt.subplot(1,2,2), plt.imshow(rst, cmap = 'gray')
plt.title('binary')
plt.show()
```

■ OpenCV 的二值化函式如下：

retval, dst = cv2.threshold(灰階影像，閾值，最大灰度值，使用的二值化方法)

以下說明各個參數值與回傳值：

- 灰階影像：為讀取的灰階影像檔
- 閾值：灰度門檻值
- 最大灰度值：一般為 255
- 使用的二值化方法：
  - cv2.THRESH_BINARY：小於閾值灰度設為 0，其它值設為最大灰度值。
  - cv2.THRESH_BINARY_INV：大於閾值灰度設為 0，其它值設為最大灰度值。
  - cv2.THRESH_TRUNC：大於閾值灰度設為閾值，小於閾值的值保持不變。
  - cv2.THRESH_TOZERO：小於閾值灰度設為 0，大於閾值的值保持不變。
  - cv2.THRESH_TOZERO_INV：大於閾值灰度設為 0，小於閾值的值保持不變。
- retval：回傳設定的門檻值（閾值）。
- dst：分割結果影像，與源影像相同大小與類型。

STEP 5：執行本程式，可以得到圖 2-12-5 的結果，左側為 sample1.jpg 的
灰階影像，右側為灰階影像的二值化結果（選定門檻值為 140），從結果可以
得知，我們根據直方圖選擇 140 的灰值門檻值，可以將原始影像轉換成有意
義的二值化結果。

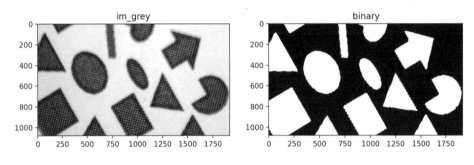

▲ 圖 2-12-5

2.12.4 本章相關影片連結

本章相關影片可以掃描以下的 QR 碼或是鍵入下方的網址，線上收看。

▲ 影片名稱：[老葉說技術 - 第 7 期] 如何使用
Visual Studio Code + Python + OpenCV 開啟 USB
攝影機
網址：https://youtu.be/NmZaCreRWZQ

2.13 使用 OpenCV 進行影像模板比對與物體輪廓檢測

在 2.12 節，筆者帶領各位進入 OpenCV 的世界，使用 Python 開啟 webcam 顯示即時影像，再將影像轉換成灰階值，並畫出影像直方圖，再根據影像直方圖設定灰度門檻值將影像二值化，以上皆為基本的影像處理技巧。本節筆者將帶領各位使用 OpenCV 來實現更進階的功能：影像模板比對與物體輪廓檢測，本節除了讓各位完全理解演算法的功能內涵外，也希望各位可以利用豐富的 OpenCV 函式，再拓展這二支程式的功能，進而創造出更高的價值。

● 學習目標 ●

1. 了解如何使用 OpenCV 實現影像追蹤功能
2. 了解如何使用 OpenCV 實現邊緣偵測功能

2.13.1 使用 OpenCV 實現影像模板比對

本節將使用 OpenCV 內建的模板比對函式（matchTemplate）來實現影像追蹤功能，我們需要準備一個標準的影像樣本來讓 OpenCV 根據樣本圖片來搜尋整張影像是否有類似的樣本出現，若搜尋到與樣本圖片吻合的區域，則用方框標註出來，以下為實作步驟。

STEP 1：首先，我們需要一張樣本圖片，在此，筆者希望攝影機能追蹤筆者兩眼的區域，因此需要準備一張眼睛的圖片，因此筆者使用 2.12 節的程式

碼，先儲存攝影機拍攝的原始彩色影像（圖 2-13-1 左側），再用影像編輯工具擷取原始影像的兩眼區域，並儲存成另一張獨立圖片，圖 2-13-1 右側為筆者擷取的二眼模板圖片，將模板圖片獨立存檔，檔名為 template_eyes.jpg，攝影機拍攝的原始影像也存檔，名為 orig_img.jpg，並將二者放在 Python_Opcv 目錄下。

原始影像

影像模板

▲ 圖 2-13-1

STEP 2：接下來，我們先用靜態圖片測試一下 OpenCV 的 matchTemplate 函式的效果，請在 Python_Opcv 目錄下新增一個檔案，名為 static_matchTemp.py，並輸入以下程式碼。

Python 程式碼：

```
import cv2
import matplotlib.pyplot as plt
o = cv2.imread('orig_img.jpg')  #讀入原始影像
#將原始影像轉換成灰階
img1 = cv2.cvtColor(o, cv2.COLOR_BGR2GRAY)
t = cv2.imread('template_eyes.jpg')  #讀入模板影像
#將模板影像轉換成灰階
temp1 = cv2.cvtColor(t, cv2.COLOR_BGR2GRAY)
```

```
th, tw = temp1.shape[::]  #得到模板影像的高跟寬
#使用模板比對函式，使用cv2.TM_SQDIFF比對法，rv為比對結果
rv = cv2.matchTemplate(img1, temp1, cv2.TM_SQDIFF)
#回傳比對結果，最小值、最大值，最小值的位置，最大值的位置
#最小值是指比對誤差最小（與模板影像最接近）的結果
minVal, maxVal, minLoc, maxLoc = cv2.minMaxLoc(rv)
#將比對到的影像位置抓出
topLeft = minLoc
bottomRight = (topLeft[0] + tw, topLeft[1] + th)
#將比對到的影像位置畫一個矩形框標出
cv2.rectangle(img1, topLeft, bottomRight, 255, 2)
#畫出模板影像
plt.subplot(1,2,1), plt.imshow(temp1, cmap = 'gray')
plt.title('template')
#畫出比對結果
plt.subplot(1,2,2), plt.imshow(img1, cmap='gray')
plt.title('matching result')
plt.show()
```

STEP 3：執行程式，若程式順利執行，可以見到如圖 2-13-2 右邊的比對結果（左邊為模板影像）。

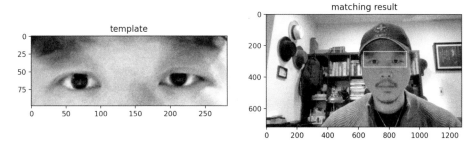

▲ 圖 2-13-2

從執行結果發現，OpenCV 的 matchTemplate 可以有效把輸入影像中最接近
模板影像的部分找出來。

STEP 4：驗證完 matchTemplate 函式後，接下來我們使用它來對 webcam
即時影像進行比對，請在 Python_Opcv 目錄下再新增一個檔案，名為 cam_
matchTemp.py，並輸入以下程式碼。

Python 程式碼：

```
import cv2
cap = cv2.VideoCapture(0)    #開啟攝影機
while(True):
    ret, frame = cap.read()    #讀入攝影機影像
    #將攝影機影像轉換成灰階
    im_grey = cv2.cvtColor(frame, cv2.COLOR_BGR2GRAY)
    t = cv2.imread('template_eyes.jpg') #讀入模板影像
    #將模板影像轉換成灰階
    template1 = cv2.cvtColor(t, cv2.COLOR_BGR2GRAY)
    th, tw = template1.shape[::]    #得到模板影像的高跟寬
    #使用模板比對函式，使用cv2.TM_SQDIFF比對法，rv為比對結果
    rv = cv2.matchTemplate(im_grey, template1, cv2.TM_SQDIFF)
    #回傳比對結果，最小值、最大值，最小值的位置，最大值的位置
    #最小值是指比對誤差最小（與模板影像最接近）的結果
    minVal, maxVal, minLoc, maxLoc = cv2.minMaxLoc(rv)
    #將比對到的影像位置抓出
    topLeft = minLoc
    bottomRight = (topLeft[0] + tw, topLeft[1] + th)
    #將比對到的影像位置畫一個矩形框標出
    #方框顏色可以修改第四個參數值
```

```
    cv2.rectangle(frame, topLeft, bottomRight, 255, 2)
    cv2.imshow('frame', frame)
    if cv2.waitKey(1) == ord('q'):
        out = cv2.imwrite('capture.jpg', im_grey)
        break
cap.release()
cv2.destroyAllWindows()
```

STEP 5：編輯完成後，執行程式，此時各位可以發現從 webcam 讀入的即時影像上會出現一個藍色方框，它會即時標出模板比對的最相似區域，如圖 2-13-3，筆者試著移動臉的角度，最大偏移角度為 40 度左右，OpenCV 的 matchTemplate 函式仍然能夠確實的比對到筆者的眼部區域。

▲ 圖 2-13-3

■ OpenCV 的模板比對函式格式如下：

Result = cv2.matchTemplate(源影像 , 模板影像 , 比對方法 [, mask])

以下說明各個參數值：

- 源影像：待比對影像檔

- 模板影像：模板影像，需與源影像同類型，尺寸需小於源影像

- 比對方法：主要支援以下 6 種比對方法

  ▪ Cv2.TM_SQDIFFF：以平方差為依據進行比對，若完全符合，比對
    值為 0，若不符合，則比對值很大。
  ▪ Cv2.TM_SQDIFF_NORMED：正規化的平方差比對
  ▪ Cv2.TM_CCORR：相關係數，此法會將源影像與模板影像相乘，
    若乘積較大，則比對程度高，若乘積為 0，則比對程度最低。
  ▪ Cv2.TM_CCORR_NORMED：正規化的相關係數，愈大愈相似。
  ▪ Cv2.TM_CCOEFF：去掉直流成分的相關係數，係數愈大愈相似。
  ▪ Cv2.TM_CCOEFF_NORMED：正規化的去掉直流成分相關係數，
    比對值被限制在 -1 到 1 之間，1 代表完全相同，-1 代表完全相
    反，0 代表無任何相關。

- mask：大部分情況使用預設值即可。

各位可以到以下網址找到 matchTemplate 函式的詳細資料 https://
docs.opencv.org/4.x/d4/dc6/tutorial_py_template_matching.html

2.13.2 使用 OpenCV 實現物體輪廓檢測

一般來說，我們可以使用如 Sobel、Scharr、Laplacian 或 Canny 等邊緣運算子來抓出影像中物體的邊緣，但邊緣僅僅是物體的一部分，在許多應用中，我們需要的是找出影像中的個別物件，而並非單純檢測邊緣，要如何才能做到呢？ OpenCV 的 cv2.findContours 函式可以幫我們達到目的，它可以幫我們抓出具有輪廓的物體，配合使用 cv2.drawContours 能夠將物體輪廓畫出。

請各位注意的是，輸入到 cv2.findContours 函式的影像必須為二值化影像，因此，若各位已經具備 2.12.3 節的基礎，相信各位可以輕鬆的完成本節的內容。

STEP 1：本節將使用與 2.12.3 節一樣的範例圖檔進行演示（圖檔位於 Python_Opcv/sample1.jpg），請在 Python_Opcv 目錄下新增一個檔案，名叫 sample1_contours1.py，並在 sample1_ contours1.py 下輸入以下程式碼。

Python 程式碼：

```
import cv2
import numpy as np
import matplotlib.pyplot as plt
#讀入sample1.jpg影像（原影像為彩色）
o = cv2.imread('sample1.jpg')
#將彩色影像轉成灰階影像
im_grey = cv2.cvtColor(o, cv2.COLOR_BGR2GRAY)
#將灰階影像二值化，灰度門檻值為140，與2.12.3節相同
t, binary_img = cv2.threshold(im_grey, 140, 255, cv2.THRESH_
BINARY_INV)
#尋找二值化影像中的物體輪廓
```

```
contours, hierarchy = cv2.findContours(binary_img, cv2.RETR_
EXTERNAL, cv2.CHAIN_APPROX_SIMPLE)
#將找到的物體輪廓繪出
cv2.drawContours(o, contours, -1, (0, 0, 255), 5)
#顯示原灰階影像
plt.subplot(1,2,1), plt.imshow(im_grey, cmap='gray')
plt.title('original gray image')
#顯示繪出輪廓的影像
plt.subplot(1,2,2), plt.imshow(o, cmap='gray')
plt.title('find contour result')
plt.show()
```

STEP 2：編輯完成後，執行程式，可以得到圖 2-13-4 的結果。如圖所示，
左側為原影像的灰階版本，右側影像則為在原影像上繪出物體輪廓的版本，
從結果得知，cv2.findContours 函式根據我們輸入的二值化影像精確的將所
有物體的輪廓找出，則後程式使用 cv2.drawContours 函式將所有找到的輪
廓畫出來。

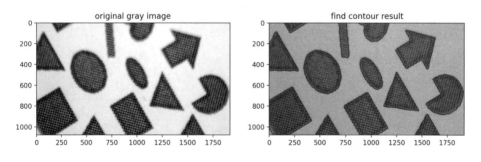

▲ 圖 2-13-4

STEP 3：我們也可以使用方框將完整的物體標註出來，請在 Python_Opcv

目錄下再新增一個檔案，名叫 sample1_contours2.py，並在 sample1_contours2.py 下輸入以下程式碼。

Python 程式碼：

```
import cv2
import numpy as np
import matplotlib.pyplot as plt
#讀入sample1.jpg影像（原影像為彩色）
o = cv2.imread('sample1.jpg')
#將彩色影像轉成灰階影像
im_grey = cv2.cvtColor(o, cv2.COLOR_BGR2GRAY)
#將灰階影像二值化，灰度門檻值為140，與2.12.3節相同
t, binary_img = cv2.threshold(im_grey, 140, 255, cv2.THRESH_
BINARY_INV)
#尋找二值化影像中的物體輪廓
contours, hierarchy = cv2.findContours(binary_img, cv2.RETR_
EXTERNAL, cv2.CHAIN_APPROX_SIMPLE)
n = len(contours)    #取得輪廓個數
for i in range(n):
    #為每個輪廓製作一個框住它的方框
    x,y,w,h = cv2.boundingRect(contours[i])
    brcnt = np.array([[[x, y]], [[x+w, y]], [[x+w, y+h]],
[[x, y+h]]])
    #在原影像上繪出方框，第四個參數為方框顏色
    #第五個參數為框線寬度
    cv2.drawContours(o, [brcnt], -1, (0, 0, 255), 5)
#顯示原灰階影像
plt.subplot(1,2,1), plt.imshow(im_grey, cmap='gray')
```

```
plt.title('original gray image')
#顯示輪廓方框的影像
plt.subplot(1,2,2), plt.imshow(o, cmap='gray')
plt.title('find contour result')
plt.show()
```

STEP 4：編輯完成後，執行程式，可以得到圖 2-13-5 的結果。如圖所示，左側為原影像的灰階版本，右側影像則為在原影像上繪出輪廓方框的版本，從結果得知，cv2.findContours 函式根據我們輸入的二值化影像精確的將所有物體的輪廓找出，則後程式使用 cv2.drawContours 函式將所有找到的輪廓，用方框標示出來。

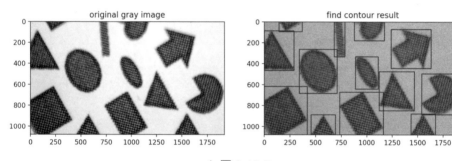

▲ 圖 2-13-5

■ OpenCV 的 findContours 函式格式如下：

Image, contours, hierarchy = cv2.findContours(源影像 , 模式 , 方法)

以下說明各個參數值與傳回值：

- 源影像：須為二值化影像（說明：一般來說，我們會對原始影像進行有效的分割或邊緣檢測，得到令人滿意的二值化影像後，再輸入給 findCountours 函式作為源影像參數。）
- 模式：輪廓檢索模式

- 方法：輪廓的近似方法
- image：與函式參數中的源影像一致
- contours：傳回的輪廓
- hierarchy：輪廓層次資訊

■ OpenCV 的 drawContours 函式格式如下：

Image = cv2.drawContours(待繪製輪廓影像 , 待繪製的輪廓 , 輪廓索引 , 繪製顏色 , 線條粗細值)

以下說明各個參數值與傳回值：

- 待繪製輪廓影像：請注意，cv2.drawContours 會直接在影像上繪製輪廓。
- 待繪製的輪廓：此參數類型與 cv2.findContours 回傳的 contours 相同。
- 輪廓索引：需要繪製的輪廓索引，若設為 -1，則繪製所有輪廓。
- 繪製顏色：繪製的顏色，用 RGB 格式表示。
- 線條粗細值：表示繪製輪廓線條粗細，若設為 -1，則會繪製實心輪廓。

各位可以到以下網址找到 findContours 與 drawContours 函式的詳細資料：https://docs.opencv.org/4.x/d4/d73/tutorial_py_contours_begin.html

2.13.3 本章相關影片連結

本章相關影片可以掃描以下的 QR 碼或是鍵入下方的網址，線上收看。

▲ 影片名稱：[老葉說技術 - 第 18 期] 一次搞懂：使用 Python 3 + OpenCV + WebCam 實現即時影像模板比對 (template match with Python 3 and OpenCV)
網址：https://youtu.be/RA5tejGFFV8

▲ 影片名稱：[老葉說技術 - 第 13 期] 5 分鐘搞懂：如何使用 Python + OpenCV 進行物體即時追蹤 (即時抓取工業攝影機影像之物體輪廓 Real-time find contours of objects)
網址：https://youtu.be/C0hRKS-KA7c

Arduino 編程技術與數位濾波器實作

知人者智，自知者明，勝人者有力，自勝者強。

——老子

3.1 如何編程 Arduino

第三章的內容，主要會為各位介紹如何使用 Arduino Uno 來實現數位濾波器，但在本節，筆者會先為各位重點式的介紹 Arduino 的編程方式，由於本書並非介紹 Arduino 編程的專書，筆者並不會使用如同第二章的方式，教各位將 Arduino Uno 控制板連接各種感測器，相較於樹莓派，Arduino Uno 的軟硬體架構相當簡單，因此本節筆者將會介紹 Arduino 開發工具的使用方法與常用功能，並列出所有 Arduino 硬體週邊（AI、AO、DI、DO）函式的使用方式，日後若各位想要快速上手 Arduino 的話，也可以查閱本節的內容。

● 學習目標 ●

1. 了解 Arduino 開發工具的功能與用法
2. 了解 Arduino 硬體週邊（DI、DO、AI、AO）函式的用法

3.1.1 Arduino 的編程工具 Arduino IDE

第三章的內容，主要會為各位介紹如何使用 Arduino Uno 來實現數位濾波器，但在本節，筆者會先為各位重點式的介紹 Arduino 的編程方式，由於本書並非介紹 Arduino 編程的專書，筆者並不會使用像第二章的方式，教各位將 Arduino Uno 控制板連接各種感測器，相較於樹莓派，Arduino Uno 的軟硬體架構並不複雜，因此本節筆者將會介紹 Arduino 開發工具的使用方法與

常用功能，並列出所有 Arduino 硬體週邊（AI、AO、DI、DO）函式的使用方式，日後若各位想要快速上手 Arduino 的話，也可以查閱本節的內容。

以下先重點介紹 Arduino 開發工具與使用方式。

STEP 1：若要開發 Arduino 程式，各位需先安裝 Arduino 的整合開發環境 Arduino IDE，請到 Arduino 官網 https://www.arduino.cc/en/software，下載並安裝 Arduino IDE。（說明：筆者安裝的版本是 Mac 版的 Arduino IDE，版本為 2.0.0-rc9.1，以下使用 Mac 版的 Arduino IDE 來作說明）

STEP 2：下載並安裝完成後，請開啟 Arduino IDE，並將你的 Arduino 控制板連接到電腦，到「Tools」→「Boards」，選擇正確的 Arduino 控制板型號，Arduino 控制板型號選擇正確後，再到「Tools」→「Port」，選擇正確的串列埠名稱。（說明：以筆者的 Arduino Uno R3 控制板為例，將它接上 MAC 電腦後，電腦會自動偵測一個名為 /dev/cu.usbmodem11101 的串列埠）

STEP 3：以上設置都完成後，到「File」→「New」，新增一個空白程式檔，即可開始編程。

以下說明 Arduino IDE 常會使用的功能：

- 若要燒錄程式，可以到「Sketch」→「Upload」，可以將程式編譯後燒入 Arduino 控制板。（說明：若選擇「Sketch」→「Verify/Compile」，程式會被編譯，但不會被燒錄進控制板）

- 若各位想要觀看範例程式，可以到「File」→「Examples」，裏面有相當多不同的範例可供學習。

- 若各位購入新的感測器，想要下載程式庫的話，可以到「Tools」→「Manage Libraries」，打入字串搜尋所需的程式庫並安裝。

- 若各位想要觀看 Arduino 回傳的串列資料的話，可以到「Tools」→「Serial Monitor」，設定正確鮑率後，即可觀看回傳的串列訊息。

- 也可以到「Tools」→「Serial Plotter」，它會將回傳的串列訊息畫成曲線，請參考以下 Arduino 程式碼（說明：參考 3.3 節內容）：

```
Serial.print(sensorValue);     //傳回類比電壓數位值
Serial.print(" ");
Serial.println(yn);            //傳回濾波結果
```

以上程式碼每次會回傳二組數據：sensorValue 與 yn（說明：注意二個數據點之間有空隔，最後一個數據點後會加入換行符號），因此 Serial Plotter 每次會在座標上畫出 sensorValue 與 yn 二個點，隨著 Arduino 不斷將更新值傳回，Serial Plotter 會將 sensorValue 與 yn 的二條曲線畫出。（說明：若要畫出更多組數據，請符合以上數據格式）

3.1.2 Arduino 硬體週邊函式語法

以下筆者依序列出 Arduino 的數位輸出入、類比輸出入與串列埠等函式的使用方式，Arduino Uno R3 腳位資訊可以參考圖 3-1-1。（說明：Arduino Uno R3 詳細硬體與功能說明請參考 1.1.2 節）

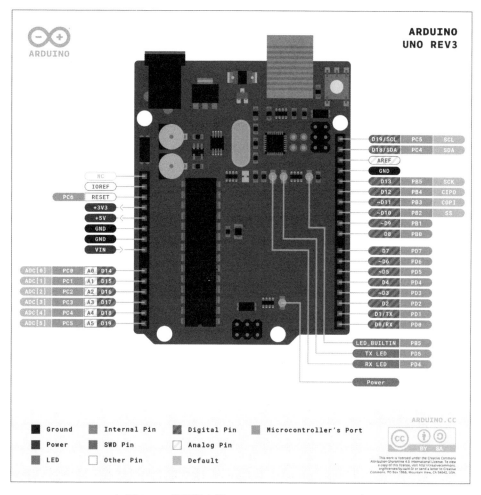

▲ 圖 3-1-1（資料來源：https://docs.arduino.cc）

▣ Arduino 數位輸出入函式

- pinMode(pin, mode) 設定腳位模式

  參數：

  Pin: 0-19（說明：A0 = 14、A1 = 15、A2 = 16、A3 = 17、A4 = 18、A5 = 19）

Mode: INPUT（說明：數位輸入）、OUTPUT（說明：數位輸出）、
INPUT_PULLUP（說明：數位輸入，啟動內部上拉電阻）

回傳：

無

範例：pinMode(10, OUTPUT); // 設定腳位 10 為數位輸出腳位

- digitalWrite(pin, value) 腳位數位輸出

  參數：

  Pin: 0-19（說明：A0 = 14、A1 = 15、A2 = 16、A3 = 17、A4 = 18、A5 = 19）

  value: HIGH（說明：高電位）、LOW（說明：低電位）

  回傳：

  無

  範例：digitalWrite(10, HIGH); // 設定腳位 10 輸出高電位

- digitalRead(pin) 讀取腳位狀態

  參數：

  Pin: 0-19（說明：A0 = 14、A1 = 15、A2 = 16、A3 = 17、A4 = 18、A5 = 19）

  回傳：

  若腳位接高電位則回傳 1，若腳位接低電位則回傳 0，boolean 資料型態

  範例：d10=digitalRead(10, HIGH); // 讀取腳位 10 狀態，將讀取結果放在 d10 變數

- pulseIn(pin, value) 讀取腳位從低電位變成高電位，或是高電位變成低電位經過多少毫秒

  參數：

  Pin: 0-19（說明：A0 = 14、A1 = 15、A2 = 16、A3 = 17、A4 = 18、A5 = 19）

  value: HIGH（說明：從低變高）、LOW（說明：從高變低）

回傳：

回傳經過多少 ms，資料型態為 unsigned long

範例：unsigned long t = pulseIn(3, LOW); // 設定腳位 3 從高電位變低電位經過多少毫秒

- Arduino 類比輸出入函式
  - analogRead(pin)

    從類比腳位讀取電壓值並轉換成 10 位元的整數值（0-1023），每次類比轉數位的時間約為 100ms

    參數：

    Pin: A0-A5（for Arduino Uno）

    回傳：

    0-1023，資料型態為 int

    範例：ad1 = analogRead(A1); // 讀取腳位 A0 的輸入電壓

  - analogWrite(pin, value)

    令腳位輸出佔空比為 (value/255)*100% 的 PWM 方波

    參數：

    Pin: 3、5、6、9、10、11（說明：3、9、10、11 腳位的 PWM 載波為 490Hz；5、6 腳位的 PWM 載波為 980Hz）

    value: 0-255

    回傳：

    無

    範例：analogWrite(5, 127); // 令腳位 5 輸出佔空比為 50% 的 PWM 方波

- Arduino 串列通訊函式
  - Serial.begin(speed)

    初始化串列埠，並設定鮑率為 speed，一般放在 setup() 函式中

    參數：

speed: 傳輸鮑率

回傳：

0-1023，資料型態為 int

範例：Serial.begin(9600); // 設定串列埠鮑率為 9600bps

- Serial.print(val) / Serial.print(val, format)

  串列埠輸出資料

  參數：

  val: 要傳送內容

  format: 傳送格式

  回傳：

  傳送的位元組數量

  範例：

  Serial.print("Hello"); // 傳送字串"Hello"

  Serial.print(3.14159); // 傳送小數 3.14 (預設只會傳送到小數點 2 位)

  Serial.print(3.14159, 5); // 傳送小數 3.14159

  Serial.print(10, HEX); // 轉換成 16 進位，傳送"A"

- Serial.println(val) / Serial.println(val, format)

  用法與 Serial.print() 相同，只是串列埠輸出資料 + 換行符號

  參數：

  val: 要傳送內容

  format: 傳送格式

  回傳：

  傳送的位元組數量

  範例：

  Serial.println("Hello"); // 傳送字串"Hello"後換行

  Serial.println(10, HEX); // 轉換成 16 進位，傳送"A"後換行

3.2 使用 Arduino 實現一階低通濾波器

對於嵌入式系統的開發者而言,除了使用最常見的 GPIO 來讀取數位訊號外,一般也常會使用類比輸入(`analog input`)來讀取外部電壓訊號(一般來自感測器),我們的程式會根據輸入訊號來判斷環境的狀態,並作相對應的處理,但這些讀入的訊號都是屬於時域(`time domain`)訊號,但若這些訊號中含有雜訊(`noise`)的話,則會嚴重影響程式的判斷結果,因此實務上我們會使用濾波器將不需要的雜訊濾除,只保留真正需要的訊號,因此,本節將會教各位如何使用 Arduino Uno 來實現數位濾波器,筆者會帶領各位使用 Python 進行濾波器的設計,再用 Arduino 來實現它,最後再使用訊號產生器來驗證我們的設計是否有效。

• 學習目標 •

1. 了解數位濾波器的設計流程
2. 了解如何使用 Python 來設計濾波器
3. 了解如何使用 Arduino 來實現數位濾波器
4. 了解如何驗證數位濾波器的性能

3.2.1 使用 Arduino 實現一階數位低通濾波器

▣ 類比濾波器設計

我們先回顧一下,在 2.5.2 節我們有教各位如何用一個電阻跟電容設計一個一階低通濾波器(類比型式)來將 PWM 的高頻成分濾除,只保留直流成分訊號,如圖 3.2.1。

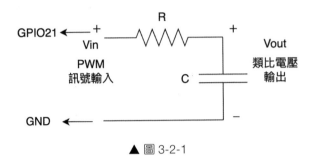

▲ 圖 3-2-1

一個標準的一階低通濾波器（類比型式）的通式如下：

$$一階低通濾波器通式 = \frac{\omega_c}{s + \omega_c} = \frac{1/RC}{s + 1/RC}$$

濾波器的截止頻率為

$$\omega_c = 1/(RC)，f_c = \omega_c/2\pi$$

在 2.5.2 節，我們使用 4.7kΩ 的電阻，220uF 的電容，來實現一個類比型
式的一階低通濾波器，讓它的截止頻率 ω_c 為 0.967(rad/s)，因此讓頻率高於
0.967(rad/s) 的訊號成分被衰減，來達到濾波的目的。

👤 說明：

ω_c（單位：rad/s）與 f_c（單位：Hz）都稱作截止頻率，只是二者單位不
同，$\omega_c = 0.967(rad/s)$ 對應的 f_c 為 0.153（Hz）。

我們可以利用以下的 Python 程式畫出濾波器的波德圖（圖 3.2.2）。

```
import numpy as np
import matplotlib.pyplot as plt
import control
R = 4700; C = 220e-6
```

```
G = control.tf([1], [R*C, 1])
w = np.logspace(-1.5,3,200)
mag,phase,omega = control.bode(G, w, Hz=True, dB=False, deg=True)
plt.show()
```

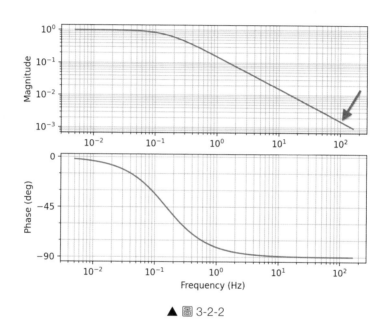

▲ 圖 3-2-2

從波德圖的大小圖（圖 3-2-2 上方部分）可以知道特定頻率成分的衰減率，從圖中可以得知，100Hz 的頻率成分將會被衰減成將近是原來的一千分之一。若濾波器的衰減率未達要求，則需要重新選擇電阻與電容值，再畫出新的波德圖，看是否滿足需求（注意：為了節省篇幅，在此先不討論相位圖），以上就是一個典型類比低通濾波器的設計方式。

▣ 數位濾波器的設計

本節要實現的是數位濾波器，而非類比濾波器，數位跟類比濾波器的主要差別是：數位濾波器可以用軟體（或是 FPGA）來實現，修改容易（成本極為

低廉）；類比濾波器只能用電子元件來實現，一旦實體化後，難以修改（或
是修改成本非常高昂）。在全面數位化的現代，幾乎所有的電子產品都是使
用數位濾波器來進行訊號的處理，只有少數產品，如電源供應器的後級濾
波，或某些音響的功率放大器仍然使用類比濾波器外，我們現在幾乎很難看
到類比濾波器的蹤跡。

STEP 1　設計類比濾波器

STEP 2　將類比濾波器數位化

STEP 3　求出數位濾波器的差分方程式

STEP 4　使用微控制器實現差分方程式

STEP 5　驗證濾波器性能

▲ 圖 3-2-3

圖 3-2-3 為一個典型數位濾波器的設計流程，前面所介紹的內容只是設計流
程的 STEP 1 跟 STEP 5，實現數位濾波器還需要 STEP 2 到 STEP 4，以下
筆者將帶領各位一步一步從 STEP 1 到 STEP 5 完整的做過一遍。

首先，我們考慮一個輸入訊號 V_{in} 如下：

$$V_{in} = \sin(2\pi \times 2 \times t) + \sin(2\pi \times 50 \times t)$$

它是由一個 2Hz 的正弦波與一個 50Hz 的正弦波疊加而成（見圖 3-2-4 上方
部分），我們希望能設計一個低通濾波器將頻率 50Hz 的成分濾除，只留下
2Hz 的正弦波成分（見圖 3-2-4 下方部分）。

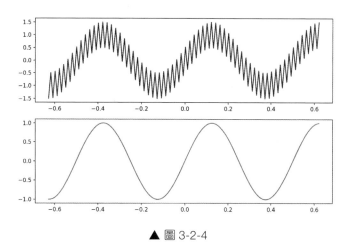

▲ 圖 3-2-4

STEP 1：（設計類比濾波器）

首先我們先考慮一個一階低通濾波器通式，我們先選定截止頻率 f_c 為 5Hz，則 ω_c=2π×5=31.42 (rad/s)，則設計的一階低通濾波器的類比型式為：

$$Analog\ LPF = \frac{31.42}{s + 31.42}$$

我們使用 Python 將它的波德圖畫出。

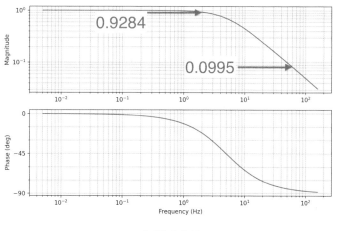

▲ 圖 3-2-5

> 👤 **說明：**
>
> 使用濾波器，必定會有相位延遲問題，本書篇幅有限，在此我們暫不討論相位延遲的問題，因為在許多實務的應用場合，我們關注的常常是信號的大小，並非相位。

筆者在波德圖上標出，2Hz 訊號與 50Hz 訊號的衰減率，由於一階低通濾波器的過渡帶（transition band）過於平緩，為了兼顧原訊號能最大程度不被衰減，並且將高頻訊號最大程度衰減，因此筆者在此選擇 5Hz 的截止頻率，但也因此讓我們想要保留的訊號（2Hz）衰減了 7.16%（説明：(1-0.9284)*100% = 7.16%），這個對於使用一階低通濾波器來説，是不可避免的，從圖上也可以知道，50Hz 的訊號將可以被衰減成原來的 0.0995 倍，在此我們先以此設計展開以下設計步驟。

STEP 2：（將類比濾波器數位化）

接下來我們需要將設計的類比濾波器數位化，在此我們不談太多理論的部分，各位可以使用以下 Python 程式將濾波器數位化。

```
from scipy import signal
import numpy as np
import matplotlib.pyplot as plt
wc = 2 * np.pi * 5        #截止頻率wc
num = wc                  #轉移函數分子
den = [1, wc]             #轉移函數分母
LPF = signal.TransferFunction(num, den)    #類比濾波器
dt = 1/1000               #設定取樣時間1ms
#將類比濾波器轉換成數位濾波器（使用bilinear法）
dLPF = LPF.to_discrete(dt, method='gbt', alpha=0.5)
print(dLPF)               #印出數位濾波器參數
```

> **👤 說明：**
>
> 取樣時間 dt 設為 1ms，代表我們使用微控制器實現這個濾波器時，要用固定 1ms 的週期來執行濾波器運算。

執行完本程式後，會得到以下結果：

程式執行結果：

```
TransferFunctionDiscrete(
array([0.01546504, 0.01546504]),
array([ 1.        , -0.96906992]),
dt: 0.001)
```

其中，分子參數為 [0.01546504, 0.01546504]
分母參數為 [1, -0.96906992]

它們對應到以下這個數位濾波器 Z 轉換通式的分子（$b_0, b_1, b_2, \cdots$）與分母（$a_1, a_2, \cdots$）的各項系數。

$$H(z) = \frac{Y(z)}{X(z)} = \frac{b_0 + b_1 z^{-1} + b_2 z^{-2} + \cdots}{1 + a_1 z^{-1} + a_2 z^{-2} + \cdots}$$

因此，可以知道：

$$b_0 = 0.01546504, \ b_1 = 0.01546504, \ a_1 = -0.96906992$$

STEP 3：（求出數位濾波器的差分方程式）

得到分子跟分母的系數後，我們需要將它們化成差分方程式，因此，我們需要知道上面這個數位濾波器 Z 轉換通式 *H(z)*，它可以化成以下的差分方程式

$$y[n] = -a_1 y[n-1] - a_2 y[n-2] + \cdots + b_0 x[n] + b_1 x[n-1] + b_2 x[n-2] + \cdots$$

我們將得到的參數 b_0，b_1 與 a_1 代入，可以得到以下這個差分方程：

$$y[n] = 0.969 \times y[n-1] + 0.0154 \times x[n] + 0.0154 \times x[n-1]$$

到此我們已經得到數位濾波器的差分方程式了，接下來我們就可以使用
Arduino 將它實現出來。

👤 說明：

$y[n]$ 與 $y[n-1]$ 的差別在於 $y[n-1]$ 代表 $y[n]$ 在上一次採樣週期的計算結
果。

STEP 4：（使用微控制器實現差分方程式）

接下來我們使用 Arduino Uno R3 的控制板來實現我們設計的一階低通數位
濾波器，開啟電腦的 Arduino 開發工具，並將以下程式碼燒入 Arduino Uno。

Arduino 程式碼：

```
float xn1 = 0; // = x[n-1]
float yn1 = 0; // = y[n-1]
void setup() {
    Serial.begin(115200);  //Baud rate設定為115200bps
}
void loop() {
    float t = micros()/1.0e6; //取得即時秒數
    //模擬輸入訊號
    float xn = sin(2*PI*2*t) + sin(2*PI*50*t);
    //實現數位濾波器的差分方程式
    float yn = 0.969*yn1 + 0.01546*xn + 0.01546*xn1;
    xn1 = xn;   //記錄目前的x值，當作下一次計算的x[n-1]
```

```
yn1 = yn;   //記錄目前的y值，當作下一次計算的y[n-1]
Serial.print(xn);
Serial.print(" ");
Serial.println(yn);
// 延遲1ms，可以讓loop()用固定1ms的週期來執行
delay(1);
}
```

STEP 5：（驗證濾波器性能）

■ 使用模擬訊號作驗證

若程式順利燒入 Arduino Uno，請開啟 Arduino IDE 的「序列繪圖家」（說明：請到「工具」 開啟「序列繪圖家」），開啟後，請將左下角的 Baud rate 設定成 115200，設定完成後，各位應該可以看到如圖 3-2-6 的結果，藍色波形為我們模擬的輸入訊號（2Hz 的正弦波疊加一個 50Hz 的正弦波），紅色波形則為經過低通濾波後的訊號。

從紅色波形我們可以看到，50Hz 的成分已經被大幅去除了，但可以發現仍有小部分的 50Hz 訊號疊加在 2Hz 的訊號上，這是因為一階低通濾波對 50Hz 成分的衰減率有限（只能衰減約 90%，但仍有 10% 存在）。

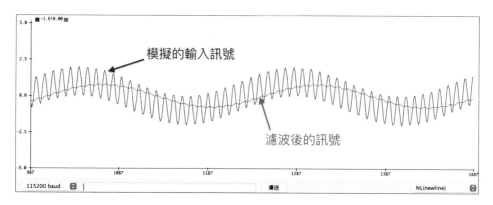

▲ 圖 3-2-6

■ 使用真實訊號（由訊號產生器產生）作驗證

接下來使用真實的物理訊號來作驗證，我們使用 NI 的 myDAQ 來作為訊號產生器，來產生輸入訊號，並且使用 Arduino A0 來讀入 V_{in}，並使用串列埠繪圖將濾波結果呈現出來。圖 3-2-7 為硬體接線圖。

> 👤 說明：
>
> NI myDAQ 它是一個 NI（美商國家儀器）推出的可攜式的資料擷取卡與量測儀器，使用 NI myDAQ 自帶的軟體，就可以將 myDAQ 作為訊號產生器、示波器、頻譜分析儀、電表等儀器使用，非常實用。可以參考：https://www.ni.com/zh-tw/shop/engineering-education/portable-student-devices/mydaq/what-is-mydaq.html

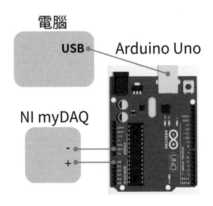

▲ 圖 3-2-7

我們會使用 Arduino Uno 的 A0 腳位來讀取類比訊號，由於 Arduino Uno 類比輸入只能讀取 0-5V 的電壓訊號，並將其轉換成 10 位元（0-1023）的整數值，所以我們需要將輸入的電壓訊號加入一個 2V 的直流值（說明：不影響濾波結果），讓整體的訊號準位能大於 0V，因此我們將輸入電壓修改成 V_{in} =

$\sin(2\pi \times 2 \times t) + \sin(2\pi \times 50 \times t) + 2$，並使用 NI myDAQ 產生輸入電壓訊號，使用示波器來觀看 myDAQ 產生的輸入訊號（見圖 3-2-8）。

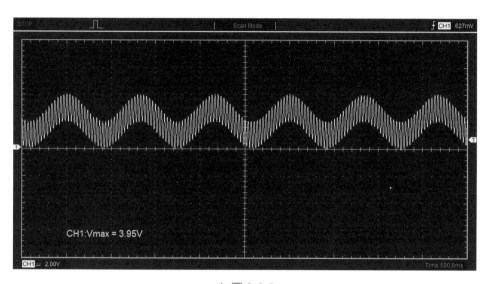

▲ 圖 3-2-8

接下來請將以下程式碼燒入 Arduino Uno。

Arduino 程式碼：

```
int sensorPin = A0;    //使用A0腳位
int sensorValue = 0;   //初始化數位值
float xn1 = 0; // = x[n-1]
float yn1 = 0; // = y[n-1]
void setup() {
    Serial.begin(115200);   //Baud rate設定為115200bps
}
void loop() {
    //從A0腳位讀取類比電壓訊號
    sensorValue = analogRead(sensorPin);
```

```
    float xn = sensorValue;
    //實現數位濾波器的差分方程式
    float yn = 0.969*yn1 + 0.01546*xn + 0.01546*xn1;
    xn1 = xn;   //記錄目前的x值，當作下一次計算的x[n-1]
    yn1 = yn;   //記錄目前的y值，當作下一次計算的y[n-1]
    Serial.print(sensorValue);   //傳回類比電壓數位值
    Serial.print(" ");
    Serial.println(yn);          //傳回濾波結果
    // 延遲1ms，可以讓loop()用固定1ms的週期來執行
    delay(1);
}
```

若程式順利燒入 Arduino Uno，請開啟 Arduino IDE 的「序列繪圖家」（説
明：請到「工具」開啟「序列繪圖家」），各位應該可以看到如圖 3-2-9 的
結果，藍色波形為 Arduino 讀取的類比電壓數位值波形，紅色波形為濾波結
果，可以看到與模擬結果相吻合，濾波器的輸出結果仍然含有一定比例的
50Hz 高頻訊號。

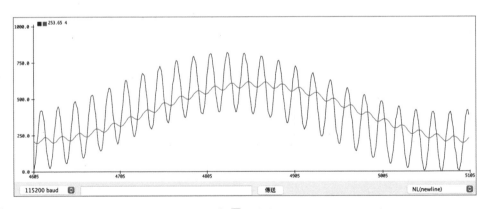

▲ 圖 3-2-9

3.2.2 本章相關影片連結

本章相關影片可以掃描以下的 QR 碼或是鍵入下方的網址，線上收看。

▲ 影片名稱：[老葉說技術 - 第 35 期] 一次搞懂：
(上集) 濾波器要如何實現？(教你使用 Arduino 實現數位濾波器，你一定看得懂)
網址：https://youtu.be/MCq5LNtUbxo

▲ 影片名稱：[老葉說技術 - 第 36 期] 一次搞懂：
(下集) 濾波器要如何實現？(教你使用 LabVIEW 來驗證你的濾波器設計，你一定看得懂)
網址：https://youtu.be/dqn8NY_p1VU

3.3 使用 Arduino 實現高階 Butterworth 低通濾波器

3.2 節我們介紹了完整的數位濾波器的設計流程，並使用 Python 來作為主要的設計工具，最後我們成功的使用 Arduino 來實現一階低通濾波器，在本節，我們將使用相同的設計流程，設計一個高階的 Butterworth 低通濾波器，來與 3.2 節的一階低通濾波器作性能上的比較。

● 學習目標 ●

1. 了解如何設計 Butterworth 濾波器
2. 了解如何使用 Arduino 實現高階 Butterworth 濾波器演算法
3. 了解一階低通濾波與高階 Butterworth 低通濾波器的性能差別

3.3.1 使用 Arduino 實現高階 Butterworth 低通濾波器

本節我們依然使用與 3.2 節一樣的輸入測試訊號，如圖 3-2-4 上方部分，（2Hz 的正弦波與 50Hz 的正弦波疊加）如下：

$$V_{in} = \sin(2\pi \times 2 \times t) + \sin(2\pi \times 50 \times t)$$

我們希望能設計一個 Butterworth 低通濾波器將頻率 50Hz 的成分濾除，只留下 2Hz 的正弦波成分（見圖 3-2-4 下方部分）。接下來我們開始濾波器設計步驟。

STEP 1：（設計類比濾波器：四階 Butterworth 低通濾波器）

我們考慮一個四階的 Butterworth 低通濾波器，我們選定截止頻率 f_c 為 5Hz，則 $\omega_c = 2\pi \times 5 = 31.42(rad/s)$。（說明：截止頻率的選擇與 3.2 節一致）。

以下為一個標準 n 階 Butterworth 低通濾波器（類比型式）通式：

$$\frac{Y(s)}{X(s)} = H(s) = \frac{1}{\sum_{k=0}^{n} \frac{a_k}{\omega_c^k} s^k}$$

其中 $a_{k+1} = \frac{\cos(k\gamma)}{\sin((k+1)\gamma)} a_k$，$a_0 = 1$，$\gamma = \frac{\pi}{2n}$，$\omega_c$ 為截止頻率。

我們可以使用 Python 畫出四階 Butterworth 低通濾波器與一階低通濾波器的波德圖，從波德圖我們清楚的知道，四階 Butterworth 濾波器能將 50Hz 的訊號衰減到原來的 0.000099，衰減率為一階低通濾波器的一千倍以上，這樣的差異應該可以從之後的實驗波形清楚的辨別出來。

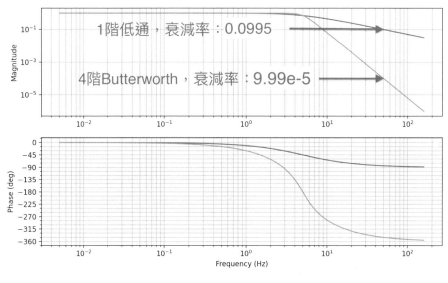

▲ 圖 3-3-1

> **👤 說明：**
>
> 這個四階 Butterworth 低通濾波器在 2Hz 的衰減率不到一萬分之四（濾波器 2Hz 輸出信號為原始信號的 0.99967 倍），相較於一階低通濾波器對 2Hz 信號的衰減率為百分之七，差別相當大，因此，相較於一階低通濾波器，使用此四階 Butterworth 低通濾波器可以最大程度保留想要的 2Hz 信號成分。

我們將以上的 Butterworth 通式，用 n=4（說明：代表 4 階）代入，則轉移函數可以展開成：

$$\frac{Y(s)}{X(s)} = \frac{1}{a_0 + \frac{a_1}{\omega_c^1}s^1 + \frac{a_2}{\omega_c^2}s^2 + \frac{a_3}{\omega_c^3}s^3 + \frac{a_4}{\omega_c^4}s^4}$$

從上式得知，若要得到完整的四階 Butterworth 濾波器的轉移函數，則我們需要知道 a_0、$\frac{a_1}{\omega_c^1}$、$\frac{a_2}{\omega_c^2}$、$\frac{a_3}{\omega_c^3}$、$\frac{a_4}{\omega_c^4}$ 5 個參數，我們可以使用以下的 Python 程式求出這 5 個參數值：

```python
from scipy import signal
import numpy as np
import matplotlib.pyplot as plt
wc = 2 * np.pi * 5   #使用與3.2節相同的截止頻率，方便比較
n = 4   #設計的Butterworth階數為4
a = np.zeros(n+1)
gamma = np.pi/(2.0*n)
a[0] = 1   # a₀=1
for k in range(0,n):   #先依序求出aₖ
    rfac = np.cos(k*gamma)/np.sin((k+1)*gamma)
```

```
    a[k+1] = rfac*a[k]
c = np.zeros(n+1)
for k in range(0,n+1):   #依序求出 a_k/ω_c^k 係數
    c[n-k] = a[k]/pow(wc,k)
num=[1]    #Butterworth的分子係數為1
den = c    #Butterworth的分母係數
#類比四階Butterworth低通濾波器
butterworth = signal.TransferFunction(num, den)
print(butterworth)
```

執行 Python 程式後，我們可以得到以下結果：

```
TransferFunctionContinuous(
array([974090.91034002]),
array([1.00000000e+00, 8.20937722e+01, 3.36969372e+03,
8.10233056e+04, 9.74090910e+05]),
dt: None)
```

以上的結果，可以解析如下：

$$a_0 = 1$$

$$\frac{a_1}{\omega_c^1} = 82.0937722e + 01$$

$$\frac{a_2}{\omega_c^2} = 3.36969372e + 03$$

$$\frac{a_3}{\omega_c^3} = 8.10233056e + 04$$

$$\frac{a_4}{\omega_c^4} = 9.74090910e + 05$$

STEP 2：（將類比濾波器數位化）

因此，程式已經為我們自動算出分母的 5 個參數值了，接下來，我們接續執行以下三行 Python 程式。

```
dt = 1/1000      #設定取樣時間1ms
#將類比濾波器轉換成數位濾波器（使用bilinear法）
dBWlowPass = butterworth.to_discrete(dt, method='gbt',
alpha=0.5)
print(dBWlowPass)    #印出數位濾波器參數
```

執行後，我們可以得到 Butterworth 數位濾波器的差分方程式參數值：

程式執行結果：

```
TransferFunctionDiscrete(
array([5.84323939e-08, 2.33729577e-07, 3.50594359e-07,
2.33729580e-07, 5.84323925e-08]),
array([ 1.   , -3.91791462,  5.75709608, -3.76036868,
0.92118815]), dt: 0.001)
```

解析以上輸出結果，可以得到：

分子參數為 [5.84323939e-08, 2.33729577e-07, 3.50594359e-07, 2.33729580e-07, 5.84323925e-08]

分母參數為 [1, -3.91791462, 5.75709608, -3.76036868, 0.92118815]

這些參數會對應到下面這個數位濾波器 Z 轉換通式的分子（ $b_0, b_1, b_2, \cdots$ ）與分母（ $a_1, a_2, \cdots$ ）的各項系數。

$$H(z) = \frac{Y(z)}{X(z)} = \frac{b_0 + b_1 z^{-1} + b_2 z^{-2} + \cdots}{1 + a_1 z^{-1} + a_2 z^{-2} + \cdots}$$

因此，可以知道分子與分母的各項係數：

$$b_0 = 5.84323939\mathrm{e}{-08}, \ b_1 = 2.33729577\mathrm{e}{-07}, \ b_2 = 3.50594359\mathrm{e}{-07}$$

$$b_3 = 2.33729580\mathrm{e}{-07}, \ b_4 = 5.84323925\mathrm{e}{-08}$$

$$a_0 = 1, \ a_1 = -3.91791462, \ a_2 = 5.75709608$$

$$a_3 = -3.76036868, \ a_4 = 0.92118815$$

STEP 3：（求出數位濾波器的差分方程式）

得到濾波器 Z 轉換的分子跟分母係數後，我們需要將它們化成差分方程式，我們參考 3.2 節的數位濾波器 Z 轉換通式。

$$y[n] = -a_1\,y[n-1] - a_2\,y[n-2] + \cdots + b_0\,x[n] + b_1\,x[n-1] + b_2\,x[n-2] + \cdots$$

我們將得到的參數代入，可以得到以下這個差分方程：

$$
\begin{aligned}
y[n] = {} & 3.91791462 \times y[n-1] - 5.75709608 \times y[n-2] + 3.76036868 \\
& \times y[n-3] - 0.92118815 \times y[n-4] + 5.84323939\mathrm{e}{-08} \times x[n] \\
& + 2.33729577\mathrm{e}{-07} \times x[n-1] + 3.50594359\mathrm{e}{-07} \times x[n-2] \\
& + 2.33729580\mathrm{e}{-07} \times x[n-3] + 5.84323925\mathrm{e}{-08} \times x[n-4]
\end{aligned}
$$

到此我們已經得到數位濾波器的差分方程式了，接下來我們就可以使用 Arduino 將它實現出來。

STEP 4：（使用微控制器實現差分方程式）

接下來我們使用 Arduino Uno R3 的控制板來實現我們設計的四階 Butterworth 低通數位濾波器，開啟電腦的 Arduino 開發工具，並將以下程式碼燒入 Arduino Uno。

Arduino 程式碼：

```
float xn1 = 0; // = x[n-1]
float xn2 = 0; // = x[n-2]
float xn3 = 0; // = x[n-3]
float xn4 = 0; // = x[n-4]
float yn1 = 0; // = y[n-1]
float yn2 = 0; // = y[n-2]
float yn3 = 0; // = y[n-3]
float yn4 = 0; // = y[n-4]
void setup() {
    Serial.begin(115200);   //Baud rate設定為115200bps
}
void loop() {
    float t = micros()/1.0e6; //取得即時秒數
    float xn = sin(2*PI*2*t) + sin(2*PI*50*t); //模擬輸入訊號
    //實現數位濾波器的差分方程式
    float yn = 3.91791462*yn1 - 5.75709608*yn2 +
    3.76036868*yn3 - 0.92118815*yn4 + 5.84323939e-08*xn +
    2.33729577e-07*xn1 + 3.50594359e-07*xn2 +
    2.33729580e-07*xn3 + 5.84323925e-08*xn4;
    xn4 = xn3; xn3 = xn2; xn2 = xn1; xn1 = xn;
    yn4 = yn3; yn3 = yn2; yn2 = yn1; yn1 = yn;
    Serial.print(xn);
    Serial.print(" ");
    Serial.println(yn);
    delay(1);
}
```

STEP 5：（驗證濾波器性能）

■ 使用模擬訊號作驗證

若程式順利燒入 Arduino Uno，請開啟 Arduino IDE 的「序列繪圖家」（說明：請到「工具」→ 開啟「序列繪圖家」），開啟後，請將左下角的 Baud rate 設定成 115200，設定完成後，各位應該可以看到如圖 3-3-2 的結果，藍色波形為我們模擬的輸入訊號（2Hz 的正弦波疊加一個 50Hz 的正弦波），紅色波形則為經過低通濾波後的訊號。

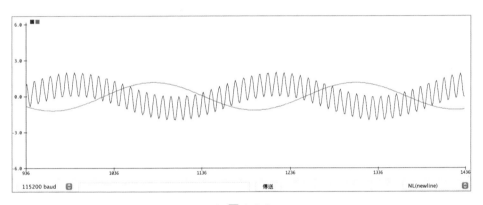

▲ 圖 3-3-2

從紅色波形我們可以看到，50Hz 的成分幾乎已經被濾除了，我們得到了漂亮且乾淨的 2Hz 弦波訊號，這是因為四階 Butterworth 低通濾波器已將 50Hz 的頻率成分衰減成原來的一萬分之一。

■ 使用真實訊號（由訊號產生器產生）作驗證

接下來我們使用真實的物理訊號來作驗證，我們使用 NI 的 myDAQ 來作為訊號產生器，來產生輸入訊號，並且使用 Arduino A0 來讀入 V_{in}，並使用串列埠繪圖將濾波結果呈現出來。圖 3-3-3 為硬體接線圖。

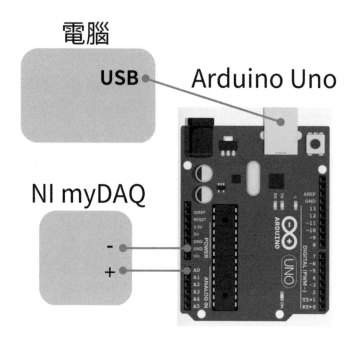

▲ 圖 3-3-3

我們使用 Arduino Uno 的 A0 腳位來讀取類比訊號，由於 Arduino Uno 類比
輸入只能讀取 0-5V 的電壓訊號，並將其轉換成 10 位元（0-1023）的整數
值，所以我們需要將輸入的電壓訊號加入一個 2V 的直流值（說明：不影響
濾波結果），讓整體的訊號準位能大於 0V，因此我們將輸入電壓修改成 $V_{in} =$
$\sin(2\pi \times 2 \times t) + \sin(2\pi \times 50 \times t) + 2$，並使用 NI myDAQ 產生輸入電壓訊號，
使用示波器來觀看 myDAQ 產生的輸入訊號（見圖 3-3-4）。

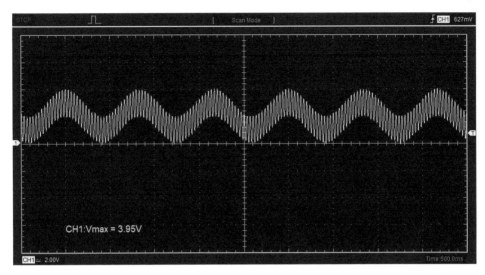

▲ 圖 3-3-4

接下來請將以下程式碼燒入 Arduino Uno。

Arduino 程式碼：

```
int sensorPin = A0;    //使用A0腳位
int sensorValue = 0;   //初始化數位值
float xn1 = 0; // = x[n-1]
float xn2 = 0; // = x[n-2]
float xn3 = 0; // = x[n-3]
float xn4 = 0; // = x[n-4]
float yn1 = 0; // = y[n-1]
float yn2 = 0; // = y[n-2]
float yn3 = 0; // = y[n-3]
float yn4 = 0; // = y[n-4]
void setup() {
```

```
    Serial.begin(115200);   //Baud rate設定為115200bps
}
void loop() {
    //從A0腳位讀取類比電壓訊號
    sensorValue = analogRead(sensorPin);
    float xn = sensorValue;
    //實現數位濾波器的差分方程式
    float yn = 3.91791462*yn1 - 5.75709608*yn2 +
    3.76036868*yn3 - 0.92118815*yn4 + 5.84323939e-08*xn +
    2.33729577e-07*xn1 + 3.50594359e-07*xn2 +
    2.33729580e-07*xn3 + 5.84323925e-08*xn4;
    xn4 = xn3; xn3 = xn2; xn2 = xn1; xn1 = xn;
    yn4 = yn3; yn3 = yn2; yn2 = yn1; yn1 = yn;
    Serial.print(sensorValue); //傳回類比電壓數位值
    Serial.print(" ");
    Serial.println(yn); //傳回濾波結果
    // 延遲1ms，可以讓loop()用固定1ms的週期來執行
    delay(1);
}
```

若程式順利燒入 Arduino Uno，請開啟 Arduino IDE 的「序列繪圖家」（説
明：請到「工具」 → 開啟「序列繪圖家」），各位應該可以看到如圖 3-3-5 的
結果，藍色波形為 Arduino 讀取的類比電壓數值波形，紅色波形為濾波結
果，可以看到與模擬結果相吻合，50Hz 的成分幾乎已經被完全濾除，我們
得到了漂亮且乾淨的 2Hz 弦波訊號。

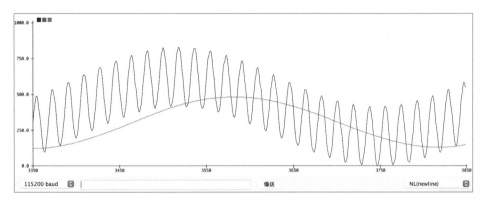

▲ 圖 3-3-5

> **👤 說明：**
>
> 使用愈高階的濾波器，相位延遲可能會愈嚴重，由於本書篇幅有限，在此我們暫不討論相位延遲的問題，同時也因為在許多實務的應用場合，我們關注的是信號大小本身，並非相位。

■ 濾波性能比較（四階 Butterworth 低通濾波器 VS 一階低通濾波器）

各位可以將本節範例程式碼（butterworthLPF_firstLPF_analog_read）燒入 Arduino Uno，可以同時比較四階 Butterworth 低通濾波器與一階低通濾波器的濾波結果。燒錄完成後，請開啟 Arduino IDE 的「序列繪圖家」（說明：請到「工具」→ 開啟「序列繪圖家」），開啟後，請將左下角的 Baud rate 設定成 115200，設定完成後，各位應該可以看到如圖 3-3-6 的結果，從比較得知，一階低通濾波的波形上面疊加了相當大的 50Hz 信號成分（約原始信號的 10%），以及 2Hz 信號幅值被衰減了約 7%，因此濾波結果相較於四階 Butterworth 失真較嚴重，相反的，四階 Butterworth 濾波結果，雖然相位有較大的延遲，但在信號的保真度上，遠遠勝過一階低通濾波器的輸出結果，相當令人滿意。

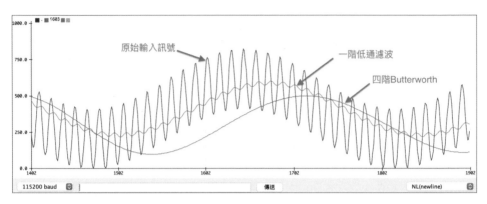

▲ 圖 3-3-6

3.3.2 本章相關影片連結

本章相關影片可以掃描以下的 QR 碼或是鍵入下方的網址，線上收看。

▲ 影片名稱：[老葉說技術 - 第 50 期] 你也能懂：
如何使用 Python 設計 Butterworth 濾波器？並使
用 LabVIEW 作驗證。
網址：https://youtu.be/gxFiAm-w6Y8

3.4 使用 LabVIEW 模擬並驗證 Butterworth 數位濾波器演算法

本節可以作為 3.2 與 3.3 的輔助章節，我們將教各位使用一個強大且知名的虛擬儀控軟體 LabVIEW，本節我們將使用它的社群免費版來視覺化驗證我們所設計的濾波器演算法參數，它能幫助我們在實際部署演算法之前，先作可靠的前期驗證，確保演算法的正確性後，再實際應用在真實的產品中。

● 學習目標 ●

1. 了解 LabVIEW 開發環境
2. 了解如何使用 LabVIEW 內建元件來視覺化模擬訊號與濾波功能
3. 了解何使用 LabVIEW 模擬濾波器的差分方程式

3.4.1 使用 LabVIEW 驗證濾波器演算法

STEP 1：首先，各位可以到以下網址安裝 LabVIEW Community 社群版軟體，它是免費的，目前支援三種作業系統，分別是 Windows、Mac 與 Linux，最新版本為 2022 Q3 版，筆者安裝的是 Mac 版本的 2022 Q3，64 位元版，以下也將以此版本來作説明與演示。

https://www.ni.com/zh-tw/shop/labview/select-edition/labview-community-edition.html

▶注意

可以使用 LabVIEW 新版本開啟舊版本創建的 VI 檔，但反過來不行，因
此若各位要開啟本節的範例程式，請確認安裝的 LabVIEW 版本至少必
須是 2022 Q3 的版本。

STEP 2：安裝完成後，啟動 LabVIEW Community，按下「Create Project」
後，選擇「Blank VI」。

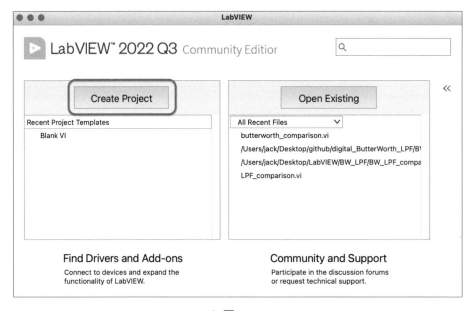

▲ 圖 3-4-1

STEP 3：到工作列「Window」→ 按下「Tile Left and Right」，可以將開發視窗左右並排，左邊是面板區，在這個視窗可以設計人機介面供使用者使用與監控；右邊是程式方塊區，也是主要編寫 LabVIEW 程式的地方，LabVIEW 程式設計的邏輯是靠程式方塊對資料（資料也會來自人機介面的輸入）進行演算與處理，再將處理的結果顯示在面板區所設計的人機介面上。

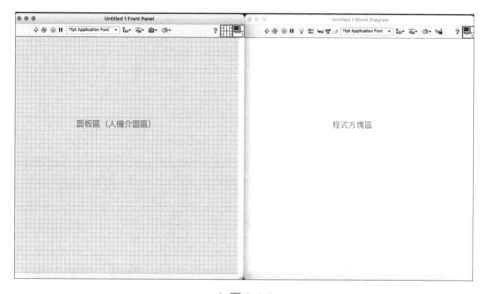

▲ 圖 3-4-2

STEP 4：我 們 在 程 式 方 塊 區 按 一 下 滑 鼠 右 鍵，將 會 顯 示 功 能 視 窗（Functions），裏面 會 顯 示 出 所 有 可 用 的 程 式 方 塊（LabVIEW 是 使 用 程 式 方 塊 來 設 計 程 式 的，有 點 類 似 Node-RED）。

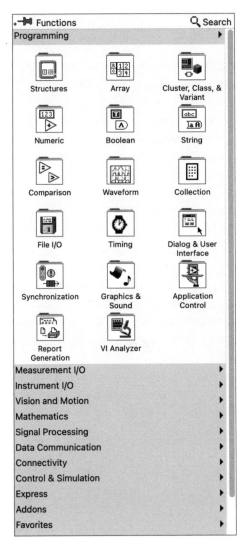

▲ 圖 3-4-3

STEP 5：我們也在面板區按一下滑鼠右鍵，將會顯示控件視窗（Controls），裏面會顯示出所有可以用於建構人機介面的控制方塊（包含輸入與輸出）。

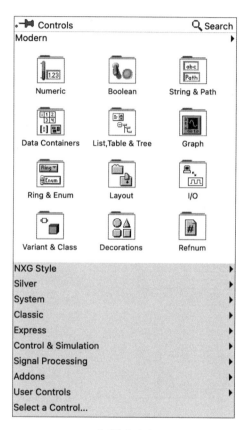

▲ 圖 3-4-4

STEP 6：接下來我們到程式方塊區按下右鍵，選擇「Express」→「Input」
→「Simulate Sig」，將它放在程式方塊區，將內容設定如下。

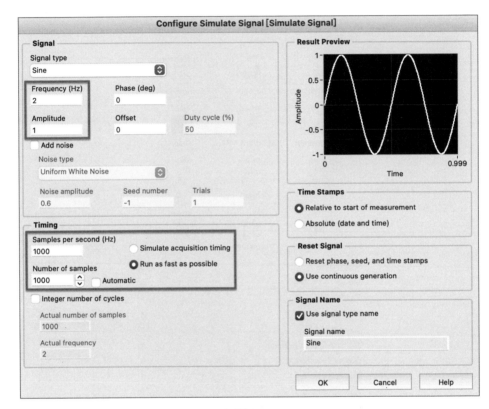

▲ 圖 3-4-5

STEP 7：同樣的，我們再選擇「Express」→「Input」→「Simulate Sig」，
將第二個 Simulate Sig 方塊放在程式方塊區，將它的頻率設定成 50Hz，其
餘設定與 STEP 4 一樣。

STEP 8：我們繼續在程式方塊區按右鍵，選擇「Numeric」→「Add」，將
Add 元件放入程式方塊區，並將元件連接如圖 3-4-6。

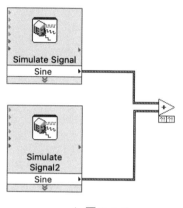

▲ 圖 3-4-6

STEP 9：接下來我們要用一個控件來顯示這二個波形的相加結果，請在面板
區按右鍵，選擇「Modern」→「Graph」→「Waveform Graph」，將元件放
入面板區，此時在程式方塊區也會多了一個名叫「Waveform Graph」的元
件，我們將程式方塊區的「Waveform Graph」元件與 Add 元件相連接。

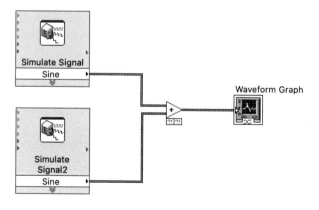

▲ 圖 3-4-7

STEP 10：我們在面板區的 Waveform Graph 按右鍵，選擇「Properties」後，將 Scales 面板下的最大時間設為 1（說明：時間軸最大時間設為 1 秒）。

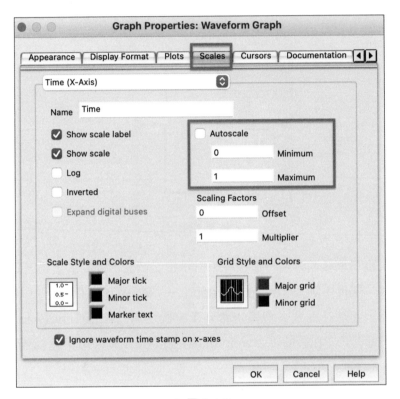

▲ 圖 3-4-8

STEP 11：我們按下工作列上的 Run 按鈕，執行程式。執行完畢，你應該可以看到面板區的 Waveform Graph 控件顯示二個波形的相加結果。

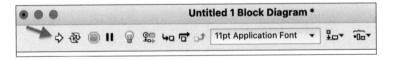

▲ 圖 3-4-9

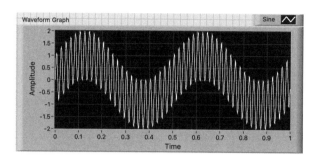

▲ 圖 3-4-10

STEP 12：接下來我們要用一個 Butterworth 濾波器對這個訊號濾波，我們到程式方塊區，按下右鍵，選擇「Express」→「Signal Analysis」→「Filter」，將 Filter 元件放在程式方塊區，並將元件設定如下。（說明：為了方便演示，在此使用的二階的 Butterworth 低通濾波器，我們將在後面的內容進行濾波演算法驗證）

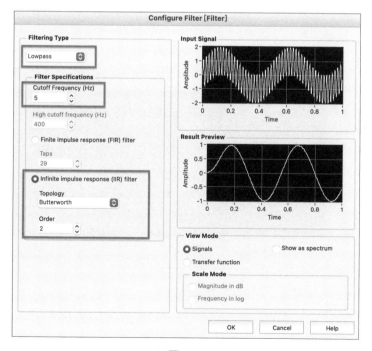

▲ 圖 3-4-11

STEP 13：我們在面板區再加入一個 Waveform Graph 控件（稱作 Waveform Graph 2），並將將 Filter 元件與 Waveform Graph 2 連接如下。

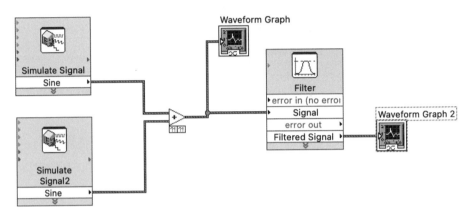

▲ 圖 3-4-12

STEP 14：按下 Run 按鈕，我們將可以看到面板區的 Waveform Graph 2 顯示濾波後的結果。

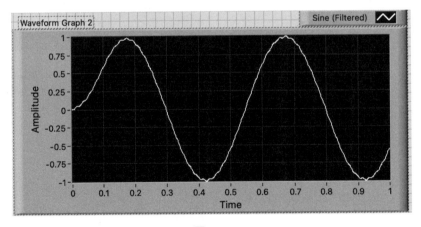

▲ 圖 3-4-13

以上是使用 LabVIEW 官方標準的 Butterworth 濾波器演算的結果，由於 LabVIEW 是一個已受市場認可的知名的軟體工具，因此，其運算結果應具備相當高的權威性與參考性，因此，筆者將圖 3-4-13 的濾波結果當作一個參考指標，以下我將使用 LabVIEW 的軟體方塊將我們在 3.3 節所設計的 Butterworth 濾波差分演算法實作出來，看是否二者結果一致，作為驗證演算法正確性的方式。

STEP 15：由於為了方便演示，並且讓畫面不會太繁雜，在此使用二階 Butterworth 來作演示，我們使用以下 Python 程式碼求出截止頻率 5Hz 的二階 Butterworth 數位濾波器參數。

Python 程式碼：

```
from scipy import signal
import control
import numpy as np
import matplotlib.pyplot as plt
wc = 2 * np.pi * 5
n = 2
a = np.zeros(n+1)
gamma = np.pi/(2.0*n)
a[0] = 1
for k in range(0,n):
    rfac = np.cos(k*gamma)/np.sin((k+1)*gamma)
    a[k+1] = rfac*a[k]
c = np.zeros(n+1)
for k in range(0,n+1):
    c[n-k] = a[k]/pow(wc,k)
```

```
num = [1]; den = c
butterworth = signal.TransferFunction(num, den)   #連續時間轉移函數
dt = 1/1000    #設定取樣時間1ms
#將類比濾波器轉換成數位濾波器（使用bilinear法）
dBWlowPass = butterworth.to_discrete(dt, method='gbt',
alpha=0.5)
print(dBWlowPass) #印出數位濾波器參數
```

執行程式後，將得到以下結果。

執行結果：

```
TransferFunctionDiscrete(
array([0.00024132, 0.00048264, 0.00024132]),
array([ 1.        , -1.95558189,  0.95654717]),
dt: 0.001)
```

若各位學習完 3.2 與 3.3 節，相信各位可以輕鬆解析以上參數，我們將以上
列出的濾波器分子跟分母系數化成差分方程式，可以得到以下這個差分方程
式：

$$y[n] = 1.95558189 \times y[n-1] - 0.95654717 \times y[n-2] + 0.00024132 \times x[n]$$
$$+ 0.00048264 \times x[n-1] + 0.00024132 \times x[n-2]$$

STEP 16：根據以上的差分方程式，請各位依據圖 3-4-14 依樣畫葫蘆的在程
式方塊區建立一樣的程式方塊圖。

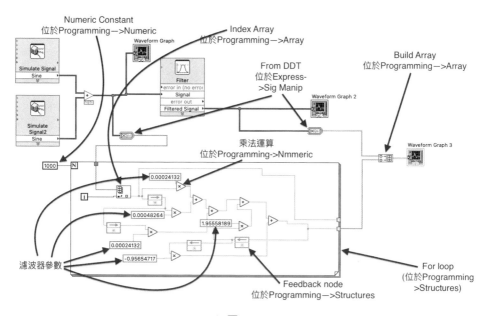

▲ 圖 3-4-14

Tips

一個 Feedback node 元件可以讓訊號延遲一次，例如，一個 x 訊號經過 Feedback node 會變 x[n-1]。使用 Feedback node 元件時，可以在其上按右鍵，選擇「Change Direction」將方塊轉向。

STEP 17：各位建立完成後，請按下工具列的 Run 按鈕，執行 LabVIEW 程式，觀察面板區新增的 Waveform Graph 3 上顯示的波形，我們已將 LabVIEW 的濾波器輸出的結果與我們的差分方程式的輸出結果放在一起比較，各位可以發現二者的波形是疊在一起的。

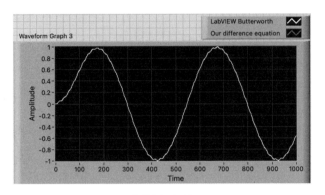

▲ 圖 3-4-15

STEP 18：接下來我們觀察一下二個訊號的頻譜，請在程式方塊區按右鍵，
選擇「Express」→「Signal Analysis」→「Spectral」，將 Spectral 方塊放在
程式方塊區，並設定如圖 3-4-16。

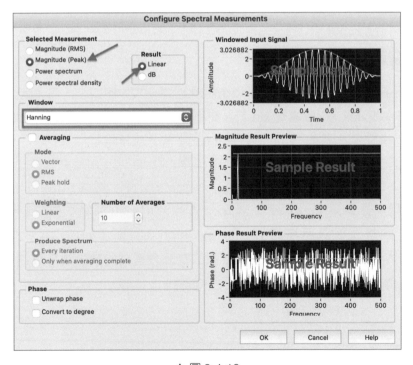

▲ 圖 3-4-16

STEP 19：請在程式方塊區按右鍵，繼續選擇「Express」→「Signal Analysis」→「Spectral」，將第二個 Spectral 方塊放在程式方塊區，並設定如圖 3-4-16。

STEP 20：將程式方塊連接如圖 3-4-17（說明：在圖中筆者將新增的元件用框標出。）

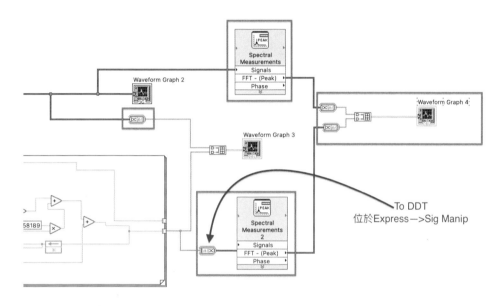

▲ 圖 3-4-17

STEP 21：完成後，請按下工具列的 Run 按鈕，執行 LabVIEW 程式，觀察面板區新增的 Waveform Graph 4 上顯示的頻譜波形，我們已將二個訊號的頻譜輸出結果放在一起比較，各位請到工作列的「View」→「Tools Palette」，將面板工具叫出，如圖 3-4-18，按下手掌圖示。

▲ 圖 3-4-18

STEP 22：然後直接到面板上的 Waveform Graph 4 控制，將 X 軸最右邊的數值改成 5。

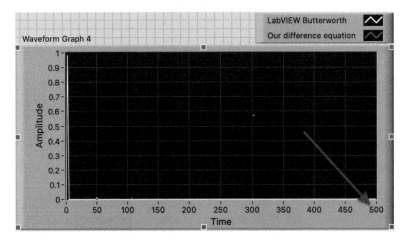

▲ 圖 3-4-19

STEP 23：改變刻度範圍後，這時請觀察 Waveform Graph 4 所顯示的頻譜曲線，發現二者的頻譜是交疊在一起，頻譜的振幅最大值發生在 2Hz 的頻率。

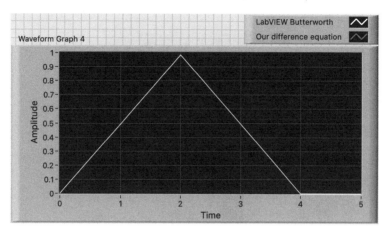

▲ 圖 3-4-20

3.4.2 結論

從以上結果可以得知：

- 我們設計的濾波器演算法與 LabVIEW 自帶的 Butterworth 濾波器輸出結果一致（時域與頻域結果皆一致）。
- 使用 LabVIEW 可以作為演算法有效的前期驗證平台
- LabVIEW 具備豐富的人機介面元件，可以將演算結果視覺化呈現出來。
- 使用 LabVIEW Community 免費版本即可完成本節的實作內容。

3.4.3 本章相關影片連結

本章相關影片可以掃描以下的 QR 碼或是鍵入下方的網址，線上收看。

▲ 影片名稱：[老葉說技術 - 第 50 期] 你也能懂：
如何使用 Python 設計 Butterworth 濾波器？並使
用 LabVIEW 作驗證。
網址：https://youtu.be/gxFiAm-w6Y8

使用 MQTT 實現
物聯網雙向監控功能

如果你不能簡單說清楚，就是
你沒完全明白。

——愛因斯坦

4.1 MQTT 通訊協定介紹

本節將為各位介紹物聯網最重要的通訊協定：MQTT（在往後的 4.2 到 4.5 節，筆者會教各位使用樹莓派與 ESP32 來實作 MQTT 協定），跟以往的點對點的通訊協定（TCP 或 Websocket）不同，MQTT 藉由使用代理人架構（MQTT Broker，或稱為中間人架構），可以讓物聯網的控制端與被控制端不需要保持點對點的連線，也不需要公有 IP，就能達到雙向控制的效果（例如你使用手機 APP 控制家裏的 Dyson 風扇，使用的就是 MQTT 通訊協定），MQTT 代理人就是 MQTT 伺服器，它一般存在公有網路中，每個物聯網裝置都可以將訊息發佈到 MQTT 伺服器，同時也可以訂閱 MQTT 伺服器上的訊息，例如當我使用手機 APP 要監測 Dyson 風扇的風速時，事實上我的手機 APP 是訂閱 Dyson MQTT 伺服器上 Dyson 風扇發佈的訊息；當我用手機 APP 關閉 Dyson 風扇時，事實上手機 APP 是先將關閉訊息發佈到 Dyson MQTT 伺服器，而 Dyson 風扇再從伺服器訂閱的訊息得知需要關閉機器，才作相對應的關機動作。

● 學習目標 ●

1. 了解 MQTT 通訊協定

4.1.1 MQTT 通訊協定介紹

MQTT 協定最早是由 IBM 的 Andy Standford-Clark 與 Arcom 的 Arlen Nipper 二位博士在 1999 年為了解決微小網路頻寬與低電力耗損的問題而開發的輕量化且可靠的通訊協定，MQTT 的全名為 Message Queueing Telemetry Transport（訊息佇列遙測傳輸），MQTT 協定很精簡，非常適合用於頻寬跟運算資源有限的物聯網裝置，跟以往的點對點的通訊協定（TCP 或 Websocket）不同的是，MQTT 藉由使用代理人架構（MQTT Broker，或稱為中間人架構），可以讓物聯網的控制端與被控制端不需要保持點對點的連線，也不需要公有 IP，就能達到雙向控制的效果。

MQTT 協定裏有三個角色，分別為發佈者、代理人與訂閱者，MQTT 代理人就是 MQTT 伺服器，它一般存在公有網路中，每個物聯網裝置都可以成為發佈者，將訊息發佈到 MQTT 伺服器，同時也可以當成訂閱者，訂閱 MQTT 伺服器上的訊息，例如當我使用手機 APP 要監測 Dyson 風扇的風速時，事實上我的手機 APP 是訂閱 Dyson MQTT 伺服器上 Dyson 風扇發佈的訊息；當我用手機 APP 關閉 Dyson 風扇時，事實上手機 APP 是先將關閉訊息發佈到 Dyson MQTT 伺服器，而 Dyson 風扇再從伺服器訂閱的訊息得知需要關閉機器，才作相對應的關機動作。

圖 4-1-1 為典型的 MQTT 協定架構，每一個發佈者都可以發佈訊息，MQTT 要求每個被發佈的訊息都必須有一個主題（Topic），每個訂閱者都可以訂閱 MQTT 代理人（伺服器）上的主題，由於 MQTT 允許發佈者同時也可以是訂閱者，所以同一個裝置可以同時發佈跟訂閱訊息，藉此可以達成物聯網的雙向控制。

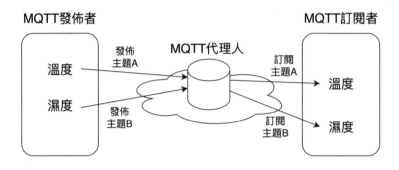

▲ 圖 4-1-1

MQTT 的主題名稱是一個 utf-8 編碼的字串，發佈者可以自行決定主題名稱。

4.1.2 使用樹莓派與 ESP32 實現 MQTT 物聯網控制系統

我們將在往後的 4.2-4.3 節，使用樹莓派與 ESP32 來實現 MQTT 協定的物聯控制系統，如圖 4-1-2，我們會使用 ThingSpeak 作為 MQTT Broker（說明：ThingSpeak 提供免費的 MQTT 代理人服務，也可以購買它的付費服務），樹莓派與 ESP32 將同時作為發佈者與訂閱者，其中 ESP32 會持續發佈溫濕度訊息到 MQTT Broker，而樹莓派也會訂閱溫濕度訊息並將訊息即時顯示在伺服端網頁上，另外樹莓派的伺服端網頁會設置一個虛擬 LED 開關，可以控制 ESP32 連接的 LED，樹莓派也會持續發佈這個虛擬開關的訊息到 MQTT Broker，ESP32 也會訂閱此訊息作為開關 LED 的依據，如圖 4-1-2。

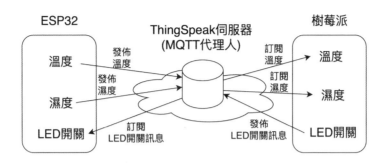

▲ 圖 4-1-2

4.2 使用 ESP32 實現 MQTT 雙向傳輸控制

在本節筆者會教各位使用 ESP32 來實作 MQTT 協定，在下一節（4.3節），我們將使用本節的成果，並且使用樹莓派實現與 ESP32 之間的 MQTT 通訊，完成機器對機器（M2M）的雙向物聯網控制系統。本節將涵蓋以下內容：使用 ThingSpeak 的免費 MQTT Broker 服務、設置 Arduino IDE 來編程 ESP32，使用 ESP32 實作 MQTT 協定、使用 MQTT X 來模擬 MQTT 客戶端來驗證 MQTT 程式運作是否正常。

● 學習目標 ●

1. 了解如何使用 ThingSpeak 免費 MQTT Broker 服務
2. 了解如何設置 Arduino IDE 來編程 ESP32
3. 了解如何使用 ESP32 實現 MQTT 協定雙向傳輸控制
4. 了解如何使用 MQTT X 來模擬 MQTT 客戶端

4.2.1 設定 ThingSpeak MQTT Broker

網路上有許多免費的 MQTT Broker 的服務，ThingSpeak 是其中較知名的解決方案，它是知名數值分析軟體公司 MathWorks 的產品，它提供了免費與付費版的服務，對學習來說，目前它的免費版本提供的功能與頻寬額度就相當足夠了，主要的限制是每筆資料的發佈時間間隔為 15 秒，付費版本則沒有 15 秒的限制。

STEP 1：首先，請各位到 https://thingspeak.com/ 去註冊一個免費帳號，註冊完成後，登入 ThingSpeak 網頁，選擇「My Channels」，並按下「New Channel」的按鈕，可以見到圖 4-2-1 的網頁內容。

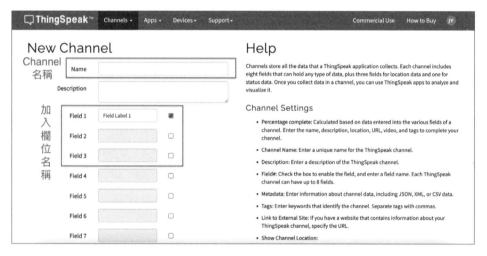

▲ 圖 4-2-1

STEP 2：請將 Channel 名稱設為 led and dht11，並入加入三個欄位：led、temperature 與 humidity，如圖 4-2-2 所示，完成後按下「Save Channel」按鈕。

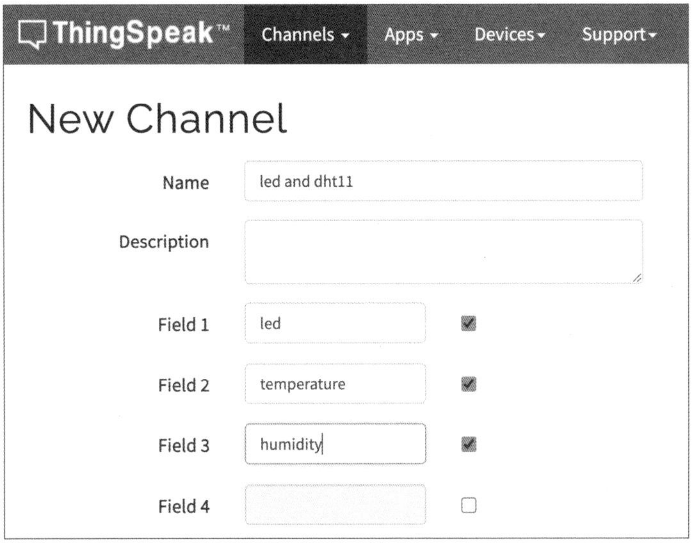

▲ 圖 4-2-2

STEP 3：完成後，可以看到 My Channels 的儀表板上出現一個 led and dht11 的 Channel，點擊它，進入 Channel，點擊「API Keys」，會出現兩組 API Keys 分別是 Write API Key 與 Read API Key，將它們的值拷貝下來，稍後會用到。（說明：Write API Key 就是發佈訊息時要使用的 API Key；Read API Key 就是訂閱訊息時要使用的 API Key）

STEP 4：接著我們需要建立一組客戶端的存取權限，選擇網頁上的「Devices」→「MQTT」，按下「Add a new device」，會出現「Add a new device」視窗，將 Name 設定成 mqtt_client1，「Authorized channels to access」選擇剛剛建立的 led and dht11，按下「Add Device」，此時會出現 MQTT 認證訊息（Credentials），請按下「Download Credentials」按鈕，選擇「Plain Text(*.txt)」，可以將認證資料下載到本機端。

到此為止我們已經完成 MQTT Broker 的設置了，接下來我們會開始設置 Arduino IDE 並開始編程 ESP32。

4.2.2 設置 Arduino IDE 編程 ESP32

STEP 1：首先，各位需先安裝 Arduino IDE，以下為筆者使用 Mac 電腦設置
Arduino IDE（版本為 2.0.0-rc9.1）的示範步驟。

STEP 2：請開啟 Arduino IDE，進入「Settings…」，將下面一行網址貼在
「Additional boards manager URLs（額外的開發板管理員網址）」欄位中。

https://raw.githubusercontent.com/espressif/arduino-esp32/gh-pages/
package_esp32_index.json

如圖 4-2-3，按下「確定」離開偏好設定。

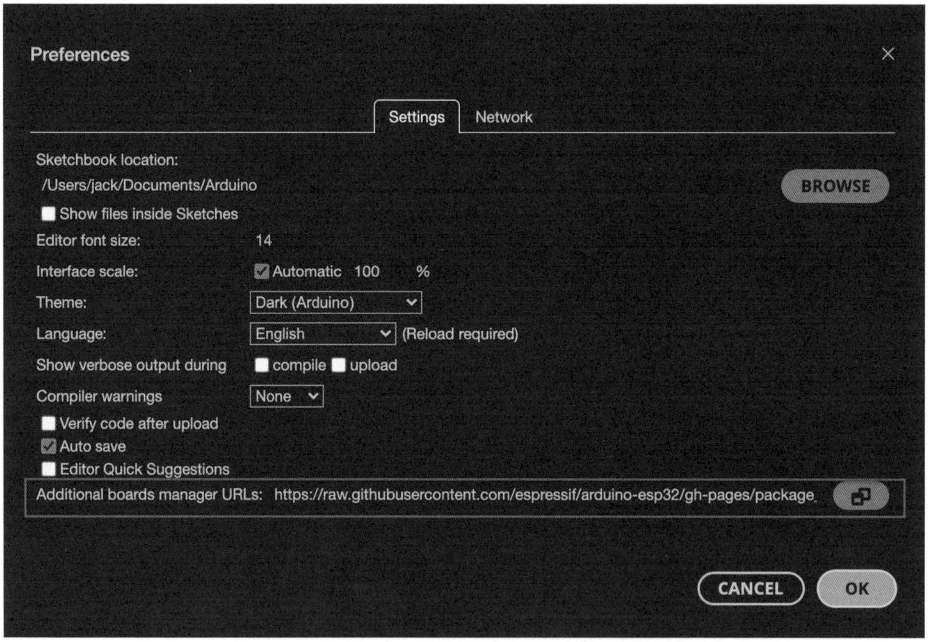

▲ 圖 4-2-3

STEP 3：接著請到「開發板管理員」，搜尋 ESP32，下載並安裝 espressif 所提供的 ESP32 套件。（說明：筆者安裝的 ESP32 版本為 2.0.6）

STEP 4：由於 ESP32 的套件需要 Python2 的直譯器，若沒有安裝 Python2 的使用者，請安裝 Python2。（說明：安裝完 Python2，請在終端機下鍵入 Python 測試是否可以執行）

STEP 5：完成以上步驟後，就可以使用 Arudino IDE 對 ESP32 進行編程了。

STEP 6：接著，我們測試一下編程是否正常，請將 ESP32 的 GPIO12 腳接一個 LED 與 10k 歐姆的限流電阻，如圖 4-2-5。

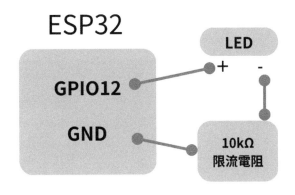

▲ 圖 4-2-4

STEP 7：使用 USB 線將 ESP32 控制板（說明：ESP32 控制板使用 micro USB 埠）與電腦連接，開啟 Arduino IDE，筆者使用的是 ESP32 Wrover，因此選擇的開發板模組為「ESP32 Wrover module」。一般來說，ESP32 控制板連接電腦後會自動偵測串列埠，筆者偵測到的串列埠名稱為 /dev/cu.usbserial-0001。

> **▶注意**
>
> 由於 ESP32 板子上有一顆 USB 轉 UART 的晶片 CP2102，若各位的
> 電腦無法自動偵測 ESP32 的序列埠，請至以下網址安裝 CP2102 的驅
> 動 程 式 https://www.silabs.com/developers/usb-to-uart-bridge-vcp-
> drivers? tab=downloads ）

STEP 8：選擇正確的串列埠後，新增一個檔案，將以下程式碼加入，並燒入
ESP32 中，若燒錄成功，則接到 GPIO12 的 LED 會隔一秒閃爍一次，代表
以上配置成功。

ESP32 程式碼：

```
#define BLINK_GPIO (gpio_num_t)12   //宣告GPIO12
void setup() {
    gpio_pad_select_gpio(BLINK_GPIO);   //選擇GPIO12
    //將GPIO12設為輸出
    gpio_set_direction(BLINK_GPIO, GPIO_MODE_OUTPUT);
}
void loop() {
gpio_set_level(BLINK_GPIO, 0); //GPIO12輸出LOW
    vTaskDelay(1000 / portTICK_PERIOD_MS); //延遲1秒
    gpio_set_level(BLINK_GPIO, 1); //GPIO12輸出HIGH
    vTaskDelay(1000 / portTICK_PERIOD_MS); //延遲1秒
}
```

4.2.3 使用 ESP32 實現 MQTT 雙向傳輸控制

STEP 1：接下來，我們會使用 ESP32 讀取 DHT11 溫濕度感測器，並且使用 MQTT 協定將溫濕度資訊回傳到 ThingSpeak，因此我們需要安裝二個程式庫，分別是 SimpleDHT（說明：用來讀取 DHT11）與 ThingSpeak（說明：用來快速存取 ThingSpeak 的 MQTT 服務），請至 Arduino IDE 的程式庫管理員下載並安裝這二個程式庫。（說明：筆者安裝的 SimpleDHT 版本為 1.0.15，ThingSpeak 的版本為 2.0.1）

STEP 2：安裝完以上二個程式庫後，我們將溫濕度感測器 DHT11 的 DATA 腳位連接至 ESP32 的 GPIO15，將 ESP32 模組與硬體週邊的連接完成如圖 4-2-6。

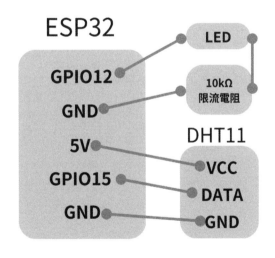

▲ 圖 4-2-5

STEP 3：選擇正確的串列埠後，新增一個檔案，將以下程式碼加入，並燒入 ESP32 控制板。

ESP32 程式碼：

```
#include <SimpleDHT.h>   //引入SimpleDHT函式庫
#include "ThingSpeak.h"   //引入ThingSpeak函式庫
#include <WiFi.h> //引入Wi-Fi函式庫，讓ESP32能連接wifi
#define BLINK_GPIO (gpio_num_t)12
int pinDHT = 15;   //GPIO15腳位宣告
SimpleDHT11 dht11(pinDHT);   // 建立DHT11感測器物件
unsigned long myChannelNumber = <你的Channel Number>;
const char * myWriteAPIKey = "<你的Write API Key>";
const char * myReadAPIKey = "<你的Read API Key>";
char ssid[] = "<你的Wi-Fi SSID>";
char pass[] = "<你的Wi-Fi密碼>";
WiFiClient  client;   //創建一個WiFiClient物件去連接ThingSpeak
void setup() {
  Serial.begin(9600);   //baud rate設為9600bps
  gpio_pad_select_gpio(BLINK_GPIO);   //選擇GPIO12
  //將GPIO12設為輸出
  gpio_set_direction(BLINK_GPIO, GPIO_MODE_OUTPUT);
  //設定將ESP32的WI-FI模式設為STA模式，可以連接WI-FI基地
  //台，另一模式為AP模式，可以點對點連接
  WiFi.mode(WIFI_STA);
  WiFi.begin(ssid, pass); //連接指定的WI-FI基地台
  while (WiFi.status() != WL_CONNECTED) {
    delay(500);
  }
  Serial.println("IP address:");
  Serial.println(WiFi.localIP()); //串列印出Local IP位址
ThingSpeak.begin(client); //初始化ThingSpeak物件
}
```

```
void loop() {
  byte temperature = 0;
  byte humidity = 0;
  int err = SimpleDHTErrSuccess;
  //若讀取DHT11感測器器發生錯誤，則串列印出錯誤訊息，延遲1秒後重新讀取
  if ((err = dht11.read(&temperature, &humidity, NULL)) !=
SimpleDHTErrSuccess) {
    Serial.print("Read DHT11 failed, err=");
    Serial.println(err);
    delay(1000);
    return;
  }
  //串列印出溫濕度值
  Serial.print("DHT11 Sample OK: ");
  Serial.print((int)temperature); Serial.print(" degree, ");
  Serial.print((int)humidity); Serial.println(" %");
  //延遲15秒
  vTaskDelay(15000 / portTICK_PERIOD_MS);
  //MQTT發佈溫濕度值
  ThingSpeak.setField(2, (int)temperature);
  ThingSpeak.setField(3, (int)humidity);
  int httpCode = ThingSpeak.writeFields(myChannelNumber,
myWriteAPIKey);
  //若發佈成功，則串列印出Channel write successful.
  if (httpCode == 200) {
    Serial.println("Channel write successful.");
  }
  else {
    //若發佈不成功，則串列印出錯誤訊息
```

```
    Serial.println("Problem writing to channel. HTTP error code
" + String(httpCode));
  }
  // 訂閱LED開關訊息
  long led_status = ThingSpeak.readLongField(myChannelNumber, 1,
myReadAPIKey);
  httpCode = ThingSpeak.getLastReadStatus();
  if(httpCode == 200){
    //若讀取成功，則串列印出LED開關狀態資訊
    Serial.println("led_status: " + String(led_status));
    //若讀取的LED開關狀態為1，則開啟LED
if (led_status == 1)
      gpio_set_level(BLINK_GPIO, 1);
    //若讀取的LED開關狀態為0，則關閉LED
else if (led_status == 0)
      gpio_set_level(BLINK_GPIO, 0);
  }
  else{
    //若讀取失敗，則串列印出錯誤訊息
    Serial.println("Problem reading channel. HTTP error code " +
String(httpCode));
  }
}
```

以下將程式碼中 MQTT 連線所需要的重要參數列出：

- < 你的 Write API Key>：在 STEP 3 所記錄的訊息。
- < 你的 Read API Key>：在 STEP 3 所記錄的訊息。

- < 你的 Wi-Fi SSID>：你想要 ESP32 連接的 WI-FI 基地台名稱。(説明：ESP32 僅支援 2.4GHz 的訊號)
- < 你的 Wi-Fi 密碼 >：WI-FI 基地台的連線密碼。
- myChannelNumber：在 STEP 2 建立的 Channel（led and dht11）號碼，各位可以在 ThingSpeak 的 led and dht11 Channel 的儀表板上找到 Channel ID 的號碼，它就是程式中的 myChannelNumber。

STEP 4：若以上 MQTT 連線相關參數設定正確，則 ESP32 程式執行後，你應該可以看到 ThingSpeak 的儀表板的 Field 2 Chart（説明：代表溫度資訊）與 Field 3 Chart（説明：代表濕度資訊）會將 ESP32 發佈的資料繪成折線圖，這代表 ESP32 成功的將溫濕度發佈到 ThingSpeak MQTT Broker。但對於 Field 1（説明：LED 開關訊號）的資訊來説，ESP32 則是訂閱者，因此，我們需要一個 MQTT 客戶端來模擬 LED 開關訊號的發佈者。

STEP 5：各位可以到 https://mqttx.app/ 下載並安裝 MQTT X 這個軟體，它可以模擬 MQTT 的客戶端，接下來我們將使用 MQTT X 來模擬 MQTT 的訂閱者，來訂閱 ESP32 發佈的溫濕度資訊，同時也模擬 MQTT 發佈者，來發佈 LED 開關的資訊，遠端控制連接在 ESP32 的 LED，如圖 4-2-6。

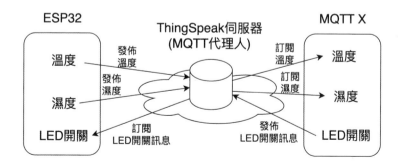

▲ 圖 4-2-6

STEP 6：安裝完成後，啟動 MQTT X，按下「New Connection」，輸入以下連線參數。

- Name：ThingSpeak
- Client ID：與 4.2.1 節 STEP 4 所下載的 mqtt_credentials 檔案中的 clientId 相同。
- Host：mqtt://mqtt3.thingspeak.com
- Port：1883
- Username：與 4.2.1 節 STEP 4 所下載的 mqtt_credentials 檔案中的 username 相同。
- Password：與 4.2.1 節 STEP 4 所下載的 mqtt_credentials 檔案中的 password 相同。
- MQTT Version：3.1.1
- Clean Session：開啟

輸入完成後按下「Connect」，若參數輸入正確，此時狀態應該會顯示已連線。

STEP 7：接著我們先訂閱一下溫度的訊息，按下「New Subscription」，並輸入以下訊息後按下「Confirm」。

- Topic：channels/< 你的 Channel Number>/subscribe/fields/field2
- Qos：1

我們再訂閱濕度訊息，按下「New Subscription」，並輸入以下訊息後按下「Confirm」。

- Topic：channels/< 你的 Channel Number>/subscribe/fields/field3
- Qos：1

Qos 代表發佈者與代理人，或代理人與訂閱者之間的傳輸品質，有 0、1、2 三個層級：

▸ QoS 為 0：最多傳送一次，不保證能交付訊息。

▸ QoS 為 1：最少傳送一次，可以確實傳送訊息，收訊者（如代理人）收到信息後，會傳送回應訊息給發佈者，若一段時間後，發佈者沒有收到回應訊息，則發佈者會再傳送一次，一般來説，QoS 設為 1 已足夠（但訊息可能重覆發送）。

▸ QoS 為 2：確實傳送一次，可以確實傳送訊息，收訊者（如代理人）收到信息後，會與訊息給發佈者，收到信息者會傳送確認封包給寄送者，與 QoS = 1 不同的是，收訊者與發佈者之間會進行二次交握確認，可以防止訊息重複發送，QoS 為 2 會耗費較多網路資源與傳送時間。

完成訂閱後，此時各位應該可以在 MQTT X 軟體看到溫濕度資訊每隔約 15 秒出現在訊息視窗中，如圖 4-2-7。

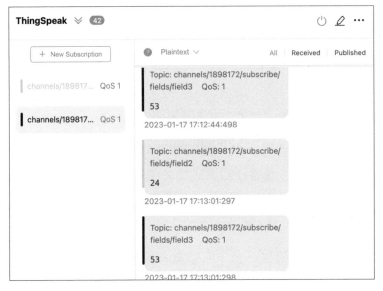

▲ 圖 4-2-7

STEP 8：完成訂閱驗證後，接著我們要發佈訊息到 ThingSpeak，請將 MQTT
右下方的 Payload 設為 Plaintext，Qos 設為 1，Topic 欄位輸入以下發佈字
串：channels/< 你的 Channel Number>/publish/fields/field1，將 Topic 的值
設為 1，如圖 4-2-8 所示，最後按下右下角的發送按鈕，將訊息發佈出去。

▲ 圖 4-2-8

STEP 9：若訊息發送成功，則你的 LED 應該在幾秒內會被點亮，若 LED 成
功被點亮，代表訊息發送成功。(說明：若要將 LED 關閉，可以將 Topic 的
值設成 0，再發佈出去即可。)

4.2.4 本章相關影片連結

本章相關影片可以掃描以下的 QR 碼或是鍵入下方的網址，線上收看。

▲ 影片名稱：[老葉說技術 - 第 14 期] 一次搞懂：
使用 Arduino 開發工具來編程 ESP32 與 Arduino
UNO R3 (Set and program ESP32 using Arduino
IDE)
網址：https://youtu.be/kwA54EMBzQE

▲ 影片名稱：[老葉說技術 - 第 19 期] 一次搞懂：
實現物聯網 MQTT 雙向傳輸與控制 (使用 Arduino
IDE + ESP32 + 免費 MQTT 服務器 ThingSpeak)
網址：https://youtu.be/hGQ6oGi_YHQ

▲ 影片名稱：[老葉說技術 - 第 29 期] 一次搞懂：
使用 ESP32 + Node-Red + MQTT 建構遠端煙霧與
可燃氣體偵測系統 (使用 MQ-5 感測器模組)
網址：https://youtu.be/jaXx8EH4M9E

4.3 樹莓派整合 ESP32 建構 MQTT 伺服端監控程式

在上一節我們成功的使用 ESP32 完成了基於 MQTT 協定的雙向控制系統，在本節中，我們將使用樹莓派結合 Node-RED 建構一個伺服端網頁，即時收集 4.2 節中 ESP32 所發佈的溫濕度資訊，並且用精美的圖形介面顯示出來，並即時畫出溫濕度折線圖，同時在伺服端網頁上，設置一個虛擬開關，透過 MQTT 協定即時控制 ESP32 所連接的 LED，實現一個更完整的物聯網控制系統。

● 學習目標 ●

1. 了解如何使用 Node-RED 實現 MQTT 物聯網控制系統

4.3.1 如何使用 Node-RED 實現 MQTT 物聯網控制系統

接下來我們要整合樹莓派與 ESP32 來實現 MQTT 協定的物聯控制系統，如圖 4-3-1，樹莓派與 ESP32 將同時作為發佈者與訂閱者，我們將使用 4.2 節的成果，讓 ESP32 持續發佈溫濕度訊息到 MQTT Broker，而使用樹莓派訂閱溫濕度訊息並將訊息即時顯示在 Node-RED 所建構的伺服端網頁上，另外樹莓派的伺服端網頁會設置一個虛擬 LED 開關，遠端控制 ESP32 連接的 LED。

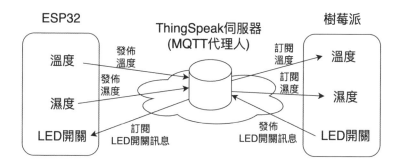

▲ 圖 4-3-1

請進入樹莓派桌面環境，或使用 VNC 遠端連接樹莓派進入桌面環境，並打開終端機，啟動 Node-RED。

STEP 1：在終端機下鍵入：node-red

STEP 2：啟動 Node-RED 後，打開樹莓派的 Chromium 瀏覽器，在網址列貼上：http://127.0.0.1:1880/，並按下 Enter 進入 Node-RED 開發環境。

STEP 3：從左邊元件庫加入以下元件：

- Network(網路) 群組下的 mqtt in 元件 x 2
- Function(功能) 群組下的 change 元件 x 2

- Dashboard(儀表板) 群組下的 gauge 元件 x 2
- Dashboard(儀表板) 群組下的 chart 元件 x 1

請將以上元件連接如圖 4-3-2。

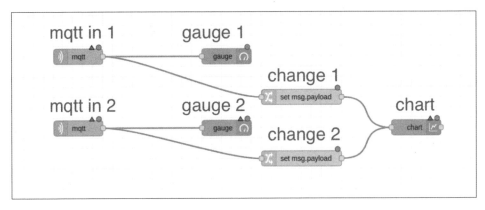

▲ 圖 4-3-2

STEP 4：mqtt in 元件主要用於訂閱 MQTT 主題，我們使用 mqtt in 1 元件訂閱溫度訊息，請雙擊 mqtt in 1 元件，將內容設定如下：

- Server 屬性：mqtt://mqtt3.thingspeak.com
- Topic 屬 性：channels/< 你 的 Channel Number>/subscribe/fields/field2
- Protocol 屬性：MQTT V3.1.1
- Client ID 屬性：與 4.2.1 節 STEP 4 所下載的 mqtt_credentials 檔案中的 clientId 相同。
- Username 屬性：與 4.2.1 節 STEP 4 所下載的 mqtt_credentials 檔案中的 username 相同。
- Password 屬性：與 4.2.1 節 STEP 4 所下載的 mqtt_credentials 檔案中的 password 相同。

我們使用 mqtt in 2 元件訂閱濕度訊息，請雙擊 mqtt in 2 元件，將內容設定如下：

- Server 屬性：mqtt://mqtt3.thingspeak.com
- Topic 屬性：channels/< 你 的 Channel Number>/subscribe/fields/field3
- Protocol 屬性：MQTT V3.1.1
- Client ID 屬性：與 4.2.1 節 STEP 4 所下載的 mqtt_credentials 檔案中的 clientId 相同。
- Username 屬性：與 4.2.1 節 STEP 4 所下載的 mqtt_credentials 檔案中的 username 相同。
- Password 屬性：與 4.2.1 節 STEP 4 所下載的 mqtt_credentials 檔案中的 password 相同。

STEP 5：接著，雙擊 gauge 1，設定以下屬性：

- Group：[Home] Default
- Label：Temperature
- Units：degree
- Range：min: 0，max: 100

再雙擊 gauge 2，設定以下屬性：

- Group：[Home] Default
- Label：Humidity
- Units：%
- Range：min: 0，max: 100

STEP 6：接下來，為了能在 chart 元件同時顯示溫濕度圖形，我們需要各別設定 change 元件，首先雙擊 change 1 元件，將 msg.topic 的值設成 Temperature，如圖 4-3-3。

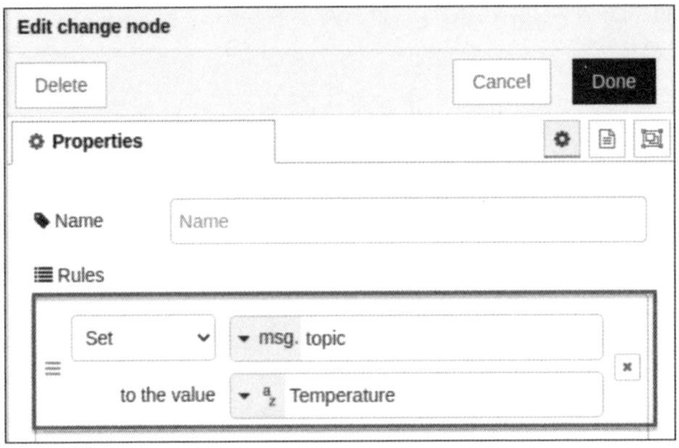

▲ 圖 4-3-3

再雙擊 change 1 元件，將 msg.topic 的值設成 Humidity，如圖 4-3-4。

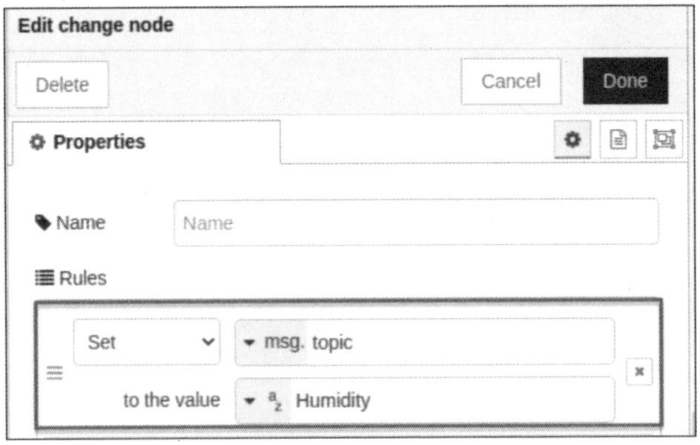

▲ 圖 4-3-4

STEP 7：最後雙擊 chart 元件，將屬性設定如下：

- Group 屬性：[Home] Default
- Label 屬性：溫濕度變化圖
- Y-axis 屬性：min 設為 0，max 設為 100
- Legend 屬性：Show

STEP 8：完成以上的設定後，按下 Deploy(部署)，完成程式設計。

STEP 9：完成部署後，在樹莓派的 Chromium 瀏覽器再開一個新頁，在網址列打入：http://127.0.0.1:1880/ui 並進入網站，即可顯示如圖 4-3-5 的動態網頁。

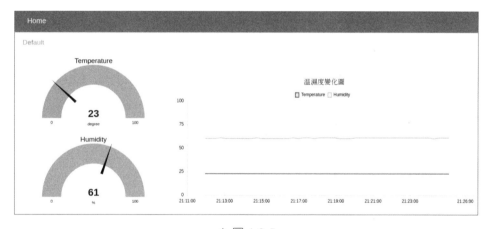

▲ 圖 4-3-5

STEP 10：完以上我們成功建構了伺服端的動態網頁，即時顯示 MQTT 所訂閱的溫濕度資訊，接下來我們要使用 mqtt out 元件來發佈 LED 開關的訊息，請從元件庫加入以下元件：

- Network(網路) 群組下的 mqtt out 元件
- dashboard(儀表板) 群組下的 switch 元件

並將 swtich 元件連接到 mqtt out 元件，如圖 4-3-6 中框線包圍的部分。

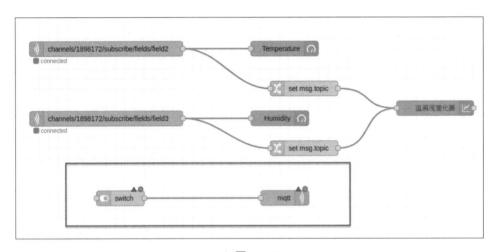

▲ 圖 4-3-6

STEP 11：首先雙擊 mqtt out 元件，將內容設定如下：

- Server 屬性：mqtt://mqtt3.thingspeak.com
- Topic 屬性：channels/< 你的 Channel Number>/publish/fields/field1
- Protocol 屬性：MQTT V3.1.1
- Client ID 屬性：與 4.2.1 節 STEP 4 所下載的 mqtt_credentials 檔案中的 clientId 相同。
- Username 屬性：與 4.2.1 節 STEP 4 所下載的 mqtt_credentials 檔案中的 username 相同。
- Password 屬性：與 4.2.1 節 STEP 4 所下載的 mqtt_credentials 檔案中的 password 相同。

STEP 12：再雙擊 switch 元件，將內容設定如圖 4-3-7。

- Group 屬性：[Home] Default
- Label 屬性：LED switch
- On Payload 屬性：1（數值）
- Off Payload 屬性：0（數值）

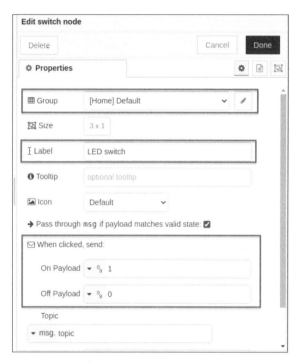

▲ 圖 4-3-7

STEP 13：完成以上的設定後，按下 Deploy(部署)，完成程式設計。

STEP 14：完成部署後，在樹莓派的 Chromium 瀏覽器再開一個新頁，在網址列打入：http://127.0.0.1:1880/ui 並進入網站，即可顯示如圖 4-3-8 的動態網頁，跟圖 4-3-5 唯一的不同是，我們加入了一個 LED switch，現在可以試著改變開關狀態，你會發現 ESP32 的 LED 可以由這個網頁上虛擬的 LED 開關所控制。

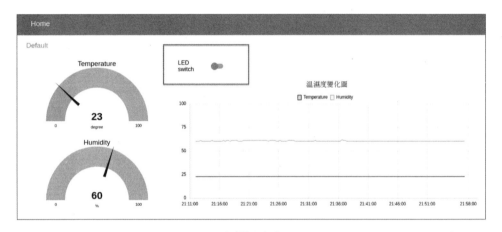

▲ 圖 4-3-8

 Tips

以上呈現的介面設計，是筆者刻意設計的，各位呈現的網頁介面應該跟筆者的不同，各位可以調整 dashboard 每個 Tab 的 Layout（按下如圖 2-1-11 所標註的按鈕），設定每個 dashboard 元件的位置，並配合使用每個 dashboard 元件的 Size 屬性，設定每個 dashboard 元件的大小，自由設計網頁介面。

4.3.2 本章相關影片連結

本章相關影片可以掃描以下的 QR 碼或是鍵入下方的網址,線上收看。

▲ 影片名稱:[老葉說技術 - 第 24 期] 一次搞懂:
使用免費又強大的 Node-Red 建構跨平台的物聯網
圖控程式 (Node-Red + MQTT 協定 + ESP32)
網址:https://youtu.be/UBHnd_iv-8I

▲ 影片名稱:[老葉說技術 - 第 29 期] 一次搞懂:
使用 ESP32 + Node-Red + MQTT 建構遠端煙霧與
可燃氣體偵測系統 (使用 MQ-5 感測器模組)
網址:https://youtu.be/jaXx8EH4M9E

4.4 使用樹莓派建立你專屬的 MQTT 伺服器

在前幾節，我們是以 MQTT 客戶端（發佈者與訂閱者）的角色來使用 MQTT 協定，但在本節，筆者將教各位如何建立自己的 MQTT Broker（伺服器），因此，你可以不再需要依靠公有網路上的 MQTT Broker 服務，也可以自行建立 MQTT 伺服端，我們將使用 Node-RED 將你的樹莓派變身成為 MQTT 伺服器，但本節的內容不僅可以用於樹莓派，也可以用於桌上型電腦或是伺服器上，只要安裝 Node-RED，不用寫一行程式，就可以輕鬆建立 MQTT 伺服器。

● 學習目標 ●

1. 了解如何使用 Node-RED 建立 MQTT 伺服器

4.4.1 使用 Node-RED 建立 MQTT 伺服器

在前幾節，我們是以 MQTT 客戶端（發佈者與訂閱者）的角色來使用 MQTT 協定，但在本節，筆者將教各位如何建立自己的 MQTT Broker（伺服器），因此，你可以不再需要依靠公有網路上的 MQTT Broker 服務，也可以自行建立 MQTT 伺服端，我們將使用 Node-RED 將你的樹莓派變身成為 MQTT 伺服器，但本節的內容不僅可以用於樹莓派，也可以用於桌上型電腦或是伺服器上，只要安裝 Node-RED，不用寫一行程式，就可以輕鬆建立 MQTT 伺服器。

請進入樹莓派桌面環境，或使用 VNC 遠端連接樹莓派進入桌面環境，並打開終端機，啟動 Node-RED。

STEP 1：在終端機下鍵入：node-red

STEP 2：啟動 Node-RED 後，打開樹莓派的 Chromium 瀏覽器，在網址列貼上：http://127.0.0.1:1880/，並按下 Enter 進入 Node-RED 開發環境。

STEP 3：請按下右上角的 ▇ 符號，並選擇「Manage palette（節點管理）」，則會進入節點管理視窗，此時，我們需要安裝本次實驗所需套件：node-red-contrib-aedes，因此，麻煩在安裝的頁面上，鍵入 aedes，則會自動出現 node-red-contrib-aedes 這個套件名稱，按下「install（安裝）」，即可。

STEP 4：若順利安裝完成，則可在左邊元件庫的 network 群組下找到 aedes broker 這個元件，將它拉到工作區，一般來說，我們使用元件的預設屬性即可（說明：請確認 aedes broker 元件的預設 port 是否為 1883），以上就將 MQTT 伺服器建立完成了，但我們先別急著按下 Deploy（部署），因為目前我們是在樹莓派本機端建構 MQTT 伺服器，為了測試 MQTT 伺服器是否運作正常，我們也可以用前一節所教的技巧，使用 mqtt in 與 mqtt out 元件讓樹莓派成為訂閱者與發佈者，測試 MQTT 資料傳輸是否正常。

▶注意

aedes broker 元件的 Username 與 Password 屬性可以設置安全認證訊息。

Tips

aedes broker 元件有二個輸出，分別是 events 與 publish，有興趣的
朋友可以使用 debug 元件來觀看它們的輸出訊息，關於 aedes 元件的
詳細資料可以參考：

https://flows.nodered.org/node/node-red-contrib-aedes

__STEP 4__：請從左邊元件庫加入以下元件：

- Network(網路) 群組下的 mqtt in 元件 x 1
- Network(網路) 群組下的 mqtt out 元件 x 1
- common(通用) 群組下的 inject 元件 x 1
- common(通用) 群組下的 debug 元件 x 1

並將元件連接如圖 4-4-1

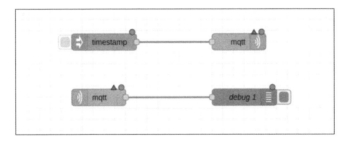

▲ 圖 4-4-1

__STEP 5__：雙擊 mqtt out 元件，將屬性設定如下：

- Server 屬性：localhost:1883
- Topic 屬性：Topic1
- QoS 屬性：1

再雙擊 mqtt in 元件,將屬性設定如下:

- Server 屬性:localhost:1883
- Topic 屬性:Topic1
- QoS 屬性:1

以上就完成了 MQTT 發佈者與訂閱者的設置(說明:目前 MQTT 伺服器、發佈者與訂閱者都是同一台樹莓派),我們使用 Topic1 當作主題名稱,各位也可以自行修改主題名稱。

STEP 6:雙擊 inject 元件,將 msg.payload 值設為"This is Publisher"字串,如圖 4-4-2。

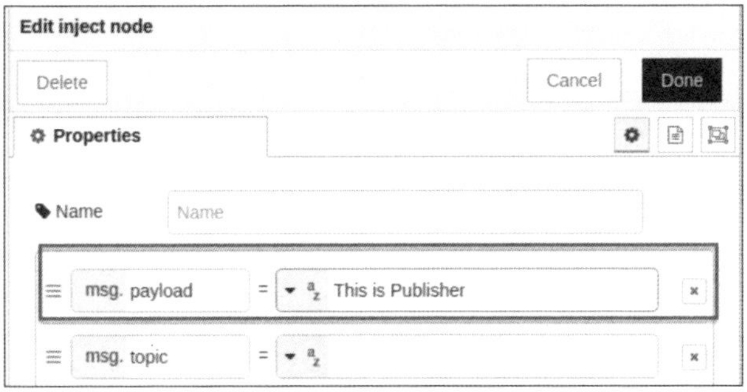

▲ 圖 4-4-2

STEP 7:以上就完成了 MQTT 發佈者與訂閱者的設置,按下 Deploy(部署),完成程式設計。

STEP 8:部署完成後,按下 inject 元件左邊的按鈕,可以將字串發佈到本機端的 MQTT Broker,此時會發現偵錯視窗會輸出 mqtt in 元件所訂閱的 Topic1 主題的訊息"This is Publisher"。 若偵錯視窗出現"This is Publisher"訊息,代表我們建立的 MQTT 伺服器運作正常,成功的將發佈者的訊息傳送到訂閱者手中。

▲ 圖 4-4-3

 Tips

各位也可以使用其它 MQTT 客戶端（如 ESP32），來測試 Node-RED
所建立的 MQTT 伺服器。

4.4.2 本章相關影片連結

本章相關影片可以掃描以下的 QR 碼或是鍵入下方的網址，線上收看。

▲ 影片名稱：[老葉說技術 - 第 32 期] 一次搞
懂：教你如何不寫一行程式就建立你自己的高效率
MQTT 伺服器 (MQTT broker) – 使用 Node-Red
網址：https://youtu.be/KSOX62_fAK0

4.5 使用 ESP32 連接 Node-RED 建立的 MQTT 伺服器

在 4.2 與 4.3 節，我們使用 ThingSpeak 這個免費的 MQTT 伺服器來建構雙向的物聯網控制系統，但當時 ESP32 引入的是 ThingSpeak 的 MQTT 函式庫，但此函式庫只能用於連接 ThingSpeak 伺服器，若要連接非 ThingSpeak 的 MQTT 伺服器，ESP32 勢必需要一個通用的 MQTT 函式庫來完成操作，因此在本節中，我們將以 4.4 節的內容為基礎（使用 Node-RED 建構的私有 MQTT 伺服器來作為 MQTT 代理人），並使用 ESP32 來連接此私有的 MQTT 伺服器，來完成雙向的物聯網控制系統。

● 學習目標 ●

1. 了解如何使用 ESP32 的 MQTT 通用函式庫
2. 了解如何使用 ESP32 連接 Node-RED 建立的 MQTT 代理人

4.5.1 使用 Node-RED 建立 MQTT Broker

STEP 1：首先，請依據 4.4 節的步驟，使用 Node-RED 在樹莓派上建立一個 MQTT Broker（說明：並不限於樹莓派，各位也可以使用 4.4 節的步驟在電腦端建立 MQTT Broker），請從左邊元件庫加入以下元件：

- Network(網路) 群組下的 aedes broker 元件 x 1
- Network(網路) 群組下的 mqtt in 元件 x 2

- Network(網路) 群組下的 mqtt out 元件 x 1
- dashboard(儀表板) 群組下的 switch 元件 x 1
- dashboard(儀表板) 群組下的 gauge 元件 x 2

並將元件連接如圖 4-5-1，

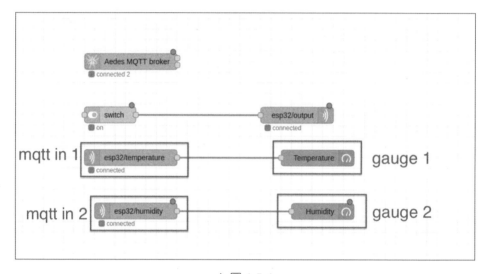

▲ 圖 4-5-1

我們使用 mqtt in 1 元件訂閱 ESP32 所發佈的溫度訊息（說明：稍後將使用 ESP32 來發佈此訊息），請雙擊 mqtt in 1 元件，將內容設定如下：

- Server 屬性：localhost:1883
- Topic 屬性：esp32/temperature
- QoS 屬性：1

我們使用 mqtt in 2 元件訂閱 ESP32 所發佈的濕度訊息（說明：稍後將使用 ESP32 來發佈此訊息），請雙擊 mqtt in 2 元件，將內容設定如下：

- Server 屬性：localhost:1883
- Topic 屬性：esp32/humidity
- QoS 屬性：1

我們使用 mqtt out 元件來發佈 LED 開關訊息（說明：稍後將使用 ESP32 來訂閱此訊息，並依據訊息來開關 LED 燈），請雙擊 mqtt out 元件，將內容設定如下：

- Server 屬性：localhost:1883
- Topic 屬性：esp32/output
- QoS 屬性：1

我們將使用 gauge 元件來顯示所訂閱的溫濕度訊息，請雙擊 gauge 1 元件，將內容設定如下：

- Group：[Home] Default
- Label：Temperature
- Units：degree
- Range：min: 0，max: 100

再雙擊 gauge 2，設定以下屬性：

- Group：[Home] Default
- Label：Humidity
- Units：%
- Range：min: 0，max: 100

我們將使用 switch 元件來發佈 LED 的開關訊息，發佈字串為 "on"，代表開啟 LED 燈，發佈字串為 "off"，代表關閉 LED 燈，因此請雙擊 switch 元件，設定以下屬性：

- Group：[Home] Default
- Label：LED switch
- On Payload："on"
- Off Payload："off"

STEP 2：完成以上的設定後，按下 Deploy(部署)，完成程式設計。

有了前幾節的知識，我們可以從以上的 MQTT 設定，將 MQTT 的控制架構圖畫出，如圖 4-5-2。我們已經完成了 Node-RED 的編程工作，接下來我們要完成 ESP32 端的 MQTT 程式設計。

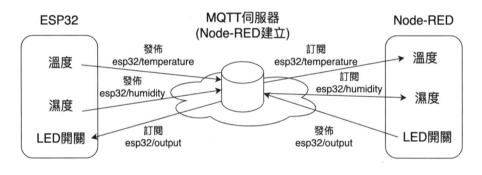

▲ 圖 4-5-2

4.5.2 使用 ESP32 連接 MQTT Broker

STEP 1：接下來，我們會使用 ESP32 讀取 DHT11 溫濕度感測器，並且使用 MQTT 協定將溫濕度資訊回傳到 Node-RED 建立的 MQTT Broker，因此我們需要安裝二個程式庫，分別是 SimpleDHT（說明：用來讀取 DHT11）與 PubSubClient（說明：ESP32 的通用型 MQTT 函式庫，可用來連接 Node-RED 的 MQTT Broker），請至 Arduino IDE 的程式庫管理員下載並安裝這二

個程式庫。（説明：當各位要安裝 PubSubClient 這個函式庫時，請到程式庫管理員打入搜尋字串 PubSubClient，並選擇安裝 EspMQTTClient 這個函式庫）。

 Tips

PubSubClient 函式庫可支援的功能相當豐富，有興趣的讀者可以參考以下網址，查詢函式的進階功能。

https://github.com/knolleary/pubsubclient

STEP 2：安裝完以上二個程式庫後，我們將溫濕度感測器 DHT11 的 DATA 腳位連接至 ESP32 的 GPIO15，將 ESP32 模組與硬體週邊的連接完成如圖 4-5-3。

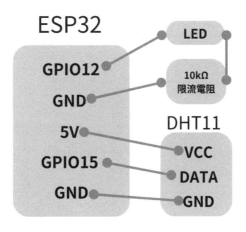

▲ 圖 4-5-3

STEP 3：選擇正確的串列埠後，新增一個檔案，將以下程式碼加入，並燒入
ESP32 控制板。

ESP32 程式碼：

```
#include <SimpleDHT.h> //引入SimpleDHT函式庫
#include <WiFi.h>  //引入Wi-Fi函式庫，讓ESP32能連接wifi
#include <PubSubClient.h> //引入PubSubClient函式庫
#define ledPin (gpio_num_t)12
int pinDHT = 15;  //GPIO15腳位宣告
SimpleDHT11 dht11(pinDHT);  // 建立DHT11感測器物件
char ssid[] = "<你的Wi-Fi SSID>";
char pass[] = "<你的Wi-Fi密碼>";
//MQTT伺服器IP位址
const char* mqtt_server = "<你的樹莓派IP位址>";
//創建一個WiFiClient物件去連接MQTT伺服器
WiFiClient  espClient;
PubSubClient client(espClient); //初始化PubSubClient物件
void setup() {
  Serial.begin(9600);  //baud rate設為9600bps
  gpio_pad_select_gpio(ledPin); //選擇GPIO12
  gpio_set_direction(ledPin, GPIO_MODE_OUTPUT);//將GPIO12設為輸出
  //設定將ESP32的WI-FI模式設為STA模式，可以連接WI-FI基地
  //台，另一模式為AP模式，可以點對點連接
  WiFi.mode(WIFI_STA);
  WiFi.begin(ssid, pass);  //連接指定的WI-FI基地台
  while (WiFi.status() != WL_CONNECTED) {
    delay(500);
  }
  Serial.println("IP address:");
```

```
  Serial.println(WiFi.localIP()); //串列印出Local IP位址
  client.setServer(mqtt_server, 1883); //設定連接的MQTT伺服器資訊
  client.setCallback(callback); // 設定接收訂閱訊息的處理函式
}
void callback(char* topic, byte* message, unsigned int length) {
  Serial.print("message arrived, topic: ");
  Serial.print(topic);
  Serial.print(". message: ");
  String messageTemp;
  for (int i = 0; i < length; i++) {
    Serial.print((char)message[i]); //串列印出接收訊息
//將接收訊息拷貝至messageTemp
    messageTemp += (char)message[i];
  }
  // 若主題是esp32/output，則判斷訊息內容，若為"on"，則開啟LED燈，若
為"on"，則關閉LED燈
  if (String(topic) == "esp32/output") {
    if(messageTemp == "on"){
      Serial.println("on");
      digitalWrite(ledPin, HIGH);
    }
    else if(messageTemp == "off"){
      Serial.println("off");
      digitalWrite(ledPin, LOW);
    }
  }
}
void reconnect() {   //重新連線MQTT伺服器函式
  // Loop until we're reconnected
```

```
  while (!client.connected()) {
    Serial.print("connecting…");
    // 重新連接MQTT伺服器
    if (client.connect("ESP32Client")) {
      Serial.println("connected");
      // 訂閱esp32/output主題
      client.subscribe("esp32/output");
    } else {
      Serial.print("connect failed, status code:");
      Serial.print(client.state());
      Serial.println("connect again in 5 seconds…");
      delay(5000);
    }
  }
}
void loop() {
  byte temperature = 0;
  byte humidity = 0;
  int err = SimpleDHTErrSuccess;
  //若讀取DHT11感測器器發生錯誤，則串列印出錯誤訊息，延遲1秒後重新讀取
  if ((err = dht11.read(&temperature, &humidity, NULL)) !=
SimpleDHTErrSuccess) {
    Serial.print("Read DHT11 failed, err=");
    Serial.println(err);
    delay(1000);
    return;
  }
  //串列印出溫濕度值
  Serial.print("DHT11 Sample OK: ");
```

```
Serial.print((int)temperature); Serial.print(" degree, ");
Serial.print((int)humidity); Serial.println(" %");
//若MQTT斷線，則重新連接
if (!client.connected()) {
  reconnect();
}
client.loop();
// 將溫度轉換成字串，並發佈溫度訊息
char tempString[8];
dtostrf((double)temperature, 1, 2, tempString);
Serial.print("Temperature: ");
Serial.println(tempString);
client.publish("esp32/temperature", tempString);
// 將濕度轉換成字串，並發佈濕度訊息
char humString[8];
dtostrf((double)humidity, 1, 2, humString);
Serial.print("Humidity: ");
Serial.println(humString);
client.publish("esp32/humidity", humString);
delay(2000);   //每隔2秒重新執行loop函式
}
```

STEP 4：將以上程式碼燒入 ESP32 控制板後，若 MQTT 連線參數設定正確，程式即將開始執行，此時在樹莓派的 Chromium 瀏覽器開一個新頁，在網址列輸入：http://127.0.0.1:1880/ui 並進入網站，即可顯示如圖 4-5-4 的動態網頁。

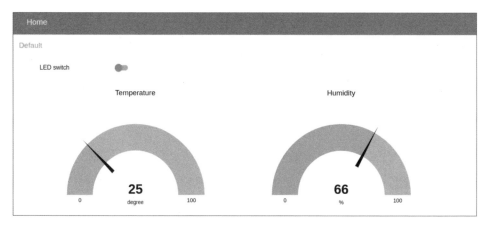

▲ 圖 4-5-4

溫度與濕度 gauge 元件即時顯示了 ESP32 發佈的 esp32/temperature 與 esp32/humidity 的溫濕度資訊，此時各位也可以使用滑鼠更改 LED switch 的開關狀態，來即時開啟跟關閉連接在 ESP32 的 LED 燈。

4.5.3 本章相關影片連結

本章相關影片可以掃描以下的 QR 碼或是鍵入下方的網址，線上收看。

▲ 影片名稱：[老葉說技術 - 第 76 期] 5 分鐘搞定：使用 ESP32 連接 Node-RED 建立的 MQTT 伺服器
網址：https://youtu.be/2vysPwsuk9A

4.6 發佈你的網站，使用 Ngrok 建立可訪問的 https 網址與 ssh 連線

在本書的大部分內容，我們都使用 Node-RED 來建構物聯網伺服端網頁，但到目前為止，我們都在私有的區域網路下進行，本節筆者將教各位，如何在沒有公有 IP 位址的情況下，發佈你的物聯網網站，不管是用什麼工具建構的伺服端網站，都可以用本節教的方法發佈到公有網路，讓各位可以在公有網路下，直接透過瀏覽器控制你的物聯網裝置。

● 學習目標 ●

1. 了解如何使用 Ngrok 服務發佈本機端網站

4.6.1 使用 Ngrok 來發佈本機端網站

在本書的大部分內容，我們都使用 Node-RED 來建構物聯網的伺服端網頁，但到目前為止，我們都在私有的區域網路下進行，在本節筆者將教各位使用 Ngrok 服務，它可以將你的本機端網站，在沒有公有 IP 位址的情況下，發佈到公有網路，不管是用什麼工具建構的伺服端網站，都可以用本節教的方法發佈出去，讓各位可以在公有網路下，直接透過瀏覽器控制你的物聯網裝置。

本節我們將使用樹莓派進行示範，Ngrok 服務支援各種作業系統與平台，各位可以參考它的官方網站：https://ngrok.com/

首先，請進入樹莓派桌面環境，或使用 VNC 遠端連接樹莓派進入桌面環境，並打開終端機，啟動 Node-RED。

STEP 1：首先，請進入樹莓派終端機，執行以下命令下載 ngrok 軟體。
指令碼：

```
$ sudo wget https://bin.equinox.io/c/4VmDzA7iaHb/ngrok-stable-
linux-arm.zip
```

STEP 2：下載完成後，執行解壓縮。
指令碼：

```
$ sudo unzip ngrok-stable-linux-arm.zip
```

STEP 3：接著，請進入網站：https://dashboard.ngrok.com/login
註冊一個免費帳號。（各位也可以利用現有的 Google 或 GitHub 的帳號，進行註冊）

STEP 4：註冊完成後，登入 https://dashboard.ngrok.com/login
登入完成後，會進入帳號專屬頁面，按下左側的「Your Authtoken」，將會出現 Your Authtoken 的訊息，按下「Copy」將它拷貝下來。

STEP 5：取得 Authtoken 後，在樹莓派終端機執行以下命令，將 Authtoken 加入。
指令碼：

```
$ ./ngrok authtoken <你的Authtoken>
```

STEP 6：加入 Authtoken 後，在樹莓派終端機執行以下命令，將樹莓派的 1880 埠（說明：1880 埠是 Node-RED 網站的預設埠，也可以自行改變）的網站（http）發佈到公有網站。（說明：筆者使用我們在 4.3 節建構的 Node-RED 網站來作示範，見圖 4-3-8。）

指令碼：

```
$ ./ngrok http 1880
```

STEP 7：命令執行後，各位應該可以看到如圖 4-6-1 的終端機畫面。畫面顯示目前我們是使用免費方案，並且它已經將樹莓派的 localhost:1880 的網站發佈到公有網路，並且可以用 http 與 https 二個協定來訪問，一般我們都會使用 https 來瀏覽網站（說明：一般來說，考量安全性，網頁瀏覽器都會阻擋 http 的網站），請將 https://3331-220-135-8-230.ngrok.io/ 字串複製下來，並且在字串後加上 ui（說明：我們要造訪的是 Node-RED 發佈的 dashboard 網頁，並非 Node-RED 開發環境），因此，請使用其它電腦（平板或手機皆可）的瀏覽器造訪網址：https://3331-220-135-8-230.ngrok.io/ui，各位應該可以看到與圖 4-3-8 相同的網站內容，如圖 4-6-2。此時，各位可以操作 LED switch，可以發現遠端控制功能一切正常。

若要停止發佈，在圖 4-6-1 的終端機畫面上按下 CTRL ＋ C 即可。

▲ 圖 4-6-1

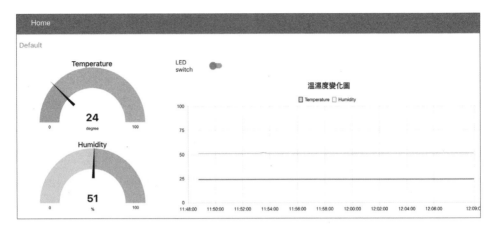

▲ 圖 4-6-2

4.6.2 使用 Ngrok 來遠端 SSH 連線你的樹莓派

STEP 1：接續 4.6.1 節的 STEP 6，在樹莓派終端機執行以下命令。

指令碼：

```
$ ./ngrok tcp 22
```

STEP 2：執行完成，可以看到如圖 4-6-3 的終端機畫面。

▲ 圖 4-6-3

STEP 3：打開電腦端終端機，使用 SSH 命令連上 ngrok 提供的網址，即可
透過公有網路連上你的樹莓派。

指令碼：

```
$ ssh pi@8.tcp.ngrok.io -p 14377
```

 Tips

> Ngrok 有分免費版與付費版，免費版有流量限制，但對於開發測試來
> 說相當足夠，也可以購買它的付費版本（專業版與企業版），以專業版
> 來說，每個月為 20 美金，可以享有每分鐘 120 個連線額度，每月頻
> 寬額度為 1GB，詳細資訊可以參考 ngrok 官網：ngrok.com。

4.6.3 本章相關影片連結

本章相關影片可以掃描以下的 QR 碼或是鍵入下方的網址，線上收看。

▲ 影片名稱：[老葉說技術 - 第 72 期] 5 分鐘搞
定：讓外部網路可以造訪你用 Node-RED 建構的
網站。使用 Ngrok 建立可訪問 https 網址。
網址：https://youtu.be/p-tkJbHHxP0

邁向高手之路

智慧的增長，可用痛苦的減少
來精確衡量。

——尼采

5.1 用示波器觀測串列通訊波形，讓你完全理解串列通訊

在 2.6 節我們教導各位如何使用樹莓派的串列通訊，並且在第 3 章我們也使用 Arduino 開發工具的序列繪圖家來實際觀測由 Arduino 回傳的串列資料波形。相信到目前為止，各位應該已經相當熟悉串列埠的使用方式了，但各位知道串列通訊實際是如何運作的嗎？你是否知道串列資料是如何被編碼與傳送的？若你也曾經有過這樣的疑問，本節將徹底幫你解決這個問題，筆者將完整並徹底的將串列通訊的底層邏輯教給各位，並使用示波器將串列通訊的電壓訊號量測出來，相信各位學習完本節的內容後，從此將對串列通訊的運作原理了然於胸。

● 學習目標 ●

1. 了解串列通訊原理
2. 了解如何使用示波器實際觀測串列訊號
3. 了解如何解讀串列通訊波形

5.1.1 串列通訊原理

在 2.6 節我們教各位如何使用樹莓派的串列通訊，並且在第 3 章我們也使用 Arduino 開發工具的串列繪圖家來實際觀測由 Arduino 回傳的串列資料波形。相信到目前為止，各位應該已經相當熟悉串列埠的使用方式了，但各位知道串列通訊是如何運作的嗎？你是否知道串列通訊資料是如何被編碼並傳送嗎？若你也曾經有過這樣的疑問，本節將徹底幫你解決這個問題。

一般電腦或微控制器的串列埠是屬於非同步收發通訊的一種（Universal Asynchronous Receiver/Transmitter，UART）通訊的一種，所謂的非同步通訊就是二個通訊裝置之間並無共同時脈當作同步訊號（說明：還有另一種叫作 USART，為整合非同步與同步通訊的二合一通訊裝置），因此發送端需要使用一個開始位元信號（低電壓位準）來通知對方開始通訊，最後用一個結束位元（高電壓位準），來通束通訊。

 Tips

起始位元的意義在於，由於串列通訊是非同步通訊，二個通訊裝置之間並無共同時脈當作同步訊號，因此第一個起始位元就是通知對方裝置要開始通訊的同步訊號。最後，資料位元傳輸完畢後，還會加入一個結束位元，通知對方裝置，通訊結束。

一般微控制器的串列埠主要有二個資料傳輸腳位：RX 與 TX，RX 腳位負責接收來自對方裝置 TX 腳位送出的資料，而 TX 腳位則會送出資料至對方裝置的 RX 腳位，而二個裝置要能夠正確進行串列通訊，則還需要有一條地線（GND），連接彼此，來作為電壓的參考準位，如圖 5-1-1。

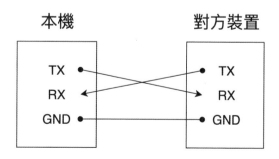

▲ 圖 5-1-1

如圖 5-1-1 所示，UART 通訊的資料發送腳位 TX 與資料接收腳位 RX 是各
自獨立的，因此在傳送資料的同時也可以接收資料，因此可以做到全雙工通
訊。

 Tips

對於常見的 I2C 通訊協定並非全雙工，而是半雙工，它允許資料雙
向傳輸，但某一個時刻，資料只能夠發送或是接收，因為它的資料線
（SDA）只有一條（另一條為同步時脈 SCL，因此 I2C 也是同步通
訊）。

在以下實驗中，我們將使用 Arduino Uno 來發送串列資料，並使用示波器
來觀測 Arduino Uno TX 腳位的電壓波形（筆者使用的示波器型號：Hantek
6254BC USB 示波器）。

STEP 1：首先，請各位先將以下程式碼燒錄至 Arduino Uno 控制板。

Arduino 程式碼：

```
void setup() {
//資料baud rate為9600bps, 資料格式為8, n ,1
Serial.begin(9600);
}
void loop() {
//每隔10ms，送出字元a
Serial.write("a");
delay(10);
}
```

STEP 2：燒錄完成後，筆者使用示波器 CH1 連接 Arduino Uno 的 TX 與
GND 腳位，如圖 5-1-2。稍微調整示波器相關參數（時間：200us/ 格，振
幅：2V/ 格），圖 5-1-3 為示波器捕捉的串列資料波形（TX 所發送的單次資
料）。

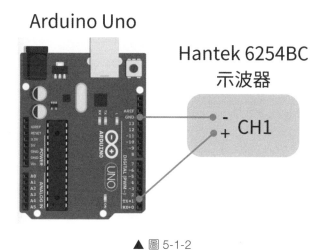

▲ 圖 5-1-2

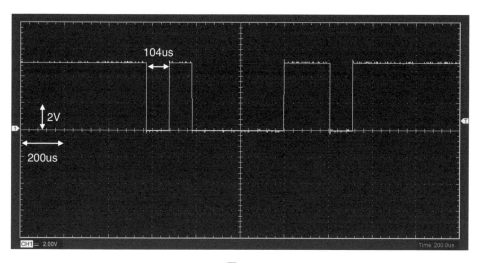

▲ 圖 5-1-3

Tips

各位不一定要使用 Arduino 的控制板來完成本節的實驗，也可以使用任何有串列埠的裝置（如樹莓派或 ESP32）來完成。

STEP 3：筆者在圖 5-1-3 的波形圖上標註出相關的時間與電壓單位，首先筆者在圖上特別標註出的 104us 時間，這個時間是指串列資料一個位元的寬度，這個時間寬度與我們設定的 baud rate 有關，以下為位元時間寬度與 baud rate 的關係。

$$1 位元時間寬度 = 1/baud\ rate = 1/9600 = 104us$$

由於在程式中，我們將 baud rate 設定為 9600，它指的是每秒能傳輸 9600 位元（bits per second, bps），而 baud rate 的倒數就是 1 位元的時間寬度，因此，示波器也精準的告訴我們，目前我們 1 位元的時間寬度為 104us。

STEP 4：現在我們已經瞭解 baud rate 的意義，那麼傳輸的資料格式是什麼呢？在 Arduino，預設的資料格式為 8 個資料位元，無奇偶同位校正與 1 個結束位元（一般稱為 8,n,1），換句話說，資料會被編碼成 8 個資料位元，由於沒有奇偶同位的校正，因此緊跟著資料位元的就是一個結束位元。

對於串列通訊，資料位元就是 8 位元的 ASCII 碼，也就是說我們的資料會根據 ASCII 表被編碼成 ASCII 碼進行傳輸。根據 ASCII 表，字元 a 的 16 進制 ASCII 碼為 0x61，轉換成二進制就是 01100001b（說明：標註 b 代表二進制格式）。接下來我們再重新檢視一下資料波形（見圖 5-1-4）

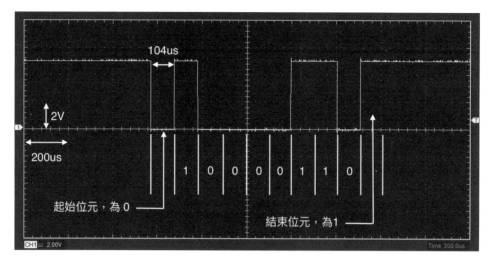

▲ 圖 5-1-4

從圖 5-1-4 我們可以看到，資料位元是從低位元到高位元依序傳送，也就是說，01100001b 這個 8 位元資料是從最低的位元 1 開始傳送，依序是：1、0、0、0、0、1、1、0，從示波器的波形我們可以得到驗證，而在資料位元之前，發送端會先送出一個起始位元 0，起始位元的意義在於，由於串列通訊是非同步通訊，二個通訊裝置之間並無共同時脈當作同步訊號，因此第一個起始位元就是通知對方裝置要開始通訊的同步訊號。最後，資料位元傳輸完畢後，還會加入一個結束位元，通知對方裝置，通訊結束。

STEP 5：接下來，我們稍微修改一下程式碼如下，讓 Arduino 一次送出二個字元（a 與 b），我們再用示波器觀察波形。請各位再將以下程式碼燒錄至 Arduino Uno 控制板。

Arduino 程式碼：

```
void setup() {
    //資料baud rate為9600bps, 資料格式為8, n ,1
    Serial.begin(9600);
```

```
}
void loop() {
    //每隔10ms，送出字元ab
    Serial.write("ab");
    delay(10);
}
```

STEP 6：燒錄完成後，我們用示波器再次觀察 TX 與 GND 之間的電壓波形，
如圖 5-1-5。因為我們下的命令是 Serial.write("ab")，因此從波形結果不難
看出，a 字元優先於 b 字元先傳輸，傳輸的前半部分與圖 5-1-4 一致，當 a
字元的資料傳輸完成後，b 字元緊接著被傳送出來，位元傳輸順序與先前描
述的一致，依然會先傳送一個起始位元 0，接下來，依序從字元 b 的 ASCII
二進制碼 01100010b 的最低位元 0 開始傳送，依序是 0、1、0、0、0、1、
1、0，最後再送出結束位元 1，結束資料傳輸。

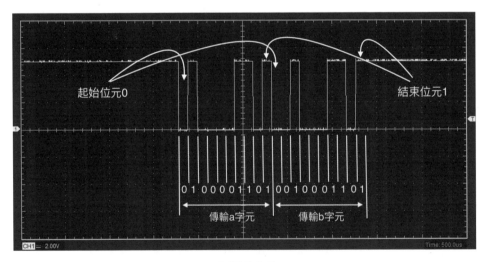

▲ 圖 5-1-5

5.1.2 結論

從以上結果可以得知：

- 若串列通訊資料格式為：8 個資料位元，無奇偶同位校驗與 1 個結束位元（8,n,1），則串列傳輸一個字元的資料量為 10 個位元（1 個開始位元＋ 8 個資料位元＋ 1 個結束位元）。

- 每一個字元的串列傳輸資料都包含一個開始位元與一個結束位元。

- 一般在觀察串列訊號波形時，都很容易忘記還有結束位元的存在，因為結束位元是高電壓訊號（TTL 5V），跟串列埠閒置時的電壓位準一樣（一般又稱為 idle HIGH）。

- 對於某些 UART 串列通訊的規格，如 RS-232，常見的電壓位準可能是 ±15（其它如 ±5、±10、±12 也有可能），當裝置間要通訊時，請注意電壓位準是否一致，若不一致，請調整成雙方一致的電壓位準後（可以使用 Level shifter IC 如 MAX232），再進行通訊，否則可能會燒壞控制板。

- 一般微控制器使用的電壓位準為 5V（TTL）或 3.3V，以本節使用的 Arduino Uno 來說，它是使用 5V 電壓（說明：樹莓派與 ESP32 都是使用 3.3V 的電壓位準），若是 3.3V 裝置與 5V 裝置之間要進行 UART 通訊，也需要使用 Level shifter 轉換電壓轉位。

5.1.3 本章相關影片連結

本章相關影片可以掃描以下的 QR 碼或是鍵入下方的網址，線上收看。

▲ 影片名稱：[老葉說技術 - 第 23 期] 一次搞懂：
用示波器帶你實際看一看串列訊號的波形，你就能
完全理解串列通訊。

網址：https://youtu.be/kV94ovBBDH8

5.2 教你精算鮑率，像個專業人士一樣使用串列埠

在 5.1 節我們已經將串列通訊運作的底層邏輯教給各位，並且實際用示波器觀測串列埠的電壓訊號，來驗證資料是如何轉換成電壓信號並傳送出去，本節我們將更進一步，將教各位精算所需要的串列通訊鮑率（baud rate），擺脫盲目設定的困境。為何要精算 baud rate 呢？原因是，在實務上，串列埠常常作為一個很重要的偵錯（debug）手段，有經驗的韌體工程師常常用它來觀察演算法或程式裏某些變數的值與它的變化趨勢，因此就會衍生一個很重要的原則：串列埠的速度一定必須快過你的觀察對

象的變化速度，否則你可能會遺失觀測對象的變化細節。學會如何精算 Baud rate，也代表你的串列通訊技能已達高手之列。

⋯⋯⋯⋯⋯⋯⋯⋯⋯⋯⋯⋯⋯⋯⋯⋯⋯⋯⋯⋯⋯⋯⋯⋯⋯⋯

● 學習目標 ●

---

1. 了解如何精算串列埠鮑率（baud rate）
2. 了解如何使用程式技巧與示波器驗證串列埠通訊
3. 了解如何正確使用串列埠來觀測變數

5.2.1 精算串列通訊所需 Baud rate

在實務上，我們通常會想要使用串列埠來觀察程式碼中的某個變數值，而這個變數值通常是會變化的，而在設定串列埠速度之前，我們必須先確認觀測變數的變動速度，這是關鍵所在，若串列埠的速度低於觀測對象的變化速度，則必定會遺失觀測對象的變化細節。為了模擬變數變動率如何影響串列埠 baud rate 的設定，本節我們將使用 2.6 節與 3.2、3.3 節教過的技巧，我們會在 Arduino 的 loop() 函式中，每隔 1ms 計算一個正弦信號值，以 1kHz 的頻率來模擬所要觀測變數的變動速度，同時計算完正弦信號值後，直接透過串列埠將值發送出來，並使用 Arduino IDE 的「序列繪圖家」與示波器進行觀察，看看在不同的 baud rate 下，串列輸出結果是否能完整傳達觀測變數變動的細節資訊。

STEP 1：首先，請先將 Arduino Uno 控制板與電腦 USB 埠連接，如圖 5-2-1。

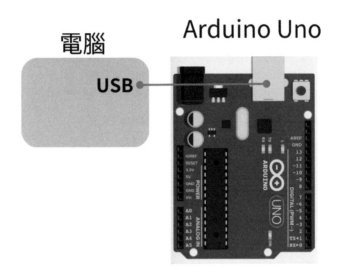

▲ 圖 5-2-1

STEP 2：請各位將以下程式碼燒錄至 Arduino Uno 控制板。

Arduino 程式碼：

```
void setup() {
    //資料baud rate為74880bps, 資料格式為8, n ,1
    Serial.begin(74880);
}
void loop() {
    float t = micros()/1.0e6;   //取得即時秒數
    float xn = sin(2*PI*1*t);   //計算1Hz振幅為1的正弦波值
    delay(1);   //延遲1ms，可讓loop每隔1ms執行一次
    Serial.println(xn, 2);   //將浮點數xn取小數點二位後傳出
}
```

STEP 3：燒錄完成後，請開啟 Arduino IDE 的「工具」→「序列繪圖家」，將左下角的 baud rate 設為 74880，各位可以看到如圖 5-2-2 的波形。

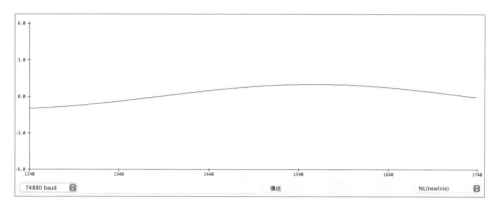

▲ 圖 5-2-2

STEP 3：圖 5-2-2 顯示的是一個 1Hz 正弦波形，正弦波每週期都取樣 1000 個點（1 秒 /1ms=1000 點），而每個點都由串列埠傳回，因此顯示的正弦波非常的細緻。我們再到 Arduino IDE 的「工具」→「序列埠監控視窗」，開啟「序列埠監控視窗」後，我們觀測一下實際回傳的數據，如圖 5-2-3。

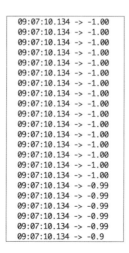

▲ 圖 5-2-3

從圖 5-2-3 可以清楚看到，每一個回傳的正弦波值都只有二個小數位數（為了方便說明，在此僅取小數兩位，在實務上每一個數據點的值都應該不同），這是因為我們已將正弦值（浮點數）取到小數點第二位後才將數值傳回，我們觀測一下回傳的數據，發現最長的數據是 5 個字元，如 -0.99，最短的數據是 3 個字元，如 0.4。

STEP 4：接下來，我們來細部分析一下每個取樣點的傳輸時序，如圖 5-2-4，假設在 t1 時刻，算出的正弦值為 -1.00，並且在 t1 時刻將 -1.00 值用串列埠傳送出去，到到 t2 時刻，算出的正弦值為 -0.99，此時，又需要將 -0.99 的值用串列埠傳送出去，因此，我們需要確保，在 t2 時，t1 時刻的序列資料已經被傳送完成，不然在 t2 時所產生的數據（ -0.99）是無法被傳送出去的，因為此時串列埠仍未將 t1 時刻的資料傳送完畢。

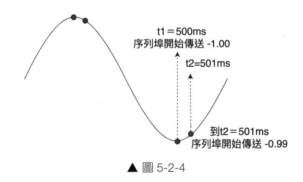

▲ 圖 5-2-4

我們要如何確保在每一個時刻來臨前，上一個時刻的資料已經被確實傳送呢？答案就是要使用正確的 baud rate 來傳輸資料，在此我們計算一下要傳送這個 1ms 更新率的正弦數據所需的 baud rate。

若要得到正確的 baud rate，需要以最長數據進行估算，首先，從以上內容我們知道，傳送的最長數據是 5 個字元（如 -0.99 這個數據），當使用 Serial.println() 函式時，它會在字串後加入一個換行字元，在 Arduino，換行字元是由 /r/n 所組成，/r 為歸位字元（ASCII 13），/n 為換行字元（ASCII 10），共

2 個 byte（一個 ASCII 字元為一個 byte），這需要特別注意。因此我們可以知
道，最長的數據字元數為 7 個 ASCII 字元，從 5.1 節的內容我們也知道，每
個字元的串列資料的總位元為 10（8 個資料位元＋ 1 個起始位元＋ 1 個結束
位元），因此要傳送 7 個字元所需的總傳輸位元數為 7*10 ＝ 70，所以每次進
行串列傳輸的資料量為 70 個位元，由於資料變動速度是 1ms，因此我們要
在 1ms 的時間內將 70 個位元傳送完成，因此需中要的最低 baud rate 為：

$$所需的最低\ baud\ rate = 70\ bits/1ms = 70000\ bps$$

我們可以得到所需的最低 baud rate 為 70000bps，這也是我們在 STEP 2
中，先將 Arduino 程式的 Baud rate 設成 74880bps 的原因，由於 Arduino
IDE 僅支援幾個固定 Baud rate（不支援任意設定 Baud rate），因此筆者選擇
滿足 70000bps 的最低 Baud rate，也就是 74880bsp。

STEP 5：若我們選擇低於需要的最低 Baud rate（70000bps）會如何呢？
為了清楚看出差異，請各位將 STEP 2 中 Arduino 程式的 Baud rate 設成
4800bps，再重新燒錄程式。

STEP 6：燒錄完成後，開啟 Arduino IDE 的「工具」→「序列繪圖家」，將左
下角的 baud rate 設為 4800，各位可以看到如圖 5-2-5 的波形。

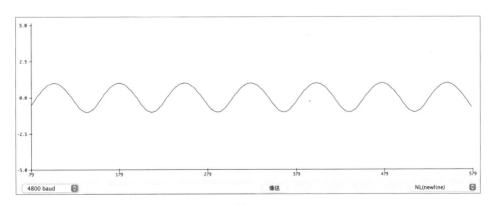

▲ 圖 5-2-5

從圖 5-2-5 的波形可以清楚看到，雖然仍然能夠顯示正弦波形資料，但相較於圖 5-2-2，圖 5-2-5 的波形變得粗糙許多，這是由於使用 4800bps 的 Baud rate 並無法確實將每一個資料點都傳送回來所致。

我們可以計算一下，若使用 4800bps 的 Baud rate，則每秒能夠回傳的資料量為：

4800/70 = 68.57 個資料點（説明：以每個資料點 70 bits 的長度來估算）

因此，我們知道，使用 4800bps 的 Baud rate，每秒只能回傳 68 個資料點，而每個資料點需要 14.7ms 的傳輸時間（1/68 = 0.0147s），遠遠低於資料的變化速度（1000 次／秒），我們也會因此損失了變數數值變化的細節資訊。

5.2.2 使用示波器驗證 Baud rate 合理性

STEP 1：以上是基於觀看波形來驗證 Baud rate 設定的合理性，為了能更精確的驗證我們的理論計算，接下來筆者將會使用示波器來精確量測不同 Baud rate 下，資料傳輸所需要的時間。

首先，筆者先驗證在 74880bps 的 Baud rate 下，傳輸一筆資料（70 bits）所需的時間，在以下程式中，我們將會使用 Arduino Uno 腳位 10 作為一個輔助旗標，當串列傳輸開始時，腳位 10 輸出 LOW，當串列輸出函式（説明：Serial.println(xn, 2)）執行完畢時，腳位 10 再設定為 HIGH，配合輔助旗標，可以幫助我們量測串列傳輸一筆資料所需的時間。（説明：若沒有腳位 10 作為量測輔助旗標，我們無法知道傳輸何時開始，何時結束）

我們將使用示波器的通道 2（CH2）來觀測輔助旗標信號，Arduino Uno 控制板與示波器的接線如圖 5-2-6 所示。

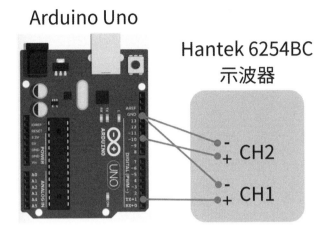

▲ 圖 5-2-6

接下來，請各位將以下程式碼燒入 Arduino Uno 控制板。

Arduino 程式碼：

```
void setup() {
    //資料baud rate為4800bps, 資料格式為8, n ,1
    Serial.begin(74880);
    pinMode(10, OUTPUT);        //將腳位10作為數位輸出腳
    digitalWrite(10, HIGH);     //腳位10初始化為HIGH
}
void loop() {
    float t = micros()/1.0e6;   //取得即時秒數
    float xn = sin(2*PI*1*t);   //計算1Hz振幅為1的正弦波值
    delay(1);   //延遲1ms，可讓loop每隔1ms執行一次
    digitalWrite(10, LOW);      //串列傳輸開始，將腳位設LOW
    Serial.println(xn, 2);      //將浮點數xn取小數點二位後傳出
    digitalWrite(10, HIGH);     //串列傳輸結束，將腳位設HIGH
}
```

STEP 2：程式燒錄完成後，就會自動開始執行，從示波器我們可以看到如圖 5-2-7 的波形，當時間 t0 時，腳位 10 被設定成 LOW，也代表串列發送即將開始，到時間 t1 時，串列埠開始送出起始位元，到了時間 t2，程式將腳位 10 設定成 HIGH，但此時 Arduino 串列埠仍處於忙碌狀態，因為資料仍在發送中，直到時間 t3 才將資料傳送完畢。因此，我們量測 t1 到 t3 之間的時間差為 942us，這與理論計算值 934us（說明：70/74880 = 934us）相當接近，並且傳送最長的一筆資料（70 bits）只要 942us，速度高於資料的變化速度（1000 次 / 秒），可以完全傳達觀測變數的所有變化細節，因此 baud rate（74880bps）設定的合理性可以從量測結果得到驗證。

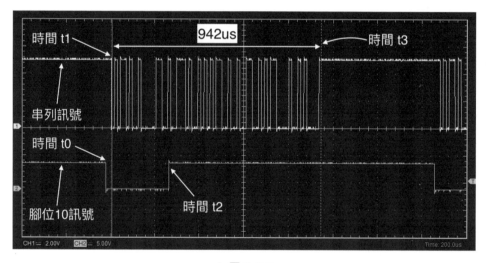

▲ 圖 5-2-7

STEP 3：接下來我們驗證 Baud rate 為 4800bps 的傳輸情況，將 STEP 7 的程式稍作修改，將串列速度設成 4800bps（說明：Serial.begin(4800);），將修改後的程式碼重新燒錄至 Arduino Uno 控制板，燒錄完成後，可以從示波器看到如圖 5-2-8 的波形，當時間為 t0 時，程式將腳位 10 設成 LOW，原則上這代表串列埠即將開始發送資料，但我們實際看到波形會發現，串列埠此時仍然忙碌,因為上一筆資料仍在發送中,直到時間 t1 才完成上一筆的資料傳輸,並且繼續傳送下一筆資料,從波形可以看出,串列埠從時間 t1 開始,直到 t4 時刻才完成一筆 70 位元的資料傳輸,雖然在時間 t2 與 t3,腳位 10 有輸出不同的電壓旗標,但這並不影響串列傳輸工作。

我們量測時間 t1 與 t4 的時間差,得到 14.6ms,這與理論計算值 14.58ms(說明:70/4800 = 14.58ms)相當接近,但傳送最長的一筆資料(70 bits)需要 14.6ms,速度遠低於資料的變化速度(1000 次 / 秒),因此無法傳達大部分觀測變數的變化細節,因此從量測結果得知,4800bps 這個 baud rate 是無法傳達觀測變數的所有變化細節的。

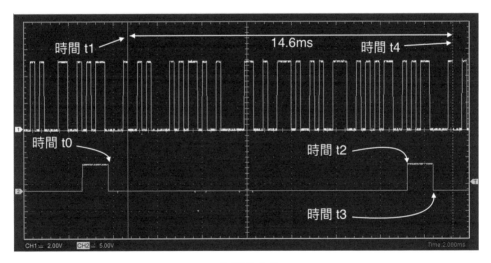

▲ 圖 5-2-8

 Tips

各位也可以使用這個技巧(用示波器量測輸出腳位邊緣的寬度)來量測其它演算法所耗費的運算時間。

5.2.3 結論

從以上結果可以得知：

- 當使用串列資料來作為觀測變數的手段時，要注意被觀測變數的變化
  速度，串列埠的 Baud rate 要設置成高於變數的變動速度，才不會損
  失寶貴的變數變化的細節資訊。

- 進行串列埠 Baud rate 計算時，要使用最長的數據長度進行估算（注
  意：若有使用換行字元 \n，也別忘了要考慮進去），算出的 Baud rate
  為最低需滿足的傳輸速率。

- 當使用 Serial.println() 函式時，會在字串後加入一個換行字元，在
  Arduino，換行字元是由 /r/n 所組成，/r 為歸位字元（ASCII 13），/n
  為換行字元（ASCII 10），共 2 個 byte，這需要特別注意。

5.2.4 本章相關影片連結

本章相關影片可以掃描以下的 QR 碼或是鍵入下方的網址，線上收看。

▲ 影片名稱：[老葉說技術 - 第 42 期] 像個專業人
士一樣使用串列埠。(教你精算串列埠速率，別再
盲目設定)
網址：https://youtu.be/_hRkTjB0_Cs

5.3 使用 LabVIEW 徹底將頻譜的理論與實務一網打盡

「頻譜」對於訊號處理工程師來說，至關重要，一般來說，任何一個訊號，都是由許多不同頻率成分的訊號所組成，其中可能含有我們不想要的雜訊（noise）需要移除，或是某些頻率成分我們想要增強或是濾除，甚至我們可能想要加入某些頻率成分到原始信號中，進行訊號的混波處理，要達成以上這些目標，首先我們就需要具體知道訊號的頻譜，所謂頻譜，就是能夠告訴我們一個訊號具體是由哪些頻率成分所組成，並且標示出各個不同頻率成分的大小與相位的圖形。在本節中，筆者將透過理論與實務來幫助各位完全理解頻譜這個重要的觀念，並且將使用強大且免費的 LabVIEW 工具，實際示範得到訊號頻譜的全部過程，最後會跟各分享一個重要的實務議題：頻譜洩漏（Spectral Leakage），這是一個實務上不可避免的現象，它會造成頻譜量測的誤差，筆者也會告訴各位如何解決這個問題。

• 學習目標 •

1. 了解時域信號與頻域信號的差別
2. 了解數位信號如何被轉換成頻域信號
3. 了解離散傅立葉轉換的意義與使用快速傅立葉轉換的目的
4. 了解如何使用 LabVIEW 計算訊號頻譜
5. 了解頻譜洩漏（Spectral Leakage）問題的本質與解決方法

5.3.1 如何計算數位訊號的頻譜

「頻譜」對於訊號處理工程師來説，至關重要，一般來説，任何一個訊號，都是由許多不同頻率成分所組成，其中可能含有我們不想要的雜訊（noise）需要移除，或是某些頻率成分我們想要增強或是濾除，甚至我們可能想要加入某些頻率成分到原始信號中，進行訊號的混波處理，要達成以上這些目標，首先我們就需要具體知道訊號頻譜，所謂頻譜，就是能夠告訴我們一個訊號具體是由哪些頻率成分所組成，並且標示出各個不同頻率成分的大小與相位的圖形。

一般來説，訊號有二種，一種是類比訊號（又稱連續時間訊號），另一種是數位訊號（又稱離散時間訊號），在真實世界中，我們五官感受到的任何物理量（如亮度、溫度、壓力、聲音等），都是類比訊號，但對於電腦來説，它無法像人類一樣能夠感受類比訊號，必需先將類比訊號轉換成數位訊號，電腦才能進行處理，如圖 5-3-1，它顯示類比訊號與數位訊號的差別。

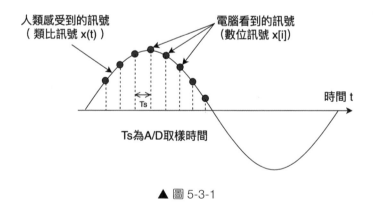

▲ 圖 5-3-1

將一個連續時間的類比訊號，透過 A/D（類比轉數位轉換器）進行取樣與量化，我們可以得到相對應的數位訊號 $x[i]$（説明：i 代表第 i 次取樣，$x[i]$

則代表第 i 次取樣的值），得到的數位訊號 $x[i]$ 仍然屬於時域信號，若要得到數位訊號 $x[i]$ 的頻譜，我們需要使用離散傅立葉轉換（Discrete Fourier Transform，DFT），先將時域訊號 $x[i]$ 轉換成頻率訊號 $x[k]$。

$$X[k] = \sum_{i=0}^{N-1} x[i]e^{-j2\pi ik/N} \text{ for } k = 0, 1, 2, ..., N-1 \qquad (5\text{-}3\text{-}1)$$

5-3-1 式為典型的離散傅立葉轉換公式，這個式子含有 $e^{-j2\pi ik/N}$，它是一個複數，可以表示成 5-3-2 式。

$$e^{-j\theta} = \cos(\theta) - j\sin(\theta) \text{，其中 } j = \sqrt{-1} \qquad (5\text{-}3\text{-}2)$$

對大部分的人來說，離散傅立葉轉換是一個不太容易理解的數學公式，根據筆者的學習經驗，各位可以試著使用一個簡單的直流取樣訊號代入 5-3-1 式，用手動計算來求出 $x[k]$，這樣可以讓各位實際感受到整個離散傅立葉轉換的運算過程，對於理解離散傅立葉轉換的意義有很大的幫助。

接下來我們實際演示一下這個手動計算的過程，我們使用一個振幅為 1V 的直流訊號，對它取樣 4 點當作離散傅立葉轉換的輸入信號，如圖 5-3-2，4 個取樣點依序為 x[0]=x[1]=x[2]=x[3]=1，將它代入 5-3-1 式。

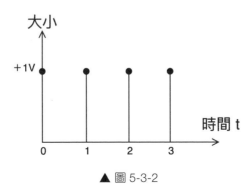

▲ 圖 5-3-2

代入後，我們可以得到以下的計算結果：

$$X[0] = x[0]e^0 + x[1]e^0 + x[2]e^0 + x[3]e^0 = 4$$

$$X[1] = x[0]e^0 + x[1]e^{-j2\pi/4} + x[2]e^{-j2\pi \times 2/4} + x[3]e^{-j2\pi \times 3/4} = 0$$

$$X[2] = x[0]e^0 + x[1]e^{-j2\pi \times 2/4} + x[2]e^{-j2\pi \times 2 \times 2/4} + x[3]e^{-j2\pi \times 3 \times 2/4} = 0$$

$$X[3] = x[0]e^0 + x[1]e^{-j2\pi \times 3/4} + x[2]e^{-j2\pi \times 2 \times 3/4} + x[3]e^{-j2\pi \times 3 \times 3/4} = 0$$

> **Tips**
>
> 計算離散傅立葉轉換（5-3-1 式）時，需配合 5-3-2 式才能順利得出結
> 果。

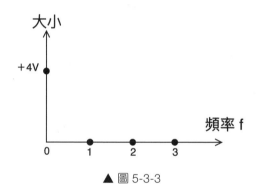

▲ 圖 5-3-3

我們可以將 DFT 的計算結果畫成頻域的圖形，如圖 5-3-3。各位可以比較一下圖 5-3-2 與圖 5-3-3，可以知道，時域信號有幾個取樣點，轉換後的頻域信號就有幾個信號點，但目前二者的 X 軸都是沒有單位的，我們需要把二張圖的單位填上，才能夠理解二張圖的物理意義，首先，在圖 5-3-2 中，訊號應該是以取樣頻率 f_s 來作採樣的，因此每個採樣的數據之間的時間間隔 Δt 是一致的，採樣時間間隔 Δt 是取樣頻率 f_s 的倒數 $\Delta t = 1/f_s$，即，對於轉換後的

頻域訊號，每個頻率點之間的間隔 Δf（說明：$\Delta f = f_s / N$）也是一致的，其中 N 為總共的取樣點數，以這個例子來說，$N=4$。

我們將圖 5-3-2 與圖 5-3-3 加入必要的時間與頻率單位後，重新繪成圖 5-3-4。

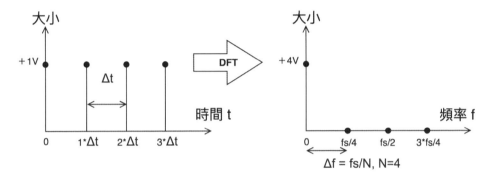

▲ 圖 5-3-4

由於本範例只對時域訊號取樣 4 個點，因此我們計算出來的 $X[k]$ 也對應四個頻率值，可以由 $k \times \dfrac{f_s}{4}$, $k = 0,1,2,3$ 算出（說明：頻率刻度為 $\Delta f, \Delta f = f_s / N$，因此第 k 個頻率點為 $k\Delta f Hz$），如圖 5-3-4 右側頻域圖所示。

從圖 5-3-4 可以得知，我們將 4 點的直流取樣訊號輸入給 DFT 後，得出頻率為 0Hz 的成分為 4V，其它頻率成分為零，從頻率的觀點來看，這是相當符合物理意義的，因為直流訊號不應該有其它頻率成分存在（除了直流成分外），但是我們看一下轉換後的大小為 4V，似乎將原訊號大小放大了四倍。

為了瞭解原因，我們考慮另一組直流訊號（見圖 5-3-5 左），我們只對直流訊號取樣三點，我們試著將這組訊號輸入 DFT，看一下轉換結果：

$$X[0] = x[0]e^0 + x[1]e^0 + x[2]e^0 = 3$$

$$X[1] = x[0]e^0 + x[1]e^{-j2\pi/3} + x[2]e^{-j2\pi\times2/3} = 0$$

$$X[2] = x[0]e^0 + x[1]e^{-j2\pi\times2/3} + x[2]e^{-j2\pi\times2\times2/3} = 0$$

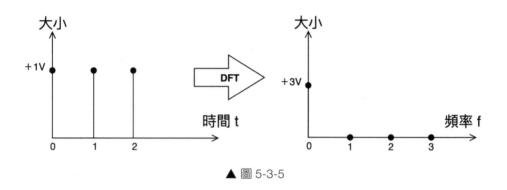

▲ 圖 5-3-5

我們將結果畫出（見圖 5-3-5 右），我們發現，離散傅立葉轉換會將時域信號的大小乘以 N 倍（N 為取樣點數），因此，在實務上，我們須要把離散傅立葉轉換後的大小除以 N 倍，才會與原時域信號的大小相匹配。

本範例所使用的輸入訊號是直流量，因此離散傅立葉轉換後的值是實數（並非複數），但這是個特例，對於一般非直流訊號，DFT 所算出的結果是複數（含有虛的成分），因此通常會對 DFT 的計算結果用極座標（說明：使用大小與相位來表示一個複數）來表示，因此 DFT 的計算結果轉換成極座標後，可以畫成二張圖：大小（Magnitude）圖與相位（Phase）圖，二者合稱為訊號的頻譜圖，本節的內容會針對頻譜的大小圖來作分析。

◉ 快速傅立葉轉換 FFT

實務上，我們並不會在電腦上使用 DFT 來求取頻譜，原因是 DFT 會產生相當龐大的運算量，我們再重新檢視一下 DFT 的公式。

$$X[k] = \sum_{i=0}^{N-1} x[i]e^{-j2\pi ik/N} \text{ for } k = 0, 1, 2, ..., N-1$$

假設我們要計算 N 個取樣點，使用 DFT 會產生 $N \times N$ 個乘加運算，假設 N=1024（說明：在實務上對信號取樣 1000 個點並不算多），則 DFT 運算會需要 1048576 次的乘加運算，這對於電腦 CPU 的運算負擔相當大，因此在實務上，會使用 FFT 的速算法，又稱為快速傅立葉轉換（Fast Fourier Transform, FFT），它可以看成是 DFT 的速算法，對於 N 個取樣點，FFT 僅需要計算 $NLog_2(N)$ 次的乘加運算，以 1024 個點為例，FFT 僅需要 10240 次的乘加運算，速度是 DFT 的 102 倍，隨著取樣點 N 愈多，FFT 可節省的運算資源也愈多。

Tips

使用 FFT 需要取樣點的數量是 2 的 n 次方，若取樣點不夠，可以在後面補零，將取樣點數量補足為 2 的整數次方後，再進行 FFT 運算。

▣ **頻譜的對稱性**

頻譜有對稱性，頻譜大小圖是偶對稱（以 Y 軸為中心左右對稱，類似 Cosine 波形），而頻譜相位圖則是奇對稱（類似 Sine 波形），對於頻譜大小圖來說，頻譜會以第 $N/2$ 個頻率點為中心（說明：實務上，常將 N 設為偶數，因此 $N/2$ 就是一個整數，對應的頻率又稱為奈氏頻率），左右對稱，以圖 5-3-4 來說，就是以 fs/2 為中心，左右對稱，由於對稱的特性，DFT（或 FFT）只需要計算前面 $N/2$ 個取樣點即可（說明：但計算使用的 N 仍然要以總取樣點數代入），因為後面 $N/2$ 個取樣點的計算結果只是重複前面 $N/2$ 個取樣點的結果而已。

Tips

當 N 為偶數時，第個 *N*/2 頻率點對應到的頻率又稱為奈氏頻率
（Nyquist Frequency）， 根 據 奈 氏 取 樣 定 理（Nyquist Sampling
Theorem），被取樣訊號的頻率不能大於奈氏頻率（取樣頻率的一
半），否則信號會產生畸變與混疊現象。

5.3.2 使用 LabVIEW 計算訊號頻譜

STEP 1：首先，各位可以到以下網址安裝 LabVIEW Community 社群版
軟體，它是免費的，目前支援三種作業系統，分別是 Windows、Mac 與
Linux，最新版本為 2022 Q3 版，筆者安裝的是 Mac 版本的 2022 Q3，64
位元版，以下也將以此版本來作說明與演示。

https://www.ni.com/zh-tw/shop/labview/select-edition/labview-community-
edition.html

▶**注意**

可以使用 LabVIEW 新版本開啟舊版本創建的 VI 檔，但反過來不行，因
此若各位要開啟本節的範例程式，請確認安裝的 LabVIEW 版本至少必
須是 2022 Q3 的版本。

STEP 2：安裝完成後，啟動 LabVIEW Community，按下「Create Project」
後，選擇「Blank VI」。

STEP 3：到工作列的「Window」，按下「Tile Left and Right」，可以將開
發視窗左右並排，左邊是面板區，在這個區域可以設計人機介面供使用者
操作；右邊是程式方塊區，此區域用作編寫 LabVIEW 程式的運作邏輯，

LabVIEW 程式設計的邏輯是靠程式方塊區編寫的程式對資料（資料主要來自人機介面的輸入）進行運算與處理，再將處理的結果顯示在面板區所設計的人機介面上。

STEP 4：在程式方塊區按一下滑鼠右鍵，將會顯示功能視窗（見圖 5-3-6），裏面會顯示出所有可用的程式方塊（LabVIEW 是使用程式方塊來設計程式的，有點類似 Node-RED）。

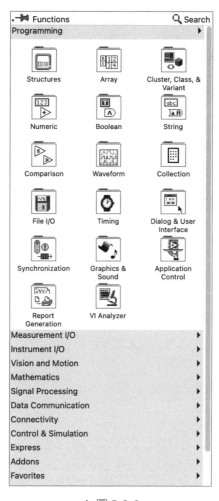

▲ 圖 5-3-6

STEP 5：我們也在面板區按一下滑鼠右鍵，將會顯示控件視窗（見圖 5-3-7），裏面會顯示出所有可以用於建構人機介面的控制方塊（包含輸入與輸出）。

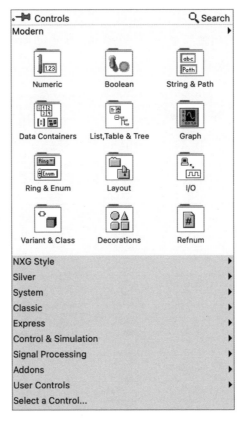

▲ 圖 5-3-7

STEP 6：接下來請到程式方塊區按下右鍵，選擇「Express」→「Input」→「Simulate Sig」，將它放在程式方塊區，將訊號設定成 250Hz，振幅為 4 的 Sine 波，取樣頻率（fs）為 2kHz，總取樣點數（N）為 1024，如圖 5-3-8。

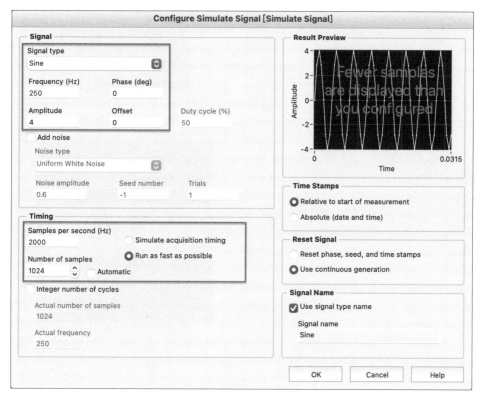

▲ 圖 5-3-8

STEP 7：請在程式方塊區按右鍵，選擇「Express」→「Signal Analysis」→
「Spectral」，將 Spectral 方塊放在程式方塊區，並將內容設定如圖 5-3-9。

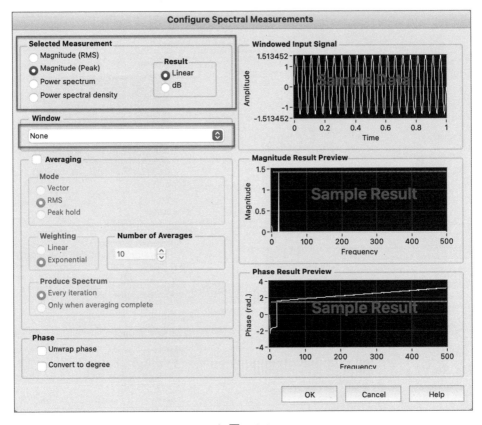

▲ 圖 5-3-9

STEP 8：請在面板區按右鍵，選擇「Modern」→「Graph」→「Waveform
Graph」，將元件放入面板區，此時在程式方塊區也會多了一個名叫
「Waveform Graph」的元件，我們將程式方塊區的「Simulate Sig」元件、
「Spectral」元件、「Waveform Graph」元件連接如圖 5-3-10。

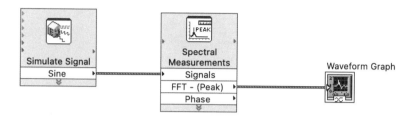

▲ 圖 5-3-10

STEP 9：我們按下工作列上的 Run 按鈕，執行程式。執行完畢後，你應該可以在面板區的 Waveform Graph 控件看到 Sine 波形的頻譜大小圖，如圖 5-3-11，頻譜顯示只有在 250Hz 頻率上有一個大小為 4 的頻率成分，這符合我們要觀測峰值（Peak）的目標。（說明：在 STEP 7，我們設定頻譜顯示訊號的峰值（Peak），並且是用線性刻度（Linear，非 dB）來表示。）

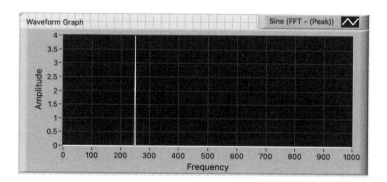

▲ 圖 5-3-11

注意觀看頻譜圖的 X 軸最大值只顯示到 1000Hz，原因是頻譜有對稱性，LabVIEW 的頻譜元件「Spectral」將頻譜的重覆部分隱藏起來，我們使用 2000Hz 來作取樣，頻譜只需要顯示 0-1000Hz 的內容即可，因為 1000Hz-2000Hz 的譜頻內容基本上只是 0-1000Hz 內容的重複，由此可知 LabVIEW 的頻譜元件「Spectral」，已經將頻譜顯示的內容最佳化了。

STEP 10：以上是使用 LabVIEW 內建的頻譜元件得出的結果，接下來我們試
著使用基本的 FFT 元件是否也能達到同樣的效果。請到程式方塊區按右鍵，
選擇「Signal Processing」→「Transforms」→「FFT」，將 FFT 方塊放在程
式方塊區，將它與「Simulate Sig」元件的輸出相連接，如圖 5-3-12。

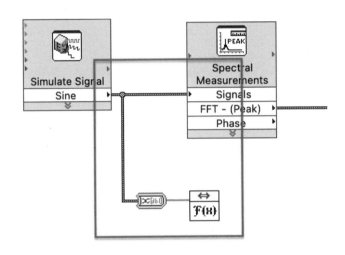

▲ 圖 5-3-12

STEP 11：由於在「Simulate Sig」元件中，我們已將取樣點數設為 1024，
因此以上連接可讓 FFT 元件對每一個訊號點作快速傅立葉轉換。接下來請將
程式方塊連接如圖 5-3-13。

STEP 12：在圖 5-3-13 中，我們新增了若干元件，首先我們將 FFT 的計算
結果，除以總點數（說明：若各位沒有忘記的話，我們在 5.3.1 節有提到，
在實務上我們需要將 DTF 或 FFT 的運算結果除上總點數，才會得到與原訊
號大小相匹配的值），然後將除以總點數的結果，利用複數轉極座標元件
（Complex To Polar）將它的大小值取出，最後再使用一個 Waveform Graph
元件將「Spectral」元件的輸出與 FFT 的運算結果畫在同一個座標上，方便
比較。

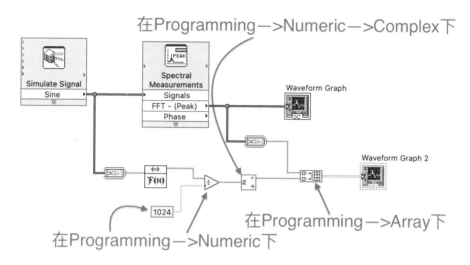

▲ 圖 5-3-13

STEP 13：我們按下工作列上的 Run 按鈕，執行程式。執行完畢後，你應該可以看到面板區的 Waveform Graph 2 控件看到二個頻譜的大小圖（白色為 Spectral 元件的頻譜、紅色為 FFT 所計算的頻譜），如圖 5-3-14，各位可以發現在 896Hz，FFT 輸出一個大小為 2 的頻率成分，但 Spectral 頻譜並沒有這個成分，這是因為 FFT 它所輸出的是完整 1024 個點的頻譜值（前半部分跟對稱的後半部分），但 Spectral 元件由於經過顯示最佳化，它只會顯示前半部分的頻譜。

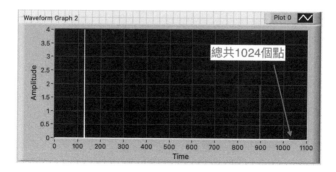

▲ 圖 5-3-14

另外我們觀察一下頻譜圖的 X 軸，發現它的單位是時間（說明：事實上是點數，共顯示 1024 個點），而非頻率，所以接下來我們對面板區的 Waveform Graph 2 作一些必要的設定。

STEP 14：請在面板區的 Waveform Graph 2 控件上按右鍵，選擇「Properties」，再擇「Scales」下 Time（X-Axis）的 Scalling Factors，我們先將 X 軸的單位轉換成 Hz，請在 Multiplier 輸入 1.953125（說明：這個值是頻率刻度 $\Delta f = \dfrac{f_s}{N} = \dfrac{2000}{1024} = 1.953125$），並且將 Autoscale 的 Minimum 設置成 230，Maximum 設置成 270（說明：方便觀看 250Hz 的頻率成分），最後將 Name 設為 Frequency，如圖 5-3-15，最後按下「OK」，完成設置。

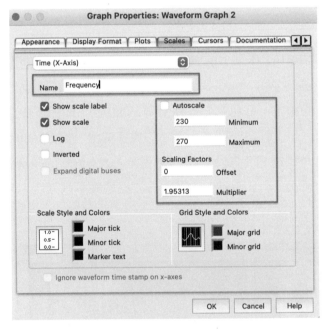

▲ 圖 5-3-15

STEP 15：重新執行一下程式，各位可以看到面板區的 Waveform Graph 2 顯示 230Hz-270Hz 之間的頻譜內容，如圖 5-3-16。但我們可以從頻譜大小值發現，FFT 輸出的頻譜大小只有原來訊號峰值（4）的一半，因此，我們需要將 FFT 輸出的大小成分乘以 2，如圖 5-3-17，才能符合我們的觀測峰值的需求。

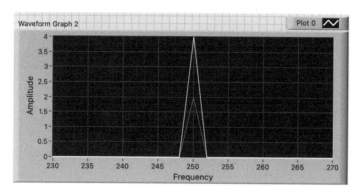

▲ 圖 5-3-16

STEP 16：請各位將程式方塊圖修改成如圖 5-3-17 後，重新執行一下程式，各位可以看到 Waveform Graph 2 顯示 FFT 的 250Hz 的頻率成分與 Spectral 元件輸出的內容重疊在一起，如圖 5-3-18。到此為止，我們已經成功的向各位演示，使用 FFT 演算法建構訊號頻譜的整個過程。

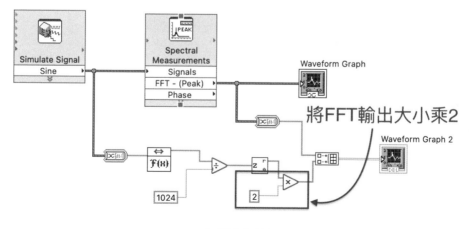

▲ 圖 5-3-17

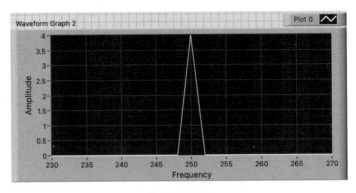

▲ 圖 5-3-18

STEP 17：接下來，我們將「Simulate Sig」元件的 Sine 波頻率設定成 249Hz，再重新執行程式，此時 Waveform Graph 2 顯示的頻譜如圖 5-3-19，頻譜顯示的峰值發生在 248Hz，而非 249Hz，這是什麼緣故呢？

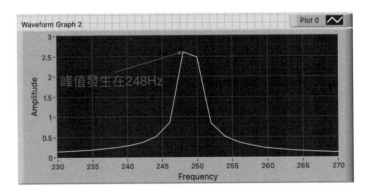

▲ 圖 5-3-19

這個現象稱為「頻譜洩漏」（Spectral Leakage），它會造成頻譜量測的誤差，這是一個實務上不可避免的現象，是因為訊號頻率並非頻率刻度 Δf 的整數倍所導致（說明：本例的頻率刻度 $\Delta f = \dfrac{f_s}{N} = \dfrac{2000}{1024} = 1.953125Hz$），由於實務上訊號的取樣點數必定是有限的（不可能取樣無限多點），因此就造成在頻譜上的頻率刻度 Δf 是固定大小的，若我們觀測的頻率成分是 Δf 的整數倍，則可以順利在該頻率點畫出相對應的大小，但若不是整數倍，就會發生如圖 5-3-19 的現象，對於 250Hz 的訊號而言，它正好是 Δf 的 128 倍（説明：250/(2000/1024)=128），因此沒有頻譜洩漏的問題，但對於 249Hz 的訊號而言，它是 Δf 的 127.488 倍（説明：249/(2000/1024)=127.488），因此發生了頻譜洩漏。

要如何解決頻譜洩漏的問題呢，我們需要使用 Window 的技巧，我們雙擊 Spectral 元件，將 Window 設置成 Flat Top，如圖 5-3-20。

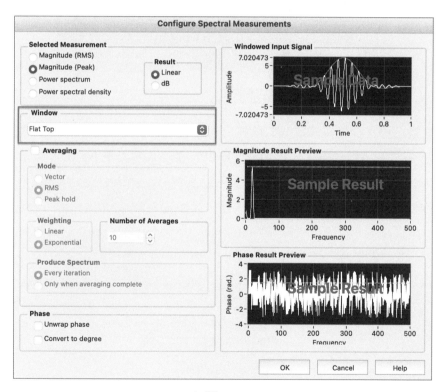

▲ 圖 5-3-20

STEP 18：我們重新執行程式，然後可以看到 Waveform Graph 2 顯示 Spectral 元件的輸出頻譜的峰值變成了 4 了，這代表使用 Flat Top Window

可以順利解決 Sine 波的頻譜洩漏問題。（說明：實務上，可以選擇的
Window 類型相當多，不同的 Window 適合用來解決不同的訊號類型產生的
頻譜洩漏現象。）

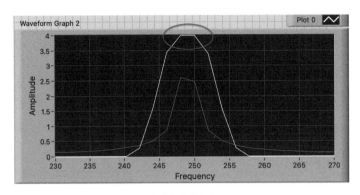

▲ 圖 5-3-21

STEP 19：那麼該如何修改我們所建立的 FFT 程式方塊來解決頻譜洩漏的問
題呢？各位請將程式方塊修改如圖 5-3-22，並在面板區的 window 選單中選
擇 Flat Top，再重新執行程式，然後可以看到 Waveform Graph 2 顯示 FFT
與 Spectral 頻譜內容又重新重疊在一起，如圖 5-3-23。

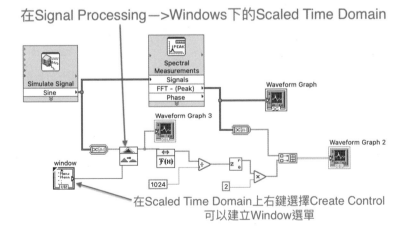

▲ 圖 5-3-22

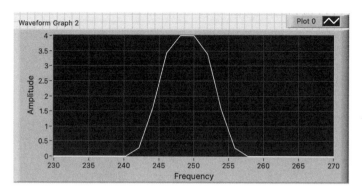

▲ 圖 5-3-23

STEP 20：若我們想知道所選擇的 Flat Top window 對原訊號做了什麼樣的處理，請看 Waveform Graph 3 所顯示的波形（圖 5-3-24），可以發現，window 函數會對原訊號在不同的時間區域作不同的加權處理，如此可以解決頻譜洩漏的問題。（說明：由於本書並非專門講述數位訊號處理的書籍，因此筆者對此不多加著墨）

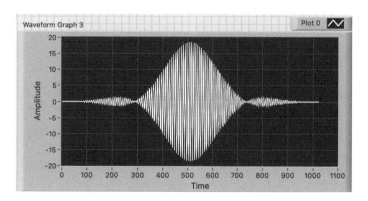

▲ 圖 5-3-24

STEP 21：若各位想要觀測的頻譜大小並非峰值（Peak），而是方均根值（RMS），只要將 Spectral 元件的 Selected Measurement 設定成 Magnitude（RMS）即可，若要觀測功率頻譜，則可以將 Spectral 元件的 Selected

Measurement 設定成 Power Spectrum（說明：Power Spectrum 的頻譜大小為 RMS 值的平方），如圖 5-3-25。

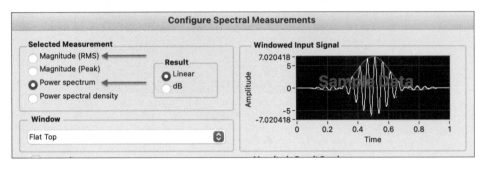

▲ 圖 5-3-25

 Tips

頻譜圖（Spectrum）觀測對象是訊號，而波德圖（Bode）觀測的對像是濾波器（或控制器），二者並不相同。

5.3.3 結論

本節重點歸納如下：

- 類比訊號必須先轉換為數位訊號，才能被電腦或微控制器處理，電腦對頻譜的計算，也是基於數位訊號。

- 任何一個信號都是由許多不同頻率成分的信號所組成（說明：理論上是無限多個頻率成分信號所組成），若僅是觀測信號的時域波形是無法得知不同頻率成分的信息，必須藉由傅立葉轉換才能得到。

- 為了增加頻譜運算效率，實務上電腦是使用快速傅立葉轉換（FFT）來計算訊號頻譜的，使用快速傅立葉轉換的運算效率遠高於離散傅立葉轉換（DFT），事實上從演算法的觀點來說，FFT 就是 DFT 的速算法。

- 實務上觀測頻譜必然會發生頻譜洩漏的問題，而造成頻譜量測誤差，解決的方法是需要對不同輸入訊號類型選擇合適的 Window 函數。

5.3.4 本章相關影片連結

本章相關影片可以掃描以下的 QR 碼或是鍵入下方的網址，線上收看。

▲ 影片名稱：[老葉說技術 - 第 30 期] 一次搞懂：什麼是頻譜？ FFT 頻譜跟大小頻譜的差異在哪？功率頻譜又是什麼？什麼是頻率洩露？帶你實際用 LabVIEW 徹底將頻譜的理論與實務一網打盡。

網址：https://youtu.be/Ps-c5sr6KC4

使用 git

非淡泊無以明志,非寧靜無以
致遠。

——諸葛亮

6.1 使用 git 進行文件的儲存、復原與合併

程式碼的儲存對於大部分的軟體工程師來説，幾乎是隨時必須做的事情，因為一旦電腦當機或發生斷電事件，若忘記儲存檔案，則辛苦創作的成果將會付之一炬，另外隨著文件不斷的存檔，必然會產生檔案新舊版本的差異，有時新版本遇到問題，想回復到舊版本重新開始，但卻已將舊版本的內容覆蓋了，該怎麼辦呢？或者我們該如何回到過去某個時間點的檔案內容？或是想合併不同版本的文件內容，該怎麼做呢？本節筆者將教各位使用 git 來解決這些問題。

• 學習目標 •

1. 了解如何使用 git 進行文件的儲存、復原與合併

6.1.1 使用 git 進行文件的儲存、復原與合併

程式碼的儲存對於大部分的軟體工程師來説，幾乎是隨時必須做的事情，因為一旦電腦當機或發生斷電事件，若忘記儲存檔案，則辛苦創作的成果將會付之一炬，另外隨著文件不斷的存檔，必然會產生檔案新舊版本的差異，有時新版本遇到問題，想回復到舊版本重新開始，但卻已將舊版本的內容覆蓋了，該怎麼辦呢？或者我們該如何回到過去某個時間點的檔案內容？或是想合併不同版本的文件內容，該怎麼做呢？本節筆者將教各位使用 git 來解決這些問題。

STEP 1：首先，各位需要在電腦上安裝 git，可以到下方的 git 官網，根據使用的作業系統安裝適當的 git 版本，由於筆者使用的是 Mac 作業系統，因此以下為在 Mac 下使用終端機操作 git 的示範步驟。

https://git-scm.com/downloads

STEP 2：安裝完成後，在終端機執行 git 指令來確認是否安裝成功，若安裝成功，執行 git 指令將會顯示相當多 git 的指令與參數。

指令碼：

```
$ git
```

STEP 3：由於 git 是以目錄為單位來管理檔案的，因此我們需要建立一個目錄來讓 git 管理，請各位先建立一個名為 gittest 的新目錄，並且進入該目錄。

指令碼：

```
$ mkdir gittest
$ cd gittest
```

STEP 4：若要讓 git 能夠管理某個目錄，則需在進入該目錄後，執行以下指令，執行後，git 告訴我們已將該目錄初始化（說明：git 已經開始管理它了）。

指令碼：

```
$ git init
```

已初始化空的 Git 版本庫於 /Users/jack/Desktop/gittest/.git/

STEP 5：在實際開始操作 git 指令以前，若各位是第一次使用 git，請先鍵入以下指令，來讓 git 知道你是誰。（說明：git 若不認識操作者的身分，在執行某些指令如 commit，會出現錯誤訊息。）

指令碼：

```
$ git config user.name  '你的名字'
$ git config user.email  '你的電子郵件'
```

STEP 6：將使用者資訊設定完成後，就可以開始使用 git 了。首先，我們在 gittest 目錄下新增一個檔案，檔名為 a.txt，檔案內容寫入 a 即可。

指令碼：

```
$ touch a.txt
$ echo a > a.txt
```

STEP 7：接著在終端機下執行 git status 指令（說明：git status 主要的功能是問 git，目前目錄下的檔案狀態如何？）。

指令碼：

```
$ git status
位於分支 main
尚無提交
未追蹤的檔案:
（使用 "git add <檔案>..." 以包含要提交的內容）
    a.txt
提交為空，但是存在尚未追蹤的檔案（使用 "git add" 建立追蹤）
```

STEP 8：從 git 輸出的內容我們可以發現幾個重要訊息。

- 目前所在的分支為 main
- 尚無提交
- 有一個未被追蹤的檔案 a.txt
- 若要追蹤檔案，可以使用 git add 指令

這幾個訊息非常重要，首先，它告訴我們目前所在的分支是 main，這是系統創建的預設分支，分支事實上就是一個檔案，路徑為檔前目錄下的 .git/refs/heads/main，檔案內容就是當前 commit 的 40 位數的 16 進位數字，它的內容會隨著每次的提交而更新。另外，git 告訴我們目前還未提交任何檔案，這是合理的，因為我們還未用 commit 這個指令。git 還告訴我們有一個叫 a.txt 的檔案未被追蹤，在 git 的世界，當一個目錄被 git init 指令初始化後，目錄下的任何檔案有變動，git 都會知道，但不代表 git 會自動幫你作存檔動作（又稱作提交 commit），我們必須先手動將需要納入存檔的檔案加入（指令 git add），這又叫作追蹤檔案。

STEP 9：我們使用 git add a.txt 將 a.txt 納入追蹤，並再次使用 git status 指令查看檔案狀態。從 git 回覆的訊息可知，檔案 a.txt 已經進入暫存區，這只代表檔案被追蹤，但尚未存檔（又稱為提交 commit），未被提交的檔案仍有資料遺失的風險（如斷電或電腦檔機）。

指令碼：

```
$ git add a.txt
$ git status
位於分支 main
尚無提交
要提交的變更：
（使用 "git rm --cached <檔案>..." 以取消暫存）
    新檔案：   a.txt
```

STEP 10：接著使用指令 git commit 對本次的檔案變更作一次完整提交，對檔案進行提交，類似於對整個目錄的檔案狀態作一次快照，指令 git commit 後用單引號括起來的部分就是每次提交要記錄的訊息，一般我們會在此加入版本號與提交的重要訊息。

提交完成後，git 會為每次的提交創建一組唯一的 40 位數的 16 進位數字（說明：使用 SHA1 演算法產生，幾乎不可能會重覆，具備唯一性），因此 git 的回覆訊息也會顯示這組數字的前 7 個字元碼（8cf07e2）。

指令碼：

```
$ git commit -m 'add a.txt'
[main (根提交) 8cf07e2] add a.txt
1 file changed, 1 insertion(+)
create mode 100644 a.txt
```

STEP 11：此時，我們可以使用 git log 指令來查看提交歷史，執行後，系統會顯示目前所有的提交記錄（目前我們只有一筆提交），它會顯示每次提交所產生的 40 位數的 16 進位數字、作者、時間與提交訊息等。

在此我們可以看到 HEAD->main 這個訊息，這代表 HEAD 指向 main 分支，HEAD 是一個指標，它會指向你目前的位置，一般來說，它會指向分支，而分支則指向 commit，如圖 6-1-1，git 利用這樣的機制，可以實作出多分支的功能，也就是說，每個操作文件庫的開發者都可以創建並使用不同的分支，藉此實現程式碼的多人協作開發與成果合併等強大功能。

指令碼：

```
$ git log
commit 8cf07e210f162379bfb9cb700bd3f874f1b81cfd (HEAD -> main)
Author: Jack Yeh <realjackyeh@gmail.com>
```

```
Date:    Sun Jan 15 10:17:39 2023 +0800
    add a.txt
```

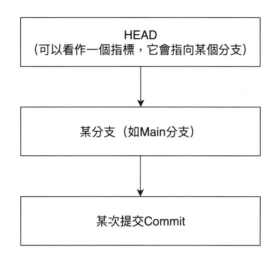

▲ 圖 6-1-1

STEP 12：接下來我們再執行一次 git status 指令，系統告訴我們還有一個 .DS_Store 檔案未被追蹤，由於筆者用的是 Mac，這個 .DS_Store 檔案是 Mac 為每個目錄自動產生的，由於它並非我們要追蹤的對象，因此我們需要讓 git 日後自動忽略這類型的檔案。

指令碼：

```
$ git status
位於分支 main
未追蹤的檔案：
    (使用 "git add <檔案>..." 以包含要提交的內容)
        .DS_Store
    提交為空，但是存在尚未追蹤的檔案（使用 "git add" 建立追蹤）
```

STEP 13：在 git 中，我們可以使用 .gitignore 檔案來加入想要被 git 忽略的檔案類型，首先我們先創建一個 .gitignore 檔案，然後加入想要 git 忽略的檔案名稱。

指令碼：

```
$ touch .gitignore
$ echo .DS_Store > .gitignore
```

STEP 14：接著，執行一次 git status 指令，系統會告訴我們目前有一個 .gitignore 的檔案未被追蹤（但已經沒有顯示 .DS_Store 未被追蹤的訊息），我們將 .gitignore 檔案加入追蹤，並且再提交一次。

指令碼：

```
$ git add .gitignore
$ git commit -m 'add .gitignore'
```

STEP 15：執行一次 git status，系統就不會再出現 .DS_Store 檔案的相關訊息了，因為它已經被 git 自動忽略了，日後各位若有某些檔案類型不想被 git 追蹤，可以將檔名加入 .gitignore 檔案即可。

STEP 16：接著我們創建一個名為 fb 的目錄，並執行一次 git status，此時系統告訴我們目前並沒有需要提交的檔案，這也意謂著 git 只會追蹤檔案，並不理會空目錄，但若是目錄下有檔案的話，git 就會將檔案與目錄納入追蹤。

指令碼：

```
$ mkdir fb
$ git status
位於分支 main
沒有要提交的檔案，工作區為乾淨狀態
```

STEP 17：我們進入目錄 fb，在目錄 fb 下創建一個檔案，名為 b.txt，檔案內容為 b。

指令碼：

```
$ cd fb
$ touch b.txt
$ echo b > b.txt
```

STEP 18：回到上一層目錄，執行 git status，此時系統偵測到 fb 目錄下有未被追蹤的檔案，此時我們可以使用 git add --all 將所有未被追蹤的檔案加入（說明：.gitignore 記錄的檔名除外）

指令碼：

```
$ git add --all
```

STEP 19：再執行一次 git status，此時我們已將 fb 目錄下的 b.txt 納入追蹤了，我們將這次的變更再作一次提交（說明：git commit -m 'add fb/b.txt'）。

指令碼：

```
$ git status
位於分支 main
要提交的變更：
    （使用 "git restore --staged <檔案>..." 以取消暫存）
    新檔案：    fb/b.txt
$ git commit -m 'add fb/b.txt'
```

STEP 20：此時我們執行 git log 指令，將所有的提交記錄列出，git 總共列出三次的提交。

指令碼：

```
$ git log
commit 0ace4996ed12e05ce1fad0ed497225bc6beaddea (HEAD -> main)
Author: Jack Yeh realjackyeh@gmail.com
Date:    Sun Jan 15 14:40:19 2023 +0800

    add fb/b.txt
commit ef414fd7053c976314041f7658788cbf311e7133
Author: Jack Yeh realjackyeh@gmail.com
Date:    Sun Jan 15 14:06:44 2023 +0800

    add .gitignore
commit 8cf07e210f162379bfb9cb700bd3f874f1b81cfd
Author: Jack Yeh realjackyeh@gmail.com
Date:    Sun Jan 15 10:17:39 2023 +0800
```

STEP 21：從列出的提交記錄我們可以發現，每次提交都有一個 40 位的 16 進位數字，這組數字就是我們能夠回到歷史任何一次提交的關鍵代碼，透過這個 40 位數字，我們可以像搭乘時光機一樣，回到歷史記錄中任何一次提交記錄當時的檔案內容跟目錄狀態，要特別說明的是，各位只要做過提交（commit），檔案的內容就會被完整的保存下來，幾乎無法被刪除，除非各位自行刪除目錄下 .git 這個隱藏目錄（說明：.git 這個隱藏目錄儲存了 git 對該目錄檔案的所有歷史記錄。）

STEP 22：假設我們想要回到第二次提交的狀態，我們可以使用 git checkout 這個指令。（說明：git checkout 指令的第一個參數可以是某次提交的 16 進位數字，也可以是分支名稱），但不需鍵入全部 40 位數，可以使用前 4 碼即可）

指令碼：

```
$ git checkout ef41
```

注意：正在切換到 'ef41'。

> **▶注意**
>
> 當使用 git checkout 指令時，此時 HEAD 會移動到指定的位置，但所在
> 的分支位置並沒有移動（說明：分支指向的 commit 並未改變），常見的
> 用法是，使用 git checkout 回到某個特定 commit，再創建一個分支修
> 改程式碼，此時並不影響主分支（main）的程式內容，最後再使用合併
> 指令將分支的修訂內容合併到主分支去。

STEP 23：我們現在已經回到第二次的提交內容。我們檢查一下目錄下的檔
案狀態，發現只剩下一個 a.txt。

指令碼：

```
$ ls
a.txt
```

STEP 24：此時若使用 git log 列出目前的提交記錄，只會顯示二筆，正常來
說應該要有三筆（說明：應該還要包含 STEP 20 顯示的 add fb/b.txt 那筆提
交），為何只顯示三筆呢？原因是 git log 指令無法顯示退回某次提交之後的
記錄，此時我們需要使用 git reflog 指令，它會顯示本地端所有的歷史記錄。

指令碼：

```
$ git reflog
ef414fd (HEAD) HEAD@{0}: checkout: moving from main to ef41
0ace499 (main) HEAD@{1}: commit: add fb/b.txt
ef414fd (HEAD) HEAD@{2}: commit: add .gitignore
8cf07e2 HEAD@{3}: commit (initial): add a.txt
```

STEP 25：從 git reflog 列出的記錄可以知道，提交訊息為 add fb/b.txt 的提交記錄碼為 0ace499，因此我們可以用 git checkout 0ace 回到當時的檔案狀態。

指令碼：

```
$ git checkout 0ace
```

STEP 26：我們使用 ls 指令檢查一下目錄檔案狀態，發現 fb 目錄與目錄下的 b.txt 檔案又出現了，因此，使用 git checkout 指令可以讓你的目錄檔案狀態回到歷史上任何一次提交當時的檔案狀態，可以達到類似檔案時光機的功能。

STEP 27：此時，若我們想要回到 ef414fd 分支，並創建一個子分支該怎麼做呢？我們可以使用以下指令，先回到 ef414fd 分支。此時的分支狀態如圖 6-1-2，HEAD 目前指向 ef414fd 分支，而 main 分支仍然指向 0ace499 這個 commit，並未移動。

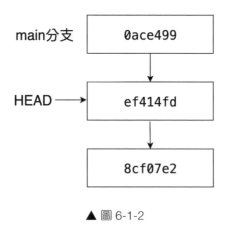

▲ 圖 6-1-2

指令碼：

```
$ git checkout ef41
HEAD 目前位於 ef414fd add .gitignore
```

▶注意

Commit 永遠會指向它的前一個 Commit。

STEP 28：可以使用 git branch update1 創建一個名為 update1 分支，並且
用 git checkout update1 進入分支。

指令碼：

```
$ git branch update1
$ git checkout update1
切換到分支 'update1'
```

Tips

可以使用 git checkout -b update1，可以直接合併 git branch update1
與 git checkout update1 二個動作。

STEP 29：由於已經處於 update1 這個獨立分支，接下來我們修訂的內容並
不影響主分支的內容，我們首先更改 a.txt 的內容為 update1，並建立一個
c.txt 的檔案，內容為 c。

指令碼：

```
$ echo update1 > a.txt
```

```
$ touch c.txt
$ echo c > c.txt
```

STEP 30：我們做一次 commit，將更新內容提交。

指令碼：

```
$ git add --all
$ git commit -m 'update a.txt and add c.txt'
[update1 0a092aa] update a.txt and add c.txt
```

STEP 31：提交完成後，圖 6-1-3 為目前的分支狀態，HEAD 目前也指向 update1 分支。

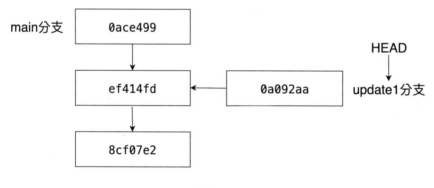

▲ 圖 6-1-3

STEP 32：假設此時我們想將 update1 分支的更新內容合併回 main 分支該怎麼做呢？首先我們可以先切換回 main 分支（說明：讓 HEAD 指向 main），再使用 git merge 指令將 update1 的更新內容合併進來。（注意：當執行完 git merge 後，終端機可能會跳出 vim 文字編輯器要你輸入此次合併的訊息，若不想輸入，可以使用 :wq 離開 vim）

指令碼：

```
$ git checkout main
$ git merge update1
```

 Tips

Git 還有另一個合併指令叫 rebase，有興趣的讀者可以參考 git 相關資料。

STEP 33：合併完成後，我們可以使用 git log 指令查看一下提交記錄，會發現 git 為剛剛的合併創建了一個新的 commit（SHA1 為 9fe7b06），此時的分支狀態如圖 6-1-4。

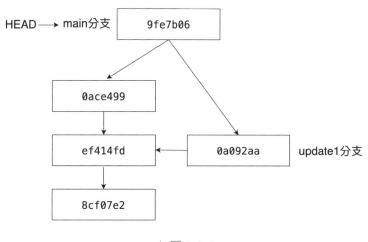

▲ 圖 6-1-4

指令碼：

```
$ git log
commit 9fe7b06b3301851b420c4a788b57ee40d2d0acd6 (HEAD -> main)
```

```
Merge: 0ace499 0a092aa

Author: realjackyeh realjackyeh@gmail.com

Date:   Mon Jan 16 08:20:54 2023 +0800

    Merge branch 'update1'
```

> 若在 STEP 31 我們不先回到 main 分支，而是在 update1 分支直接
> 使用 git merge main，git 仍然會將 main 分支與 update1 分支的結果
> 合併，以結果來說並無不同，只是在圖 6-1-4 中，此時指向 9fe7b06
> commit 的分支就是 update1，而非 main（說明：main 仍然指向
> 0ace499）。

STEP 34：最後，我們使用 ls 檢查目錄，發現多了 c.txt 這個檔案，再用 cat
指令來查看 a.txt 與 c.txt 的內容，發現 update1 所更新的內容已經完全合併
進來了。

指令碼：

```
$ ls
a.txt  c.txt  fb
$ cat a.txt
update1
$ cat c.txt
c
```

以上我們完成了文件不同版本的儲存、回復與合併操作，由於本書篇幅有
限，無法涵蓋所有 git 的指令與參數，若各位想更進一步掌握 git 的功能與使
用技巧，可以自行參閱相關書籍與資料。

6.2 使用 ssh 與 GitHub 連線並上傳檔案

6.1 節我們已經為各位介紹 git 指令的基本用法，本節我們將為各位介紹如何使用 GitHub 服務，GitHub 是一個雲端 git 文件庫，你除了可以隨時將本機端的文件上傳備份到 GitHub 之外，你還可以將上傳的內容（文件庫）分享給其他（或全世界）開發者，讓他們可以隨時下載你的創作成果，並且將他們的更新內容也提交到你的文件庫中，形成一個虛擬的研發團隊，目前世界上超過九成的開源程式專案，都是由 GitHub 所管理，GitHub 的服務是免費的，一般用戶也可以註冊免費帳號，並享用 GitHub 的雲端服務功能。本節將教各位使用 ssh 協定與 GitHub 連線並上傳檔案，這也是 GitHub 最普遍的使用方式。

• 學習目標 •

1. 了解如何註冊並使用 GitHub
2. 了解如何使用 SSH 與 GitHub 連線並上傳檔案。

6.2.1 使用 ssh 與 GitHub 連線

STEP 1：首先，各位需到先到 GitHub 官網（https://github.com/）去註冊一個免費帳號。

STEP 2：註冊完成後，我們先回到本機端，開啟終端機，以下為筆者使用 Mac 作業系統的示範步驟。

> 👤 **說明：**
>
> 若各位使用其它作業系統，如 Windows 或 Linux，可以參考網址：
> https://docs.github.com/en/authentication/connecting-to-github-with-
> ssh

請在終端機下鍵入以下指令 ssh-keygen 來產生一組公私鑰檔案，在""填入你在 GitHub 註冊的電子郵件，執行 ssh-keygen 後，請鍵入存放路徑與檔名：/Users/< 你的帳號名稱 >/.ssh/< 你想要的檔名 >，輸入完成後，產生的公私鑰檔案會被存放在 /Users/< 你的帳號名稱 >/.ssh/。

指令碼：

```
$ ssh-keygen -t ed25519 -C "你在GitHub註冊的電子郵件"
Generating public/private ed25519 key pair.
Enter file in which to save the key (/Users/<你的帳號名稱>/.ssh/
id_ed25519): /Users/<你的帳號名稱>/.ssh/<你想要的檔名>
```

Tips

各位需要在電腦安裝 OpenSSH 軟體才能夠使用 ssh 的相關指令，若尚未安裝，請至 https://www.ssh.com/download/ 下載並安裝軟體。

STEP 3：完成後，我們進入目錄 /Users/< 你的帳號名稱 >/.ssh/，看是否有以下二個檔案

< 你想要的檔名 > < 你想要的檔名 >.pub

其中 .pub 的檔案為公鑰，另一個則為私鑰，公鑰可以公開給他人知道，但私鑰則要保管好，絕對不可讓他人知道，否則你的帳號可能會被有心人竊取。

STEP 4：接著為了免除 ssh 需要重覆輸入密碼，我們在終端機執行以下指令，執行後出現 Agent pid 開頭的訊息代表 ssh-agent 有確實被執行。

指令碼：

```
$ eval "$(ssh-agent -s)"
Agent pid 18248
```

STEP 5：接著編輯 .ssh 目錄下的 config 檔案（若沒有 config 檔，則建立一個），並加入以下內容。

```
Host *.github.com
AddKeysToAgent yes
IdentityFile ~/.ssh/<你的私鑰檔名>
```

STEP 6：接著我們要將私鑰加入 ssh-agent，請在終端機執行以下指令。

指令碼：

```
$ ssh-add --apple-use-keychain ~/.ssh/<你的私鑰檔名>
```

STEP 7：到此我們已經完成本機端的設置了，接下來我們要將產生的金鑰拷貝到 GitHub 的網站上。請在終端機執行以下指令，將金鑰內容複製到剪貼簿。

指令碼：

```
$ pbcopy < ~/.ssh/<你的金鑰檔名>
```

STEP 8：請使用瀏覽器登入你的 GitHub 帳號，並選擇「Settings」→「SSH and GPG keys」，按下「New SSH key」，在 Key 的欄位將剪貼簿的內容貼上，Title 欄位可以輸入任何名稱，再按下「Add SSH key」，就完成公鑰設置了。

STEP 9：我們來測試一下連線是否正常，請在你的 GitHub 網頁上選擇
「Your repositories」➔「New」建立一個新的文件庫，名稱為 repo_test1，
再按下「Create repository」，此時 GitHub 會顯示如圖 6-2-1 的網頁內容，
請使用 ssh 連線網址（說明：git@github.com:< 你的 github 帳號 >/repo_
test1.git）。

▲ 圖 6-2-1

STEP 10：請在本地端也創建一個 repo_test1 目錄，並使用終端機進入該目
錄，依序執行以下指令（如圖 6-2-1 所列指令）：

指令碼：

```
$ echo "# repo_test1" >> README.md
$ git init
$ git add README.md
$ git commit -m "first commit"
$ git branch -M main
$ git remote add origin git@github.com:<你的github帳號>/repo_
test1.git
$ git push -u origin main
```

___STEP 11___：若以上指令皆執行成功，代表我們已經使用 ssh 協定順利將本機端的檔案上傳到 GitHub 的雲端文件庫上了，各位可以使用瀏覽器作驗證，檢視你的 GitHub 文件庫的網頁內容，應該可以發現多了一個 README.md 的檔案，內容就是我們剛剛加入的 "# repo_test1"，並且顯示一筆最新的提交（commit），提交訊息為 "first commit"，到此就成功的完成了 ssh 與 GitHub 之間的連線設定與測試了。

 Tips

> 當電腦重新開機，若使用 SSH 連不上 GitHub，可以再執行一次 STEP 6 的指令，看是否可以正常連線。

6.2.2 本章相關影片連結

本章相關影片可以掃描以下的 QR 碼或是鍵入下方的網址，線上收看。

▲ 影片名稱：[老葉說技術 - 第 47 期] 5 分鐘搞定：使用 SSH 跟你的 GitHub 文件庫 Repositories 作資料傳輸。
網址：https://youtu.be/WTTmcMNzPpQ

6.3 使用樹莓派作為你專屬的私有 GitHub 伺服器

本節筆者將教各位如何將你的樹莓派變身成為一台你專屬的 GitHub 伺服器，在 6.2 節，我們教各位使用 SSH 來連線 GitHub.com 的雲端文件庫，對於開發者來說，在 GitHub 上可以跟全世界頂尖的開發者一同創作的感覺是很棒的，但於大部分的私人企業或商業組織來說，基於資料保密性的考量，一般並不會選擇將開發成果放在 GitHub 的儲存空間，他們更傾向於將資料存放在私有雲上，在本節中，筆者將會教各位如何將你的樹莓派變身成為在私有網路下的 GitHub 伺服器，讓你的團隊能共同協作開發並共享研發成果。

• 學習目標 •

1. 了解如何設置樹莓派成為 GitHub 伺服器
2. 了解如何使用 Linux 指令新增使用者與使用者群組

6.3.1 設置樹莓派成為 GitHub 伺服器

本節筆者將教各位如何將你的樹莓派變身成為一台你專屬的 GitHub 伺服器，在 6.2 節，我們教各位使用 SSH 來連線 GitHub.com 的雲端文件庫，對於開發者來說，在 GitHub 上可以跟全世界頂尖的開發者一同創作的感覺是很棒的，但對於大部分的私人企業或商業組織來說，基於資料保密性的考量，一般並不會選擇將開發成果放在 GitHub 的儲存空間，他們更傾向於將資料存放在私有雲上，在本節中，筆者將會教各位如何將你的樹莓派變身成為在私有網路下的 GitHub 伺服器，讓你的團隊能共同協作開發並共享研發成果。

本節與 6.1 與 6.2 節不太一樣，在前面二節，我們是以客戶端的身分來使用 git，但在本節，我們要將樹莓派設置成一台私有的 GitHub 伺服器，經由筆者的測試，本節的操作步驟同樣適用於其它 Linux 的主機，可將其它運行 Linux 的電腦迅速變身成為好用的 GitHub 伺服器。

STEP 1：首先，請各位開啟樹莓派終端機，並依序執行以下命令更新 apt-get 安裝工具。

指令碼：

```
$ sudo apt-get update
$ sudo apt-get upgrade
```

STEP 2：更新完成後，請安裝 OpenSSH Server 軟體，安裝完成後重啟 SSH 服務。

指令碼：

```
$ sudo apt-get install openssh-server
$ sudo service ssh restart
```

STEP 3：接下來，請輸入以下指令安裝 git。

指令碼：

```
$ sudo apt-get install git-core
```

STEP 4：若以上都安裝完成，則恭喜各位，我們已經具備建立一台 GitHub 伺服器所需的工具了，接下來我們要做一些必要的設置，首先，我們建立一個使用者群組叫 gitgroup。（說明：群組可以取你想要的名稱，此群組將用於 git 伺服器的身分認證之用）

指令碼：

```
$ sudo groupadd gitgroup
```

STEP 5：群組 gitgroup 建立完成後，我們在此群組下新增人員，首先我們新增一位使用者，名叫 jackyeh。

指令碼：

```
$ sudo useradd -s /bin/bash -g gitgroup -m -d /home/jackyeh
jackyeh
```

STEP 6：設定使用者 jackyeh 的密碼。

指令碼：

```
$ sudo passwd jackyeh
```

STEP 7：接著，建立一個 git 的文件倉庫資料夾 gitRepository。（說明：此資料將存放所有的專案資料，筆者將它建立在 /opt 目錄下，各位也可以自行設定存放路徑）

指令碼：

```
$ sudo mkdir -p /opt/gitRepository
```

STEP 8：我們指派剛剛建立的使用者 jackyeh 作為資料夾的擁有者。

指令碼：

```
$ sudo chown jackyeh:gitgroup -R /opt/gitRepository
```

STEP 9：我們將使用者切換成 jackyeh，並進入 /opt/gitRepository 目錄

指令碼：

```
$ su jackyeh
$ cd /opt/gitRepository
```

STEP 10：建立一個文件倉庫（Repository）名叫 Repo1.git。（說明：文件倉庫名稱各位可以自行定義），建立完畢，進入該目錄。

指令碼：

```
$ mkdir Repo1.git
$ cd Repo1.git
```

STEP 11：使用以下指令將 Repo1.git 初始化成伺服端文件庫。

指令碼：

```
$ git init--bare --share
```

STEP 12：為了新增其他使用者，我們需要再切換回 pi 帳號。請在 gitgroup 群組下再新增一位使用者名為 gitUser1，新增完成後，設定 gitUser1 的密碼。

指令碼：

```
$ sudo useradd -s /bin/bash -g gitgroup -m -d /home/gitUser1
gitUser1
$ sudo passwd gitUser1
```

以上我們已經新增了二位使用者：jackyeh 與 gitUser1，並且已經建立一個
文件庫 project1.git，接下來被新增的使用者，在私有網路內，都可以使用以
下的網址來對文件庫進行存取：

　　< 使用者名稱 >@< 樹莓派 IP 位址 >:/opt/gitRepository/Repo1.git

STEP 13：接下來我們進行連線測試，請開啟電腦端的終端機（並非樹莓派
終端機），建立一個新目錄 test1，並進入 test1 目錄。

指令碼：

```
$ mkdir test1
$ cd test1
```

STEP 14：使用 git clone 將樹莓派上的 Repo1.git 文件庫拷貝下來。(說明：
以下指令是模擬使用者 jackyeh 將 Repo1.git 文件庫拷貝下來)，執行後 git
伺服器會要求輸入密碼。(說明：192.168.50.10 為筆者樹莓派的私有 IP 位
址)

指令碼：

```
$ git clone jackyeh@192.168.50.10:/opt/gitRepository/Repo1.git
```

STEP 15：若密碼輸入無誤，則 Repo.git 的資料庫會被順利拷貝下來，此時
使用 ls 指令，會發現 test1 目錄下多了一個名為 Repo1 的目錄，請用 cd 進
入 Repo1 目錄。

指令碼：

```
$ ls
Repo1
$ cd Repo1
```

STEP 16：使用 git checkout 指令使自己位於 master 分支（說明：經筆者測試發現，樹莓派上的 git 的預設分支為 master，而非 main）。

指令碼：

```
$ git checkout master
```

STEP 17：新增一個文件名叫 jackyeh.txt，內容打 jackyeh 即可。

指令碼：

```
$ touch jackyeh.txt
$ echo jackyeh > jackyeh.txt
```

STEP 18：使用 git add 指令將新增的 jackyeh.txt 加入暫存區，並作一次 commit。

指令碼：

```
$ git add jackyeh.txt
$ git commit -m 'add jackyeh.txt'
```

STEP 19：完成提交（commit）後，使用 git push 將文件庫更新到伺服端。（說明：執行完 git push 後，需要再輸入一次密碼）

指令碼：

```
$ git push
```

以上操作是模擬使用者 jackyeh 將文件庫從伺服器拉回，更新內容後再上傳至伺服端的整個過程，接下來我們要模擬另一位使用者 gitUser1，若他此時下載 Repo1 文件庫，我們來看看所下載的文件庫內容是否已被更新。

STEP 20：回到上二層目錄後，再建立一個目錄名叫 test2，再進入 test2 目
錄。

指令碼：

```
$ cd ..
$ mkdir test2
$ cd test2
```

STEP 21：使用 git clone 將樹莓派上的 Repo1.git 文件庫拷貝下來。(說明：
以下指令是模擬使用者 gitUser1 將 Repo1.git 文件庫拷貝下來)，執行後 git
伺服器會要求輸入密碼。

指令碼：

```
$ git clone gitUser1@192.168.50.10:/opt/gitRepository/Repo1.git
```

STEP 22：若順利將 Repo1 文件庫拷貝下來，進入 Repo1 目錄，應該會發現
多了一個名叫 jackyeh.txt 的檔案，使用 cat 指令檢視檔案內容，發現檔案內
容為 jackyeh，代表文件庫已經被更新。此時，身為使用者之一的 gitUser1
也可以更新 Repo1 文件庫，並將更新成果 Push 回伺服器。以上便成功的完
成了樹莓派 GitHub 伺服器的設置與驗證工作。

指令碼：

```
$ cd Repo1
$ cat jackyeh.txt
jackyeh
```

6.3.2 本章相關影片連結

本章相關影片可以掃描以下的 QR 碼或是鍵入下方的網址，線上收看。

▲ 影片名稱：[老葉說技術 - 第 74 期] 5 分鐘搞
定：使用樹莓派作為你的 github Server。為 Linux
github Server 標準作法

網址：https://youtu.be/cSvHa0SCTro

樹莓派 4B 腳位速查表
〔GPIO｜I2C｜UART｜PWM〕

A.1 樹莓派 4B 腳位速查表

■ 樹莓派 4B GPIO 腳位定義

3v3 Power	1		2	5v Power
GPIO 2 (I2C1 SDA)	3		4	5v Power
GPIO 3 (I2C1 SCL)	5		6	Ground
GPIO 4 (GPCLK0)	7		8	GPIO 14 (UART TX)
Ground	9		10	GPIO 15 (UART RX)
GPIO 17	11		12	GPIO 18 (PCM CLK)
GPIO 27	13		14	Ground
GPIO 22	15		16	GPIO 23
3v3 Power	17		18	GPIO 24
GPIO 10 (SPI0 MOSI)	19		20	Ground
GPIO 9 (SPI0 MISO)	21		22	GPIO 25
GPIO 11 (SPI0 SCLK)	23		24	GPIO 8 (SPI0 CE0)
Ground	25		26	GPIO 7 (SPI0 CE1)
GPIO 0 (EEPROM SDA)	27		28	GPIO 1 (EEPROM SCL)
GPIO 5	29		30	Ground
GPIO 6	31		32	GPIO 12 (PWM0)
GPIO 13 (PWM1)	33		34	Ground
GPIO 19 (PCM FS)	35		36	GPIO 16
GPIO 26	37		38	GPIO 20 (PCM DIN)
Ground	39		40	GPIO 21 (PCM DOUT)

▲ 圖 A-1-1（資料來源：https://pinout.xyz/）

 Tips

在樹莓派終端機下，鍵入 pinout 指令，就可以得到樹莓派各個 I/O 腳
位的定義跟位置。

■ 樹莓派 4B I2C 腳位表（使用方式請參考 2.3 節）

匯流排號碼	腳位
i2c0	GPIO0 (SDA0)；GPIO1(SCL0)
i2c1	GPIO2 (SDA1)；GPIO3 (SCL1)
i2c3	GPIO2 (SDA3)；GPIO3 (SCL3)
i2c4	GPIO6 (SDA4)、GPIO8 (SDA4)；GPIO9 (SCL4)
i2c5	GPIO10 (SDA5)、GPIO12 (SDA5)；GPIO13(SCL5)
i2c6	GPIO0 (SDA6)、GPIO22 (SDA6)；GPIO1 (SCL6)、GPIO23 (SCL6)

■ 樹莓派 4B UART 腳位表（使用方式請參考 2.6 節）

UART 號碼	對應裝置	腳位
UART0	/dev/ttyAMA0	GPIO14 (Tx0)，GPIO15 (Rx0)
UART1	/dev/ttyS0	GPIO14 (Tx1)，GPIO15 (Rx1)
UART2	/dev/ttyAMA1	GPIO0 (Tx2)，GPIO1 (Rx2)
UART3	/dev/ttyAMA2	GPIO4 (Tx3)，GPIO5 (Rx3)
UART4	/dev/ttyAMA3	GPIO8 (Tx4)，GPIO9 (Rx4)
UART5	/dev/ttyAMA4	GPIO12 (Tx5)，GPIO13 (Rx5)

■ 樹莓派 4B PWM 腳位表（使用方式請參考 2.5 節）

PWM 功能	腳位
軟體 PWM	每一支 GPIO 腳位皆可
硬體 PWM	GPIO18（channel 0 預設）、GPIO19（channel 1 預設） GPIO 12、GPIO 13

帶你瞭解示波器的規格
知識：頻寬、取樣率與
記憶深度

對於電子或計算機工程師來說，示波器是相當重要的工具，不管是從事軟體還是硬體研發，產品最終都是以電子元件的形式呈現，現代的半導體電子元件多是以電壓訊號來傳遞資訊，想要知道研製出的產品是否符合規格要求，就不可避免需要觀測這些電壓訊號，示波器可以將觀測對象的電壓訊號用波形的方式呈現，讓我們觀察訊號隨時間的變化趨勢，找出產品的潛在問題。本集筆者會跟各位科普一下示波器的最重要幾個規格參數：頻寬、取樣率與記憶深度，讓各位可以透徹瞭解示波器的基本原理與使用方式。

● 學習目標 ●

1. 了解示波器規格參數（頻寬、取樣率、記憶深度等）所代表的意義

B.1 示波器的規格參數

對於電子或計算機工程師來說，示波器是相當重要的工具，不管是從事軟體還是硬體研發，產品最終都是以電子元件的形式呈現，現代的半導體電子元件多是以電壓訊號來傳遞資訊，想要知道研製出的產品是否符合規格要求，就不可避免需要觀測這些電壓訊號，示波器可以將觀測對象的電壓訊號用波形的方式呈現，讓我們觀察訊號隨時間的變化趨勢，找出產品的潛在問題。本集筆者會跟各位科普一下示波器的最重要幾個規格參數：頻寬、取樣率與記憶深度，讓各位可以透徹瞭解示波器的基本原理與使用方式。

本節將使用筆者常使用的 USB 示波器來作說明，以下列出示波器的主要規格參數：

- 廠牌：Hantek
- 型號：6254BC
- 頻寬：250MHz
- 取樣率：1GSa/s
- 記憶深度：64k
- 輸入阻抗：1MΩ 25pF
- 垂直解析度：8 bit

以下將針對以上規格參數進行說明。

■ 頻寬

示波器頻寬的大小直接影響示波器的價格，筆者使用的 6254BC 可以支援最高 250MHz 的頻寬，這個參數的意義是，當輸入信號頻率為 250MHz、振幅為 1V 的正弦波時，示波器觀測到的最大正弦波電壓只有 0.707V，代表電壓衰減成原來的 70% 左右，因此，我們並不會直接使用示波器的頻寬大小當成可以觀測的訊號的最大頻率，實務上，我們會取示波器頻寬的五分之一來當作可以觀測訊號的最大頻率。

■ 取樣率與記憶深度

本示波器標示的取樣率為 1GSa/s，它代表的是示波器的最高取樣率為每秒10 億次取樣（Samples），但示波器並不會一直以最高取樣率對輸入信號進行取樣，原因是取樣完的訊號必須存放在記憶體中，若記憶體不夠大，取樣率高也無法順利將訊號點儲存，因此談到取樣率，就必須同時考量記憶深度（記憶體）的大小，以本示波器來說，記憶深度為 64kB，假設我們想用示波器觀測的時間長度為 1ms 的話，若示波器用最高 1GSa/s 取樣率的話，則

1ms 會產生 1000000 個取樣點。

$$1GSa/s \times 1ms = 1000000 \text{ Samples}$$

以本示波器來說，它的垂直解析度為 8 bit（説明：8 bit=1 Byte），因此一個取樣點為 1 個 Byte，所以 1000000 個取樣點約為 1MB，但本示波器的記憶深度只有 64kB，根本不夠用，因此示波器並不會使用標示的最高取樣率，實際上，示波器使用的取樣率會隨著你要觀看的時間長度自動調整，以這個例子來說，我們可以算一下示波器的實際取樣率是多少：

$$64k/1ms = 64MSa/s$$

根據計算，當觀測時間長度為 1ms 時，示波器的實際取樣率為 64MSa/s。我們也可以用下式算出示波器何時會使用最高取樣率（1GSa/s）。

$$64k/1GSa/s = 6.4e\text{-}5 \text{ s} = 0.000064s = 64us$$

當示波器的觀測時間少於 64us，示波器將會採用最高取樣率來對輸入訊號進行取樣，因為此時的記憶體是足夠的。

另外，這台示波器可以被設定的最高時間解析度為 2ns/ 格，而示波器每個波形共有 10 格，因此對應的觀測時間長度為 20ns，若將這台示波器調最高時間解析度（2ns/ 格），此時示波器必然使用最高取樣率（1GSa/s），每 1ns 採樣一點，20ns 總共取樣 20 個點，換句話說，若將這台示波器設定成最小時間單位（2ns/ 格）來觀看波形的話，每次只能看到 20 個取樣點，圖 A2-1 所顯示的波形為筆者將此 Hantek 示波器的時間解析度設為最高 2ns/ 格，並使用單通道量測（説明：單通道使用 64kB 全部記憶體），從波形可以得知，每一個取樣點的間隔時間為 1ns（説明：筆者將示波器的差值方式設為步階，可以方便觀察），因此每個波形能夠顯示 20 個取樣點。（説明：這是單通道的數據，若是同時使用二個通道，則會減半）

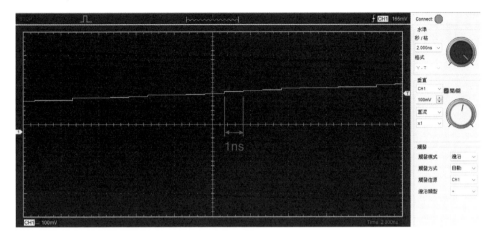

▲ 圖 B-1

■ 示波器探棒阻抗

以本台示波器為例，輸入阻抗為 1MΩ，當我們將探棒調成 X1 時，此時探棒
的電阻接近於零（說明：實際測量探棒電阻約為 270Ω 左右），因此輸入電
壓幾乎全部分壓在示波器輸入 1MΩ 阻抗上，因此訊號不會被探棒分壓。當
我們將探棒調成 X10 時，此時探棒的電阻約為 9 MΩ，因此訊號會被探棒分
壓，輸入電壓會被縮小成原來十分之一再進入示波器。

■ 交流耦合與直流耦合

當示波器選擇交流耦合時，輸入訊號會被串聯一個電容，以濾除訊號的直流
成分，所以看到的訊號只剩下交流成分。

當示波器選擇直流耦合時，輸入訊號不會被串聯一個電容，直流跟交流成分
會一起進來，可以看到完整的訊號。

B.2 本節相關影片連結

本章相關影片可以掃描以下的 QR 碼或是鍵入下方的網址，線上收看。

▲ 影片名稱：[老葉說技術 - 第 9 期] 5 分鐘搞懂：
示波器規格知識：頻寬、採樣率、記憶深度、交直
流耦合、探棒等效電路 ...
網址：https://youtu.be/NsP6aFwOUX0

ASCII TABLE

Decimal	Hex	Char	Decimal	Hex	Char
0	0	[NULL]	32	20	[SPACE]
1	1	[START OF HEADING]	33	21	!
2	2	[START OF TEXT]	34	22	"
3	3	[END OF TEXT]	35	23	#
4	4	[END OF TRANSMISSION]	36	24	$
5	5	[ENQUIRY]	37	25	%
6	6	[ACKNOWLEDGE]	38	26	&
7	7	[BELL]	39	27	'
8	8	[BACKSPACE]	40	28	(
9	9	[HORIZONTAL TAB]	41	29	)
10	A	[LINE FEED]	42	2A	*
11	B	[VERTICAL TAB]	43	2B	+
12	C	[FORM FEED]	44	2C	,
13	D	[CARRIAGE RETURN]	45	2D	-
14	E	[SHIFT OUT]	46	2E	.
15	F	[SHIFT IN]	47	2F	/
16	10	[DATA LINK ESCAPE]	48	30	0
17	11	[DEVICE CONTROL 1]	49	31	1
18	12	[DEVICE CONTROL 2]	50	32	2
19	13	[DEVICE CONTROL 3]	51	33	3
20	14	[DEVICE CONTROL 4]	52	34	4
21	15	[NEGATIVE ACKNOWLEDGE]	53	35	5
22	16	[SYNCHRONOUS IDLE]	54	36	6
23	17	[END OF TRANS. BLOCK]	55	37	7
24	18	[CANCEL]	56	38	8
25	19	[END OF MEDIUM]	57	39	9
26	1A	[SUBSTITUTE]	58	3A	:
27	1B	[ESCAPE]	59	3B	;
28	1C	[FILE SEPARATOR]	60	3C	<
29	1D	[GROUP SEPARATOR]	61	3D	=
30	1E	[RECORD SEPARATOR]	62	3E	>
31	1F	[UNIT SEPARATOR]	63	3F	?

▲ 圖 C-1（資料來源：https://commons.wikimedia.org/wiki/File:ASCII-Table-wide.svg）

Decimal	Hex	Char	Decimal	Hex	Char
64	40	@	96	60	`
65	41	A	97	61	a
66	42	B	98	62	b
67	43	C	99	63	c
68	44	D	100	64	d
69	45	E	101	65	e
70	46	F	102	66	f
71	47	G	103	67	g
72	48	H	104	68	h
73	49	I	105	69	i
74	4A	J	106	6A	j
75	4B	K	107	6B	k
76	4C	L	108	6C	l
77	4D	M	109	6D	m
78	4E	N	110	6E	n
79	4F	O	111	6F	o
80	50	P	112	70	p
81	51	Q	113	71	q
82	52	R	114	72	r
83	53	S	115	73	s
84	54	T	116	74	t
85	55	U	117	75	u
86	56	V	118	76	v
87	57	W	119	77	w
88	58	X	120	78	x
89	59	Y	121	79	y
90	5A	Z	122	7A	z
91	5B	[	123	7B	{
92	5C	\	124	7C	|
93	5D	]	125	7D	}
94	5E	^	126	7E	~
95	5F	_	127	7F	[DEL]

▲ 圖 C-2（資料來源：https://commons.wikimedia.org/wiki/File:ASCII-Table-wide.svg）

Note

Note

Note

Note

Note

博碩文化

博碩文化